建筑电气设计原理30讲

李旭东　梁金海　编著

中国建材工业出版社

图书在版编目（CIP）数据

建筑电气设计原理30讲/李旭东，梁金海编著．
北京：中国建材工业出版社，2018.3
ISBN 978-7-5160-2176-7

Ⅰ.①建…　Ⅱ.①李…　②梁…　Ⅲ.①房屋建筑设备
—电气设备—建筑设计　Ⅳ.①TU85

中国版本图书馆CIP数据核字（2018）第036341号

内　容　简　介

本书采用演绎论证和归纳论证的方法，厘清了中外国家标准的一些差异与矛盾，就国家标准和国家标准图集中存在的一些不足和问题进行了论证。

在建筑电气设计工作中，电工学基础理论尤为重要，本书针对零序电流、消弧线圈、TT和TN系统保护原理、变压器过载保护、电梯负荷计算、CAN总线报警技术等内容展开了篇幅较大的讨论，意在巩固建筑电气从业人员理论基础。

本书有助于建筑电气设计工程师、施工图审查工程师、消防审查工程师、建筑电气施工工程师、规范编制人员等进一步了解建筑电气所涉及的基本原理、中外国家标准的差异与矛盾，以及较为正确的设计规则与方法。

建筑电气设计原理30讲
李旭东　梁金海　编著

出版发行：中国建材工业出版社
地　　址：北京市海淀区三里河路1号
邮　　编：100044
经　　销：全国各地新华书店
印　　刷：北京鑫正大印刷有限公司
开　　本：787mm×1092mm　1/16
印　　张：13.25
字　　数：320千字
版　　次：2018年5月第1版
印　　次：2018年5月第1次
定　　价：56.00元

本社网址：www.jccbs.com　微信公众号：zgjcgycbs
本书如出现印装质量问题，由我社市场营销部负责调换。联系电话：（010）88386906

《建筑电气设计原理30讲》编写委员会

序　言

《建筑电气设计原理 30 讲》主要讨论与建筑电气相关的基础性电气原理，涉及三个方面的内容：

1. 三相交流电路的计算。

2. 电器学基本原理在建筑电气领域内的应用。

3. 对 GB50 系列标准中相关条文的理解与争议的阐释。

全书文笔悉周完备，观点简明扼要，阐述了国家标准的特征：权威性、科学性、严谨性、严肃性以及标准的编制原则：工程技术、工程经济、使用安全相协调。国家标准是保证使用者基本安全的最低要求。

《标准化工作导则第 1 部分：标准的结构和编写》（GB/T 1. 1—2009）中指出：国家标准条文编制的三个层次：要求层次、推荐层次、允许层次，正面用词“应”“宜”“可”，反面用词“不应”“不宜”“不可”。

第四个层次，由材料的、生理的或某种原因导致的可能性或能力，采用“能”“不能”“可能”“不可能”用于陈述电气现象的事实，不作为标准执行上的要求。

在现有 GB50 标准条文中，标准用语多采用：

表示很严格，非这样做不可：正面词采用“必须”（译自英语中的 must）；

表示严格，在正常情况下均应这样做：正面词采用“应”，（译自英语中的 should）；

表示允许稍有选择，在条件许可时首先应这样做：正面词采用“宜”，（译自英语中的 may）；

表示有选择，在一定条件下可以这样做：采用“可”（译自英语中的 can）。这一选择项在西方国家标准中，仅用于陈述电气现象的事实，不作为标准执行上的要求。西方国家标准与 GB/T 1. 1—2009 的要求相同。

就国家标准用词来讲，英文规范中的“must”相当于中文中的“应”；“should”相当于“宜”。GB/T 1. 1—2009 标准明确，“应”就是“必须”，但不使用“必须”代替“应”，是因为“必须”是法定责任用语，“必须”作为标准的要求容易混淆“要求”与“责任”。“必须”强调责任上的不可推卸，“应”字偏于强调标准要求内容的不可更动。

作为国家注册咨询工程师、全国化工热工设计技术中心站常务委员、中国能源学会常务理事、中国勘察设计协会热工专委会委员、中国电机工程学会热电专业委员会委员、国家级压力管道设计鉴定评审员，笔者认为 GB/T 1. 1—2009 的规定更为准确。

目前有关建筑电气审查要点、疑难解析、技术措施等内容的图书，版本繁多、且观点多与规范相背离，这些资料既没有得到国家标准编写组的授权，也没有准确论述国家标准条文中存在的问题，令设计师更为困惑。

当对规范的理解出现纷争时，唯有编制组拥有解释权，并应公开发布解释的内容，否则任何个人的言论，都不具备标准的效用。

本书针对国家标准在实际工作应用中存在的一些问题提出质疑并加以讨论，以期改进与完善。在编写过程中，虽经反复推敲核正，仍难免有疏漏和不足，欢迎广大读者登录本书同名QQ群（群号：621185529）提出宝贵意见，共同讨论。

王国兴

2018年4月于南京

目　录

1　零序电流计算方法解析

阅读提示： 本节给出序网计算在电能质量分析中的应用实例。

《民用建筑电气设计规范》（JGJ 16—2008）第 3.4 条电压选择和电能质量，承袭了《供配电系统设计规范》（GB 50052—95）第四章电压选择和电能质量，仅措词上略有差异，实质性内容并无不同。《供配电系统设计规范》（GB 50052—2009）第五章电压选择和电能质量，在谐波与三相电压不平衡度等电能质量方面有了较多的要求，其中 5.0.14 条，引述了推荐性标准《电能质量三相电压允许不平衡度》（GB/T 15543—2008），根据标准的应用规则，推荐性标准一经国家标准引用，即视为具有国家标准的效力，因为是全文引用，所以应视《电能质量三相电压允许不平衡度》全文为具有国家标准效力的规范条文。《供配电系统设计规范》（GB 50052—2009）第 5.0.9 条条文说明中给出了一个不对称电压相量图，见下图：

规范中 OO_1 为零序电压向量，零序电压向量既有方向也有大小。OO_1 确定方向后，本图对分向量的求解分解方式，就不正确了。各分量始点应是 O_1 点，O 点是变压器中性点，中性点漂移只有大小没有方向，本图正确的求解如下图：

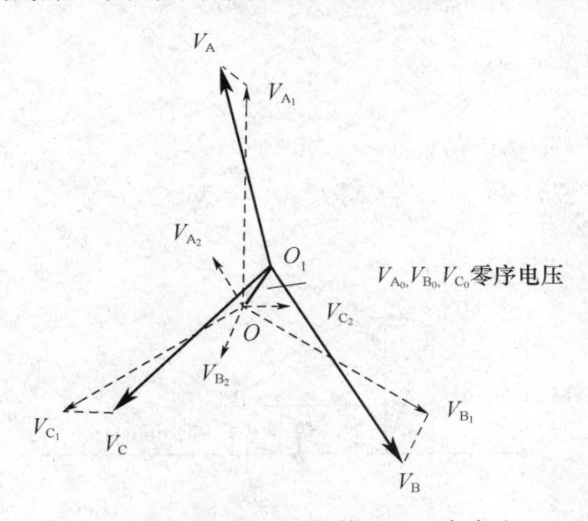

图 1-1　GB 50052—2009 第 5.0.9 条条文说明中给出的不对称电压相量图

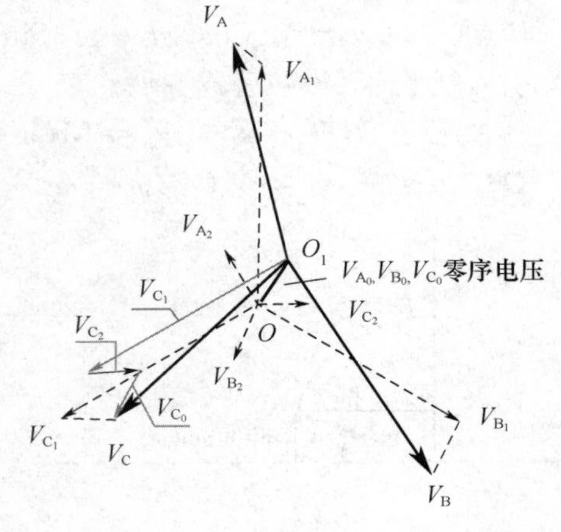

图 1-2　GB 50052—2009 第 5.0.9 条条文说明中给出的不对称电压相量图正确画法

《电能质量三相电压允许不平衡度》给出了三相电压允许不平衡度$=\dfrac{V_{A_2}}{V_{A_1}}$，因此，电气设计人员应当懂得序网分析的基本手段。本文首先探讨《零序电流计算方法解析》文中未及原则，其次给出三种分析思路：

1. 线路运行阶段，通过测量相电压及其相位角，计算分析三相电压不平衡度的方法。

2. 线路运行阶段，通过测量线电压与任意两相相电压，计算分析三相电压不平衡度。

3. 配电设计阶段，给定各相负荷，计算分析三相电压不平衡度的方法。

一、零序电流计算方法原则

1. 任何一个给定的正弦电路，即幅值、频率给定，其电气参数 $=K\,\mathrm{Sin}(\omega t)$，仅是时间的函数。任何一个给定的三相正弦交流电路，其电气参数 $F_1=K\,\mathrm{Sin}(\omega_1 t)$，$F_2=M\,\mathrm{Sin}(\omega_2 t)$，$F_3=N\,\mathrm{Sin}(\omega_3 t)$，电气参数仅是时间的函数。当我们研究同频率不同幅值不同相位角的三相正弦电路时，有：

$F_1=K\,\mathrm{Sin}(\omega t)$，

$F_2=M\,\mathrm{Sin}(\omega t+\alpha)$，引入向量图直观可证，$M\,\mathrm{Sin}(\omega t+\alpha)$ 即 M 绕原点由 ωt 角转过 α 角后的纵坐标值。

$F_3=N\,\mathrm{Sin}(\omega t+\beta)$，引入向量图直观可证，$N\,\mathrm{Sin}(\omega t+\beta)$ 即 N 绕原点由 ωt 角转过 β 角后的纵坐标值。

其中 K、M、N 为三相电路的峰值参数。

略证如下：

A 点 $(x_1,y_1)=K[\mathrm{Cos}(\omega t),\mathrm{Sin}(\omega t)]$

A_1 点 $=A$ 点 $(x_1,y_1)=K[\mathrm{Cos}(\omega t),\mathrm{Sin}(\omega t)]$

引入复平面及欧拉公式

$$\boldsymbol{OA_1}=x_1+jy_1=K\,\mathrm{Cos}(\omega t)+jK\,\mathrm{Sin}(\omega t)=Ke^{j(\omega t)}$$

A 点 $(x_1,y_1)=M[\mathrm{Cos}(\omega t),\mathrm{Sin}(\omega t)]$

B 点 $(x_2,y_2)=M[\mathrm{Cos}(\omega t+\alpha),\mathrm{Sin}(\omega t+\alpha)]$

引入复平面及欧拉公式

$$\boldsymbol{OB}=x_1+jy_1=M\,Cos(\omega t)+jM\,Sin(\omega t)=Me^{j(\omega t)}$$

$$\boldsymbol{OB_1}=x_2+jy_2=M\,Cos(\omega t+\alpha)+jM\,Sin(\omega t+\alpha)=Me^{j(\omega t+\alpha)}=Me^{j(\omega t)}e^{j(\alpha)}$$

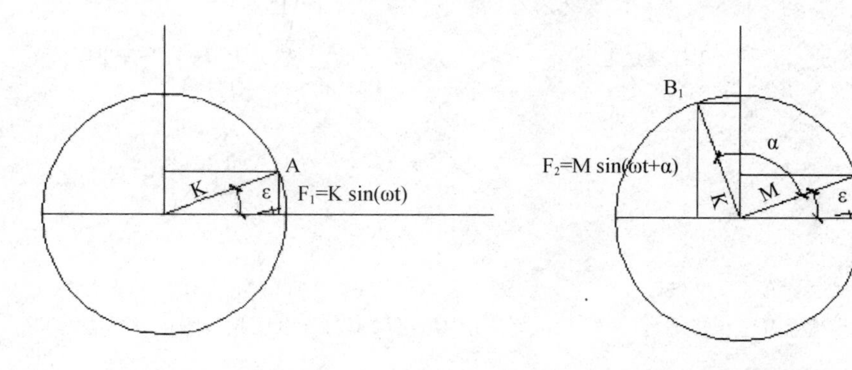

图 1-3　相量的旋转表示方法　　　图 1-4　相量的旋转角度的叠加原理

C 点 $(x_1,y_1)=N[\mathrm{Cos}(\omega t),\mathrm{Sin}(\omega t)]$

C_1 点 $(x_2,y_2)=N[\mathrm{Cos}(\omega t+\beta),\mathrm{Sin}(\omega t+\beta)]$

引入复平面及欧拉公式

$$\boldsymbol{OC} = x_1 + jy_1 = N\,\mathrm{Cos}(\omega t) + jN\,\mathrm{Sin}(\omega t) = Ne^{j(\omega t)}$$

$$\boldsymbol{OC}_1 = x_2 + jy_2 = N\,\mathrm{Cos}(\omega t + \beta) + jN\,\mathrm{Sin}(\omega t + \beta) = Ne^{j(\omega t+\beta)} = Ne^{j(\omega t)}e^{j(\beta)}$$

$$(\boldsymbol{OA}_1 \quad \boldsymbol{OB}_1 \quad \boldsymbol{OC}_1) = Ke^{j(\omega t)}\ Me^{j(\omega t)}e^{j(\alpha)}\ Ne^{j(\omega t)}e^{j(\beta)} = e^{j(\omega t)}(K\ Me^{j(\alpha)}\ Ne^{j(\beta)})$$

对相量组（$\boldsymbol{OA}_1 \quad \boldsymbol{OB}_1 \quad \boldsymbol{OC}_1$）在任意时刻，恒有（$K\ Me^{j(\alpha)}\ Ne^{j(\beta)}$）保持相角相对不变。（$K\ Me^{j(\alpha)}\ Ne^{j(\beta)}$）相量就是教科书中作相量图的基础。

2. 显而易见，（$K\ Me^{j(\alpha)}\ Ne^{j(\beta)}$）相量组由于具有相同的 $e^{j(\omega t)}$，即同频率同时序，在任意瞬时，K、M、N 三个相量相位差角在同一个复平面上保持相对不变。当三个相量频率不相同或时序不相同时，不可以表达在同一个复平面上。

序网分析的方法，与此相同。原相量、正序分量、负序分量、零序分量是同频率同时序的一组相量，可以表达在同一个复平面上，形如下列书写方式：

$$V_{\mathrm{A}} = Vm\,\mathrm{Sin}(\omega t)$$
$$V_{\mathrm{B}} = Vm\,\mathrm{Sin}(\omega t - 120)$$
$$V_{\mathrm{C}} = Vm\,\mathrm{Sin}(\omega t - 240)$$

其时序应为 C、B、A，即 B 是对 C 的 $e^{j(120)}$ 旋转，A 是对 B 的 $e^{j(120)}$ 旋转，当然各序分量也具有相同的旋转次序。

序网公式的简单推证，如下图：

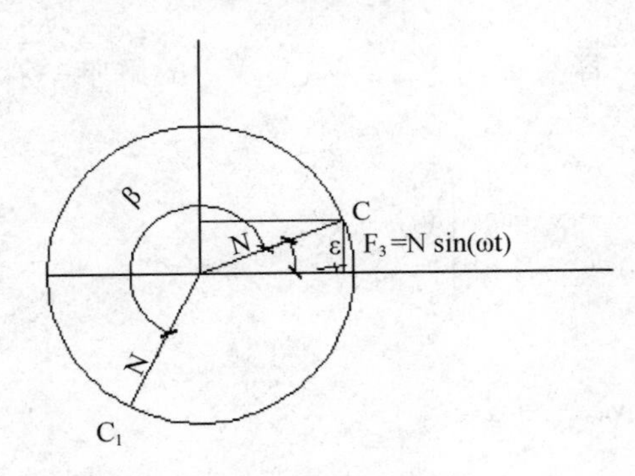

图 1-5　相量的旋转角度的叠加原理

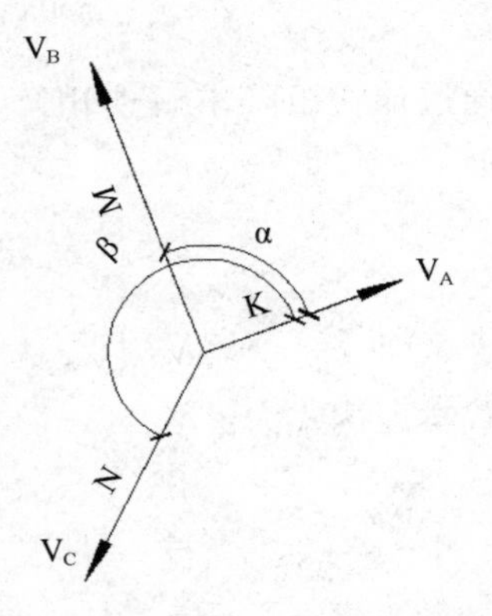

图 1-6　任意一组三相不对称相量（$\beta > \alpha > 0$）

a）当 $\beta > \alpha > 0$ 时

对 $V_{\mathrm{A}} = K$

$V_{\mathrm{B}} = Me^{j(\alpha)}$

$V_{\mathrm{C}} = Ne^{j(\beta)}$ 相量组

V_{A_0} 表示 V_{A} 的零序分量。

V_{A_1} 表示 V_{A} 的正序分量。

V_{A_2} 表示 V_{A} 的负序分量。

根据对称相量的原则，可以得出：

$V_{\mathrm{B}_0} = a^3 V_{\mathrm{A}_0} = e^{j(360)} V_{\mathrm{A}_0}$ 即 V_{B_0} 超前 V_{A_0}　360 度。

$V_{\mathrm{B}_1} = aV_{\mathrm{A}_1} = e^{j(120)} V_{\mathrm{A}_1}$ 即 V_{B_1} 超前 V_{A_1}　120 度。

$V_{\mathrm{B}_2} = a^2 V_{\mathrm{A}_2} = e^{j(240)} V_{\mathrm{A}_2}$ 即 V_{B_2} 超前 V_{A_2}　240 度。

$V_{C_0}=a^3V_{B_0}=e^{j(720)}V_{A_0}$ 即 V_{C_0} 超前 V_{B_0} 360度。

$V_{C_1}=aV_{B_1}=e^{j(240)}V_{A_1}$ 即 V_{C_1} 超前 V_{B_1} 120度。

$V_{C_2}=a^2V_{B_2}=e^{j(480)}V_{A_2}$ 即 V_{C_2} 超前 V_{B_2} 240度。

$e^{j(480)}V_{A_2}=e^{j(120)}V_{A_2}$ 数值上相等，但是相位角是有区别的，计算时仅考虑数值，将原相量用各分量和表示，并按角度大于等于360°时，用角度值−360°代替原角度。简化如下：

$$V_A=K=V_{A_0}+V_{A_1}+V_{A_2}$$

$$V_B=Me^{j(\alpha)}=V_{B_0}+V_{B_1}+V_{B_2}=V_{A_0}+e^{j(120)}V_{A_1}+e^{j(240)}V_{A_2}$$

$$V_C=Ne^{j(\beta)}=V_{C_0}+V_{C_1}+V_{C_2}=V_{A_0}+e^{j(240)}V_{A_1}+e^{j(120)}V_{A_2}$$

因此，对（K　$Me^{j(\alpha)}$　$Ne^{j(\beta)}$）相量组，有：

$$\begin{pmatrix}V_A\\V_B\\V_C\end{pmatrix}=\begin{pmatrix}1&1&1\\1&e^{j(120)}&e^{j(240)}\\1&e^{j(240)}&e^{j(120)}\end{pmatrix}\begin{pmatrix}V_{A0}\\V_{A1}\\V_{A2}\end{pmatrix}$$ 即

$$\begin{pmatrix}K\\Me^{j(\alpha)}\\Ne^{j(\beta)}\end{pmatrix}=\begin{pmatrix}1&1&1\\1&e^{j(120)}&e^{j(240)}\\1&e^{j(240)}&e^{j(120)}\end{pmatrix}\begin{pmatrix}V_{A0}\\V_{A1}\\V_{A2}\end{pmatrix}$$

通过伴随矩阵求解逆矩阵，进而求解，容易证明 V_{A_0}、V_{A_1}、V_{A_2} 的解唯一存在。解得：

$$\begin{pmatrix}V_{A0}\\V_{A1}\\V_{A2}\end{pmatrix}=\frac{1}{3}\begin{pmatrix}1&1&1\\1&e^{j(240)}&e^{j(120)}\\1&e^{j(120)}&e^{j(240)}\end{pmatrix}\begin{pmatrix}K\\Me^{j(\alpha)}\\Ne^{j(\beta)}\end{pmatrix}$$

数学表达式为：

$$V_{A0}=\frac{1}{3}(K+Me^{j(\alpha)}+Ne^{j(\beta)})$$

$$V_{A1}=\frac{1}{3}(K+Me^{j(\alpha+240)}+Ne^{j(\beta+120)})$$

$$V_{A2}=\frac{1}{3}(K+Me^{j(\alpha+120)}+Ne^{j(\beta+240)})$$

b）当 $\beta<\alpha<0$ 时

按照 B 的正负序分量是对 C 的正负序分量做 $e^{j(120)}$ 旋转，A 的正负序分量是对 B 的正负序分量做 $e^{j(120)}$ 旋转的原则，重复a）的步骤，有：

$$\begin{pmatrix}V_C\\V_B\\V_A\end{pmatrix}=\begin{pmatrix}1&1&1\\1&e^{j(120)}&e^{j(240)}\\1&e^{j(240)}&e^{j(120)}\end{pmatrix}\begin{pmatrix}V_{C0}\\V_{C1}\\V_{C2}\end{pmatrix}$$ 即

$$\begin{pmatrix}Ne^{j(\beta)}\\Me^{j(\alpha)}\\K\end{pmatrix}=\begin{pmatrix}1&1&1\\1&e^{j(120)}&e^{j(240)}\\1&e^{j(240)}&e^{j(120)}\end{pmatrix}\begin{pmatrix}V_{C0}\\V_{C1}\\V_{C2}\end{pmatrix}$$

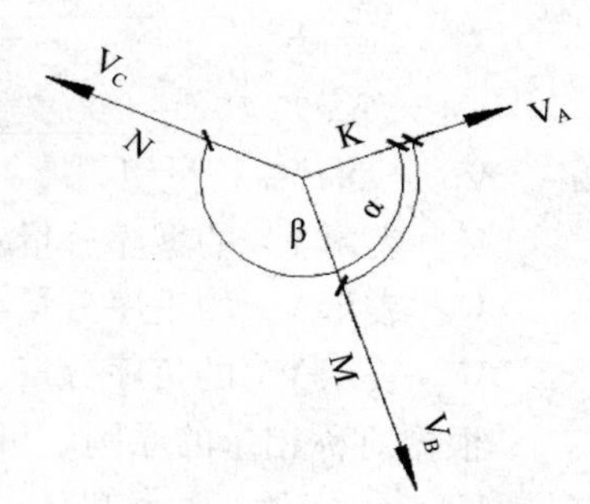

图1-7　任意一组三相不对称相量（$\beta<\alpha<0$）

通过伴随矩阵求解逆矩阵，进而求解，容易证明 V_{C_0}、V_{C_1}、V_{C_2} 的解唯一存在。解得：

$$\begin{pmatrix} V_{C0} \\ V_{C1} \\ V_{C2} \end{pmatrix} = \frac{1}{3}\begin{pmatrix} 1 & 1 & 1 \\ 1 & e^{j(240)} & e^{j(120)} \\ 1 & e^{j(120)} & e^{j(240)} \end{pmatrix}\begin{pmatrix} Ne^{j(\beta)} \\ Me^{j(\alpha)} \\ K \end{pmatrix}$$

数学表达式为：

$$V_{A0} = \frac{1}{3}(Ne^{j(\beta)} + Me^{j(\alpha)} + K)$$

$$V_{A1} = \frac{1}{3}(Ne^{j(\beta)} + Me^{j(\alpha+240)} + Ke^{j(120)})$$

$$V_{A2} = \frac{1}{3}(Ne^{j(\beta)} + Me^{j(\alpha+120)} + Ke^{j(240)})$$

以上就是序分量的分解过程。

二、通过测量相电压及其相位角，计算分析三相电压不平衡度的方法

根据以上分析，对任意给定的三相线路，只需要测量其相电压及相位角，三相电压不平衡度即可直接算出。

比如测定，$K=200\text{V}$，$M=190\text{V}$，$N=172\text{V}$，$\alpha=90.3°$，$\beta=222.16°$

$$\begin{aligned} V_{A_0} &= \frac{(K + Me^{j(\alpha)} + Ne^{j(\beta)}}{3} \\ &= \frac{200 + 190e^{j(90.3)} + 172e^{j(222.16)}}{3} \\ &= \frac{200 + 190(\text{Cos}90.3 + j\,\text{Sin}90.3) + 172(\text{Cos}222.16 + j\,\text{Sin}222.16)}{3} \\ &= \frac{71.5 + 74.6j}{3} \\ &= 23.8 + 24.9j \end{aligned}$$

模=34.4，与 K 成角 46.3°

$$\begin{aligned} V_{A_1} &= \frac{K + Me^{j(\alpha+240)} + Ne^{j(\beta+120)}}{3} \\ &= \frac{200 + 190e^{j(90.3+240)} + 172e^{j(222.16+120)}}{3} \\ &= \frac{200 + 190(\text{Cos}330.3 + j\,\text{Sin}330.3) + 172(\text{Cos}342.16 + j\,\text{Sin}342.16)}{3} \\ &= \frac{529 - 146.8j}{3} \\ &= 176.3 - 48.94j \end{aligned}$$

模=183.0，与 K 成角 -15.5^0

$$V_{A_2} = \frac{K + Me^{j(\alpha+120)} + Ne^{j(\beta+240)}}{3}$$

$$=\frac{200+190e^{j(90.3+120)}+172e^{j(222.16+240)}}{3}$$

$$=\frac{200+190(\mathrm{Cos}210.3+j\,\mathrm{Sin}210.3)+172(\mathrm{Cos}462.16+j\,\mathrm{Sin}462.16)}{3}$$

$$=\frac{-0.2+72.24j}{3}$$

$$=-0.07+24.0j$$

模＝24.0，与 K 成角 90.0^{0}

$$\varepsilon=\frac{|V_{A2}|}{|V_{A1}|}=\frac{24}{183}=13.1\%$$

这一结果严重超过了规范要求。

或直接用作图法，见下图：

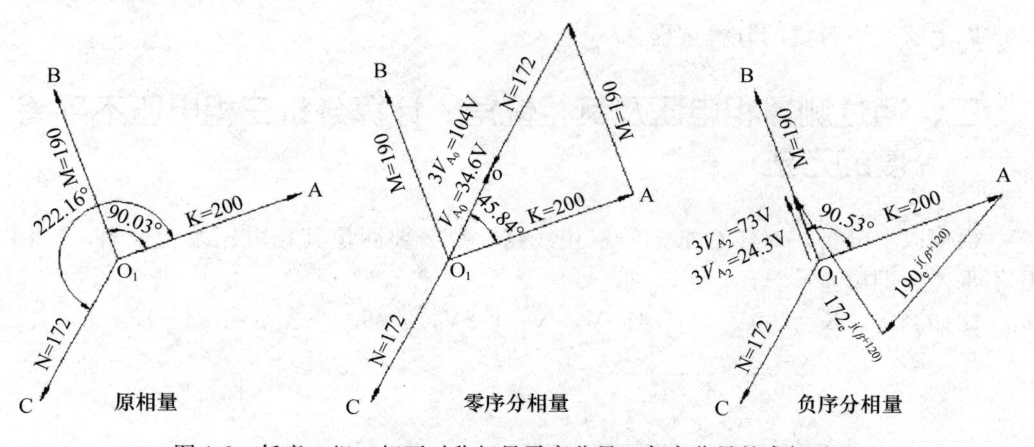

图 1-8　任意一组三相不对称相量零序分量、负序分量的求解过程

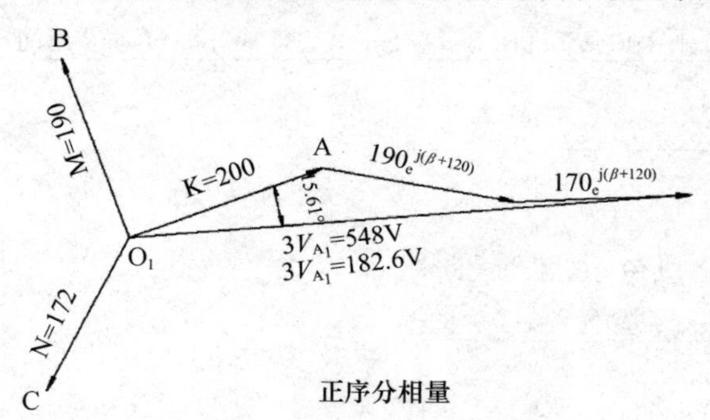

图 1-9　任意一组三相不对称相量正序分量的作图求解过程

由图中量取正负序分量线段长，求得 $\varepsilon=24.3\div182.6=13.3\%$

误差0.2%为可接受范围，这是作图误差与计算误差的原因。

此法需要测量相位角，不适合一般性的电路分析。

三、通过测量线电压与任意两相相电压，计算分析三相电压不平衡度的方法

假定测量结果如图 1-10：

C 相电压可测量亦可不测量，通过作图法，测量 CO_1 的长度 N＝210V，忽略线路动态变化因素与测量误差时，该值应和现场测量值相吻合。

解三角形或测量角度值，得 $\alpha=\angle AO_1B$、$\beta=\angle AO_1B+\angle BO_1C$，采用上文方法计算易得不平衡度 ε＝13.1%，或直接用作图法，由图中量取正负序分量线段长，求得 ε＝24.3÷182.6＝13.3%，不赘述。

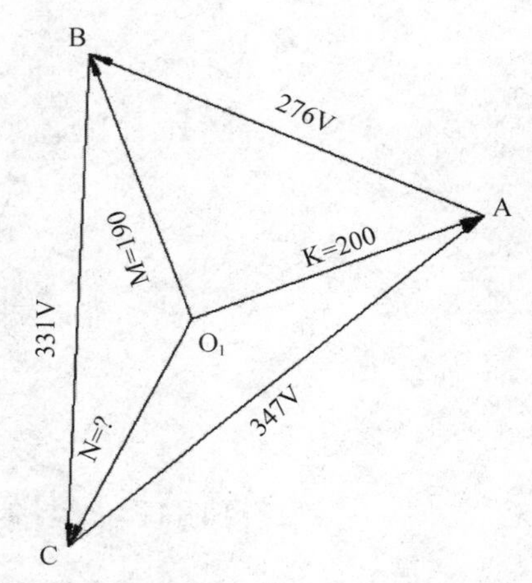

图 1-10　实际测量得到的一组三相不对称相量

本方法亦需判定 A、B、C 各相时序，方可完整分析计算三相电压的不平衡度，说明如下：

图 1-11 中左图相量分解已分析过，见上文。右图是沿 O_1A 镜像后得时序为 C、B、A 的一组相量，简单作图讨论如下：

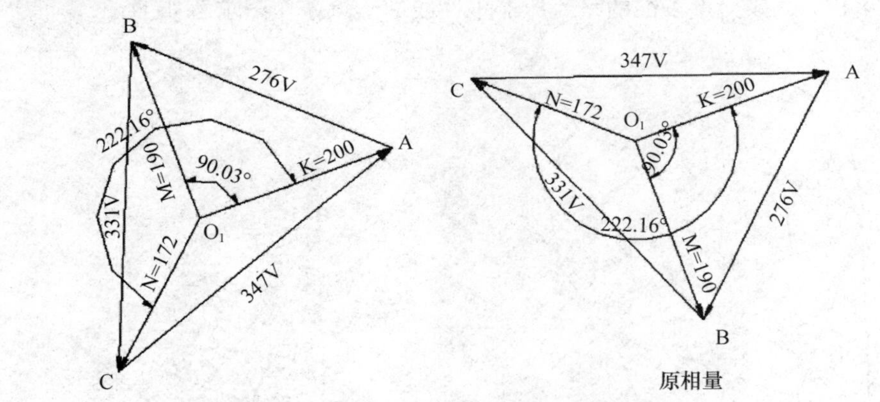

图 1-11　实际测量得到的一组三相不对称相量的两种可能性

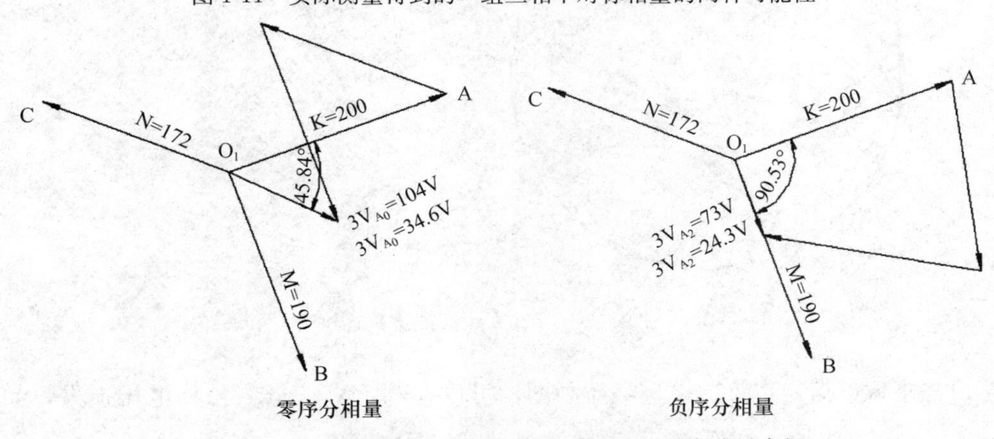

图 1-12　实际测量得到的一组三相不对称相量序分量求解

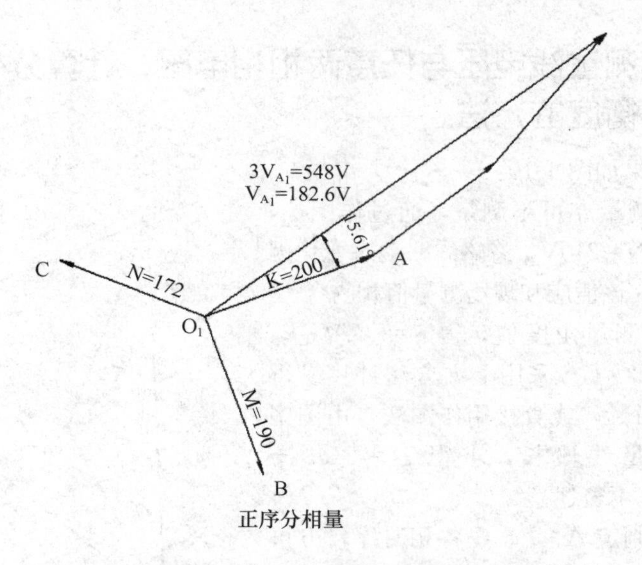

图1-13　实际测量得到的一组三相不对称相量序分量求解

本法还可以进一步分析电压损失。原理是负荷处测得的线电压构成的△ABC顶点与变压器处测得的线电压构成的三角形顶点连线，必交于△ABC内（见图1-14左图），且交角互为120°。该交点表征的是变压器中性线端子点，作图求解如下：

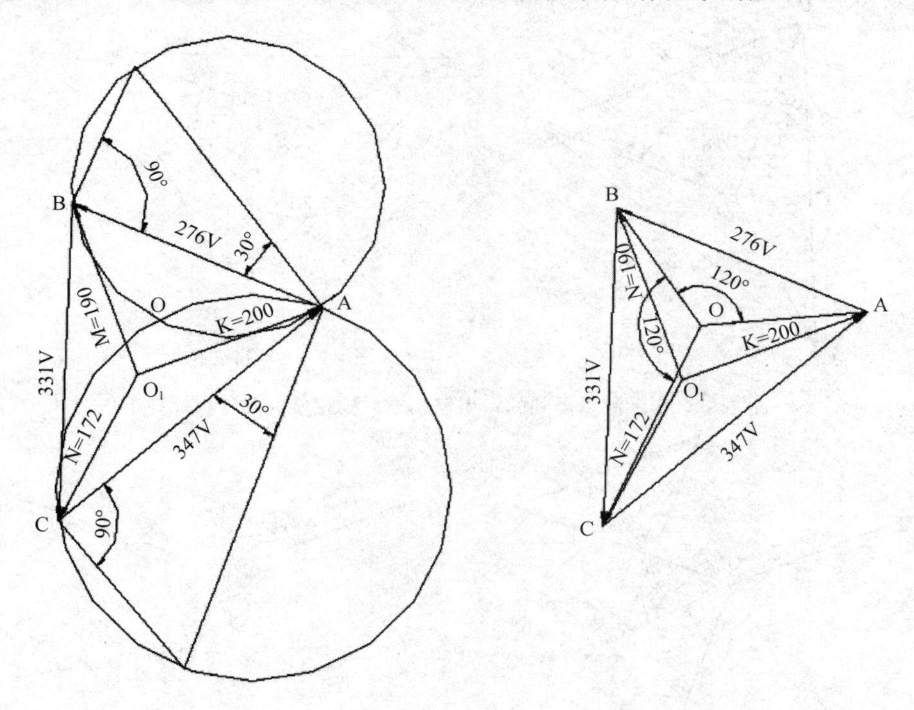

图1-14　中性点O的求解

O点求取以后，以230V为半径画图，可以在圆上直接量取各相电压损失，如图1-15：

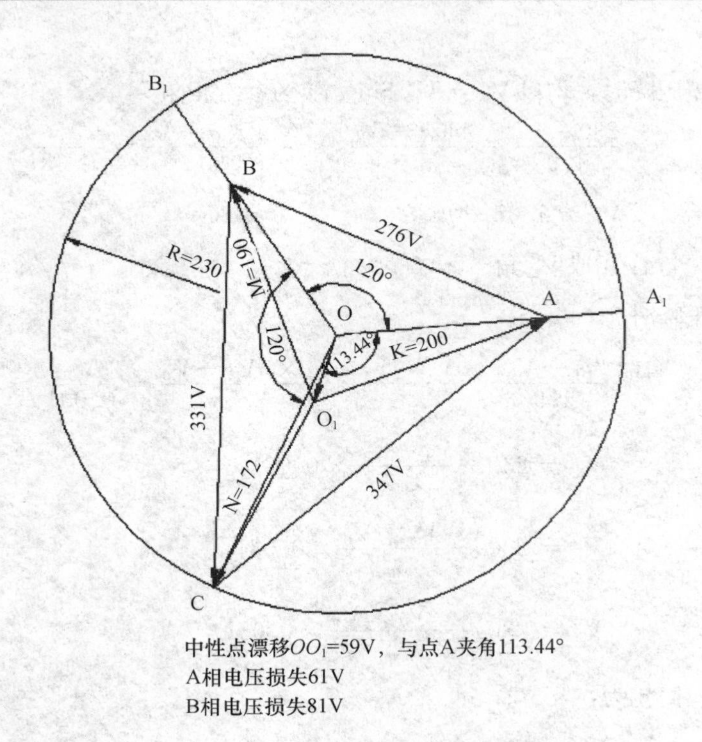

图 1-15 中性点漂移电压与各相电压损失的求解

图 1-14 左图，弧 AOB 上任意一点，构成的圆周角 $\angle AOB=120°$，再求 $\angle AOC=120°$。

两个圆的交点必然是中性点 O。

四、设计阶段，给定各相负荷，计算分析三相电压不平衡度的方法

设某工程采用 YJV－1.0－4 * 70＋1 * 35 电缆埋地敷设，以配电线路长 100m 为例计算，各相负载如下：

A. N 相间连接设备，额定电流 120A，额定电压 230V，阻抗 $R=1.9\Omega$，在三相电路分析中，设备阻抗被认定为唯一不变量。端电压用 V_1 表示。

B. N 相间连接设备，额定电流 60A，额定电压 230V，阻抗 $R=3.8\Omega$。端电压用 V_2 表示。

C. N 相间连接设备，额定电流 90A，额定电压 230V，阻抗 $R=2.53\Omega$。端电压用 V_3 表示。

中性点漂移由中性线电流与中性线阻抗决定，中性线电流一定时，中性线截面越大，漂移越小；中性线截面越小，漂移越大。当中性线正常时，中性点漂移 OO_1 并不太大。相电压 $V_{A_1}\approx 230-V_{AA_1}$

配电采用 YJV-1.0-4×70＋1×35 电缆埋地敷设，配电线路长 100m，单相阻

抗0.031Ω。

不考虑电缆压降时，均以 $V_a = V_m \mathrm{Sin}(\omega t)$ 为参考相角

$$\frac{230-V_0}{1.9}+\frac{230a-V_0}{3.8}+\frac{230a\times a-V_0}{2.53}=\frac{V_0}{0.031}$$

$$V_0 = 1.35 - j0.8$$

模=1.57，与 A 相成 V_2 角−30.6°

考虑电缆压降时

$$\frac{V_1-V_0}{1.9}+\frac{aV_2-V_0}{3.8}+\frac{a\times aV_3-V_0}{2.53}=\frac{V_0}{0.031}$$

$$V_1 = 230-\frac{V_1-V_0}{1.9}\times 0.031$$

$$V_2 = 230a-\frac{V_2-V_0}{3.8}\times 0.031$$

$$V_3 = 230a^2-\frac{V_3-V_0}{2.53}\times 0.031$$

解方程组，简化为：

$$\frac{226.4-0.984V_0}{1.9}+\frac{228.2a-0.992V_0}{3.8}+\frac{227.3a\times a-0.988V_0}{2.53}=\frac{V_0}{0.031}$$

$$V_0 = 1.117 - j0.78$$

模=1.4，与 A 的夹角−33.85°

$$\begin{aligned} V_1 &= 226.38+0.016V_0 \\ &= 226.38+0.016(1.117-j0.78) \\ &= 226.4-j0.012 \end{aligned}$$

模=226.4，与 A 的夹角−0.003°

$$\begin{aligned} V_2 &= 228.2a+0.008V_0 \\ &= 228.2a+0.008(1.117-j0.78) \\ &= 228.2a+0.008(1.117-j0.78) \\ &= -114.1+j197.6 \end{aligned}$$

模=228.2，与 A 的夹角120°

$$\begin{aligned} V_3 &= 227.3a^2+0.012V_0 \\ &= 227.3a^2+0.012(1.117-j0.78) \\ &= -113.6-j196.85 \end{aligned}$$

模=227.3，与 A 的夹角240°

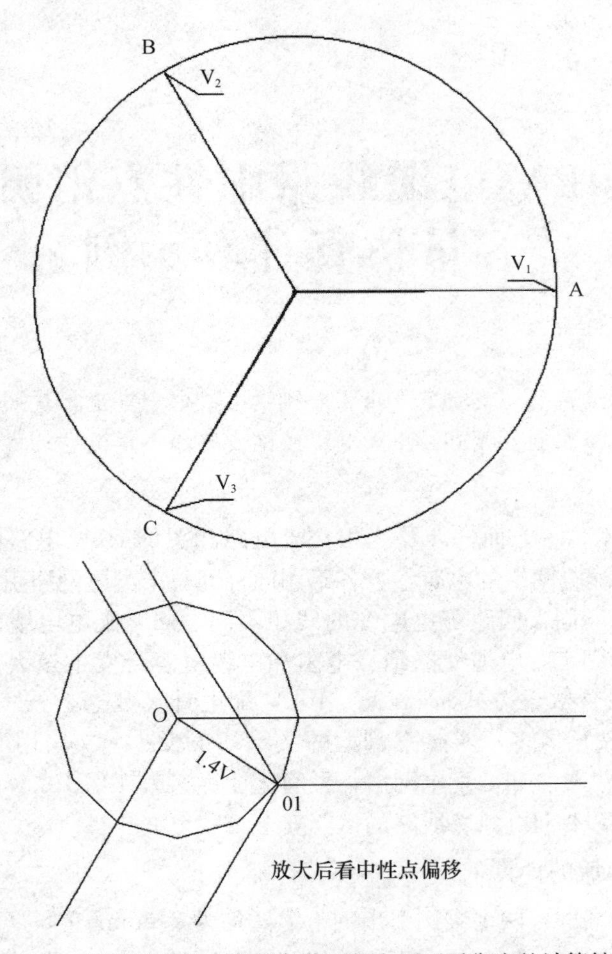

图 1-16　设计阶段给定各相负荷三相电压不平衡度的计算结果

结论：在民用配电设计中，采用不平衡度作为电源质量的指标过于严苛，一是计算过程太过繁琐，一是配电因素变化复杂，不实用。采用电压偏差指标作为电能质量标准，即可满足配电系统设计的要求。

2 10kV电缆线路中性点消弧线圈容量仿真计算示例

阅读提示：本节通过仿真计算10kV电缆线路的电容电流，说明中性点消弧线圈自动跟踪补偿装置选择原则，阐述10kV电缆线路设置零序电流监测的必要性等相关的高压配电技术问题。

10kV配电技术，一方面，涉及三相交流电路相关的*RLC*电路的所有计算；另一方面，每个10kV配电网络的电路参数各不相同，即每个配电网络引出的配电回路数不同，回路配电长度不同，回路配电电缆的线径不同，回路配电电缆敷设方式不同（架空的线路参数较为固定，电缆线路绝缘电阻和电缆电容会发生较大变化，且存在架空电路与电缆电路混合敷设方式），因此，10kV配电计算复杂，技术繁琐。长期以来，10kV配电指导性文章居多，实际案例型的文章却很少。本文采用Multisim10.0电路仿真分析方法，对一个10kV配电网络，做简化计算，为评估10kV配电网络安全性提供一种新的方法，以保证10kV线路的运行安全。

1. 线路电容电流的计算

本文假定两个案例，两个案例引出的电缆，均为240mm^{2}交联聚乙烯绝缘聚氯乙烯护套电力电缆单一规格，正常情况下，该线路参数：

240mm^{2}交联聚乙烯绝缘聚氯乙烯护套电力电缆每相绝缘电阻值取1000MΩ/km。

240mm^{2}交联聚乙烯绝缘聚氯乙烯护套电力电缆每相分布电容值取0.35μF/km。

案例一：设定某10kV配电网，引出单一电缆线径240mm^{2}交联聚乙烯绝缘聚氯乙烯护套电力电缆，共引出7个回路，其中4个回路长度均为2.0km，3个回路长度均为4.0km。

如果把7个回路都分别列入电路中，那么每一相需要画7个电容-电阻组，这样图面混乱、不直观。本文基于各回路电缆的绝缘电阻是并联关系，各回路电缆的分布电容是并联关系，把7个回路等值变换为一根电缆。

那么，电缆总长度＝4×2.0＋3×4.0＝20km，

本10kV配电网络每相等值绝缘电阻＝1000MΩ÷20＝50MΩ

本10kV配电网络每相等值分布电容＝20×0.35μF＝7.0μF

计算结果如下：

其中，变压器中性点定义为零电位参考点，R_1、R_2、R_3为电缆的每相绝缘电阻，为线路参数（采用电缆出厂参数）。

C_1、C_2、C_3为电缆的每相分布电容，为线路参数（采用电缆出厂参数）。

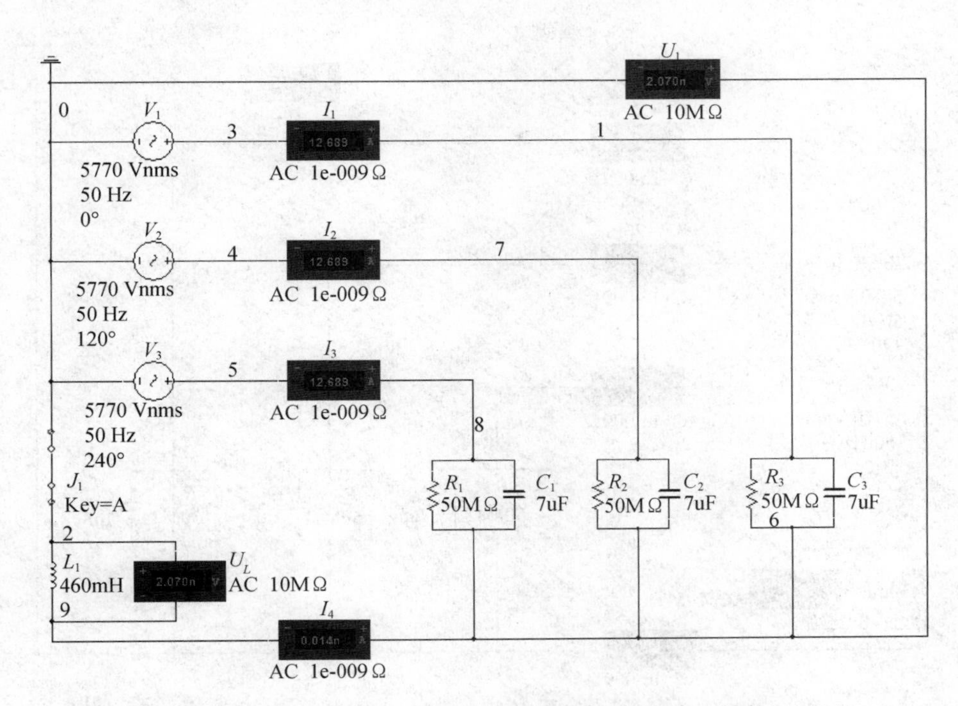

图 2-1 案例一 线路绝缘正常，接入或不接入消弧线圈时各相电流计算

L_1 为消弧线圈，为手工计算赋值参数。

消弧线圈值是以脱谐度等于－5%求得。（脱谐度要求在±5%范围以内。）10kV 配电技术要求接地相残流小于 10A。实际工程中，当采用 10kV 自动跟踪消弧线圈补偿装置时（如快速调匝式消弧线圈，采用主消弧线圈与从消弧线圈相结合，粗调与细调相结合，可以实现近乎连续的调节），消弧线自动投入，能够使接地相的电流，即本例中 I_1 更小。

I_1、I_2、I_3 为 Multisim10.0 电路仿真软件计算所得各相电容电流有效值。

I_4 为 Multisim10.0 电路仿真软件计算所得零序电流有效值。

U_1 为 Multisim10.0 电路仿真软件计算所得大地相对中性点电位。

U_L 为 Multisim10.0 电路仿真软件计算所得消弧线圈上的压降。

以下各图皆同。

图 2-1 与图 2-2 中的 U_L 电压与 I_4 电流性质不同，图 2-1 是微弱的大地电压对中性点的漂移，单位是 NV 与 NA。图 2-2 的 U_L 电压与 I_4 电流是 50Hz 电压与电流在 J_1 开关断点处的反射正弦波电压与反射正弦波电流。

案例二：设定某 10kV 配电网，引出单一电缆线径 240mm^2 交联聚乙烯绝缘聚氯乙烯护套电力电缆，线路引出 6 个回路，其中 2 个回路长度均为 5.0km，4 个回路均为长度 10.0km。

本 10kV 配电网高压电缆等值总长度为 2×5＋4×10＝50km

本 10kV 配电网每相等值绝缘电阻为 1000MΩ/50＝20MΩ

本 10kV 配电网每相等值分布电容为 50×0.35μF＝17.5μF

计算结果如下：

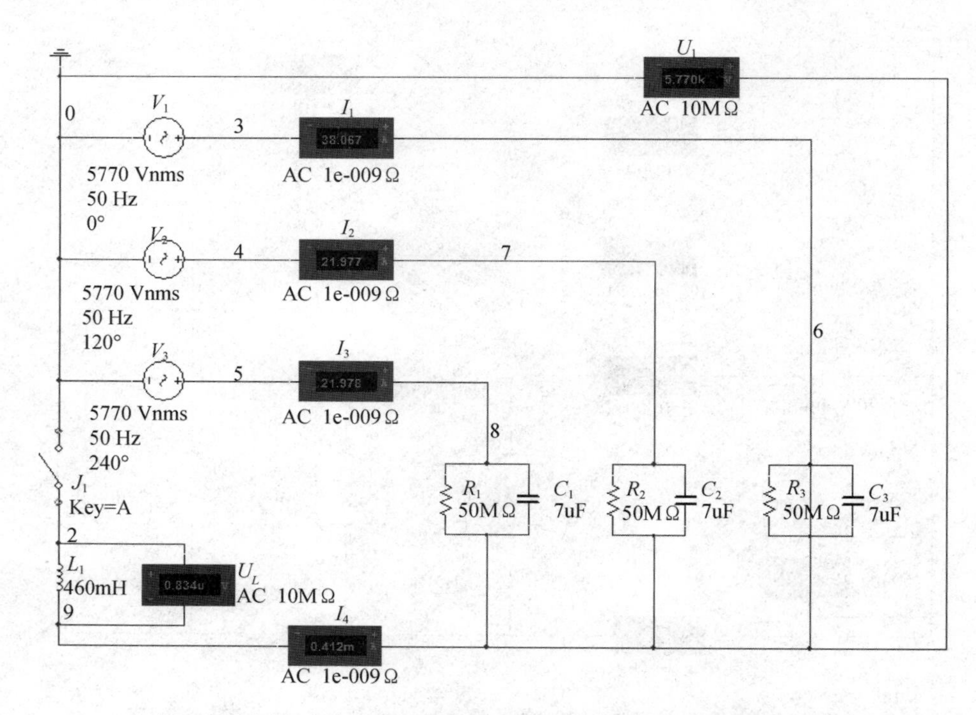

图 2-2　案例一 线路某相接地，不接入消弧线圈时各相电流计算

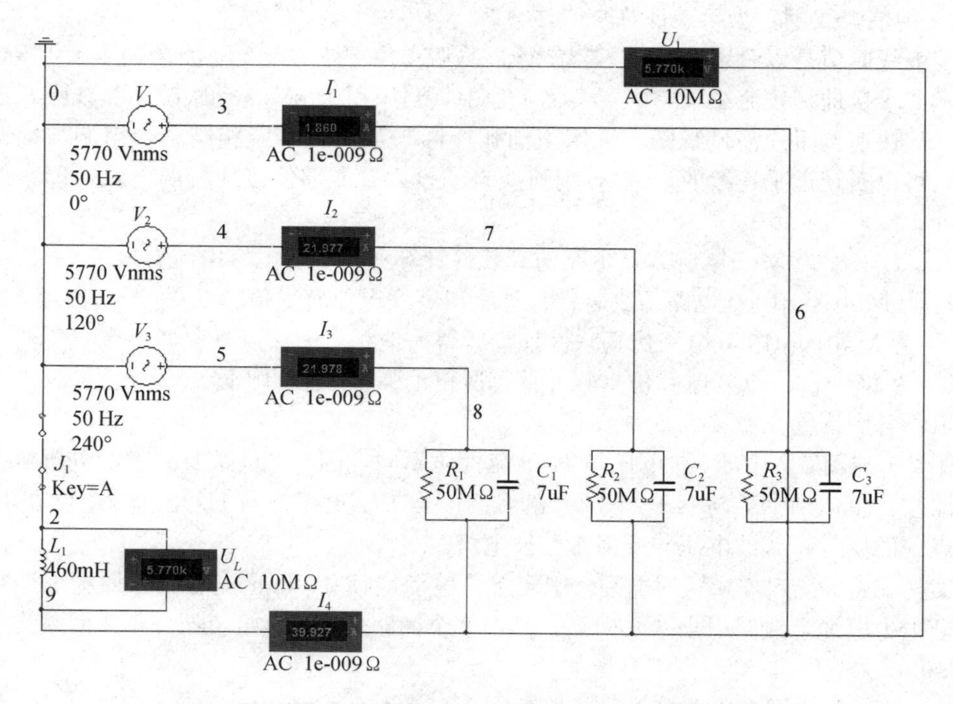

图 2-3　案例一 线路某相接地，接入消弧线圈时各相电流计算

案例一与案例二采用仿真计算的结果与笔者采用电子表格计算的结果完全一致，而电子表格的计算过程却相当繁琐。当采用仿真软件分析三相电路时，只需要构建好

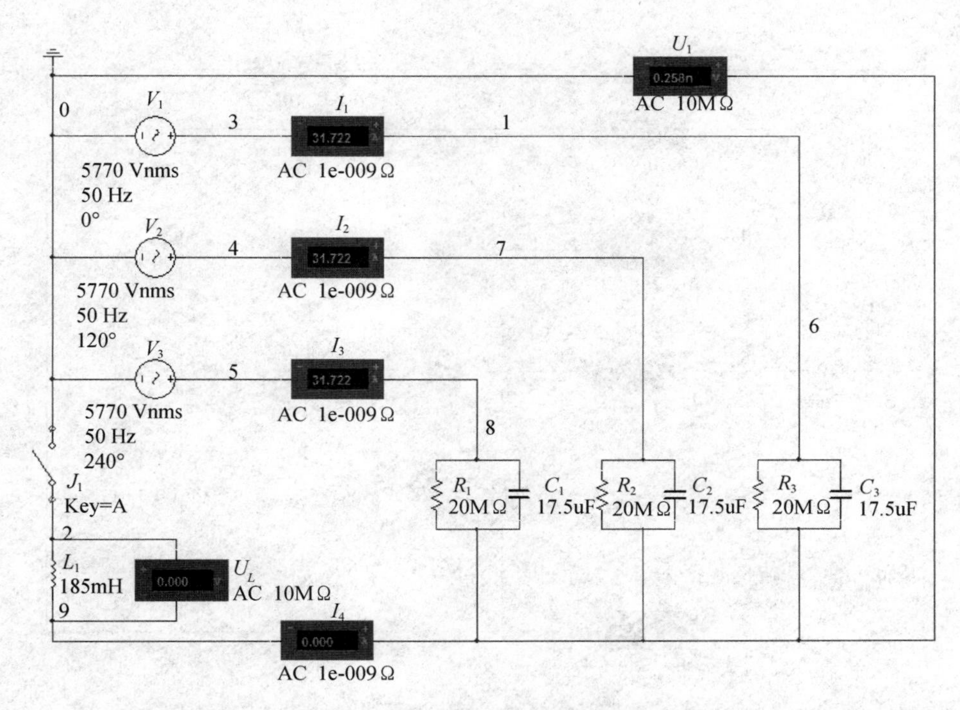

图 2-4　案例二 线路绝缘正常，接入或不接入消弧线圈时各相电流计算

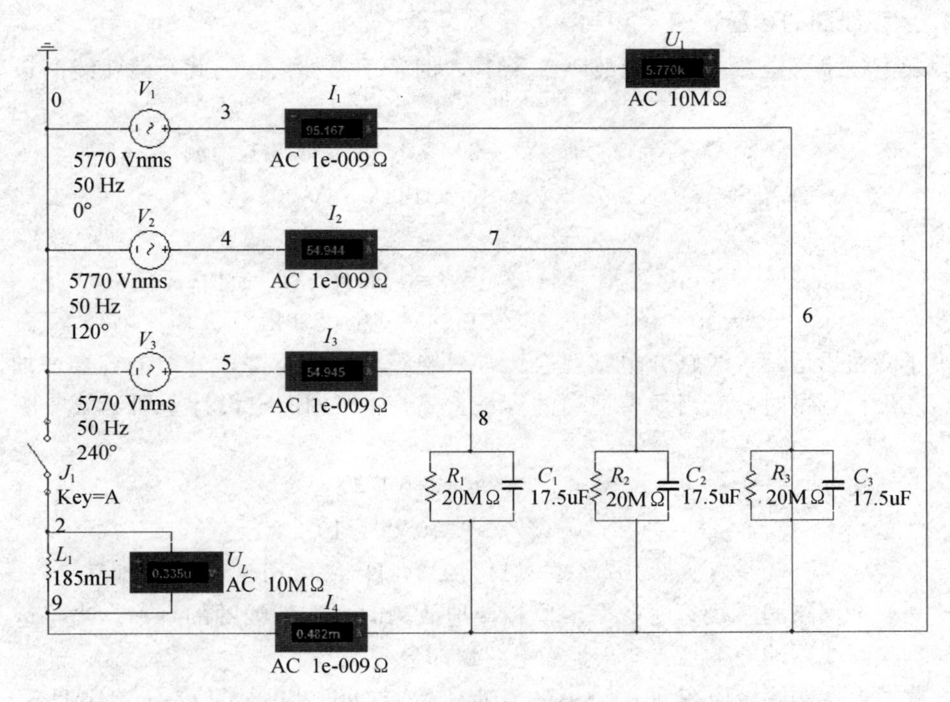

图 2-5　案例二 线路单相接地，不接入消弧线圈时各相电流计算

电路，就可以得到分析结果，既方便又直观。尤其是在电网设计阶段，各参数均为电缆原始参数，可以很方便地进行设备选型。

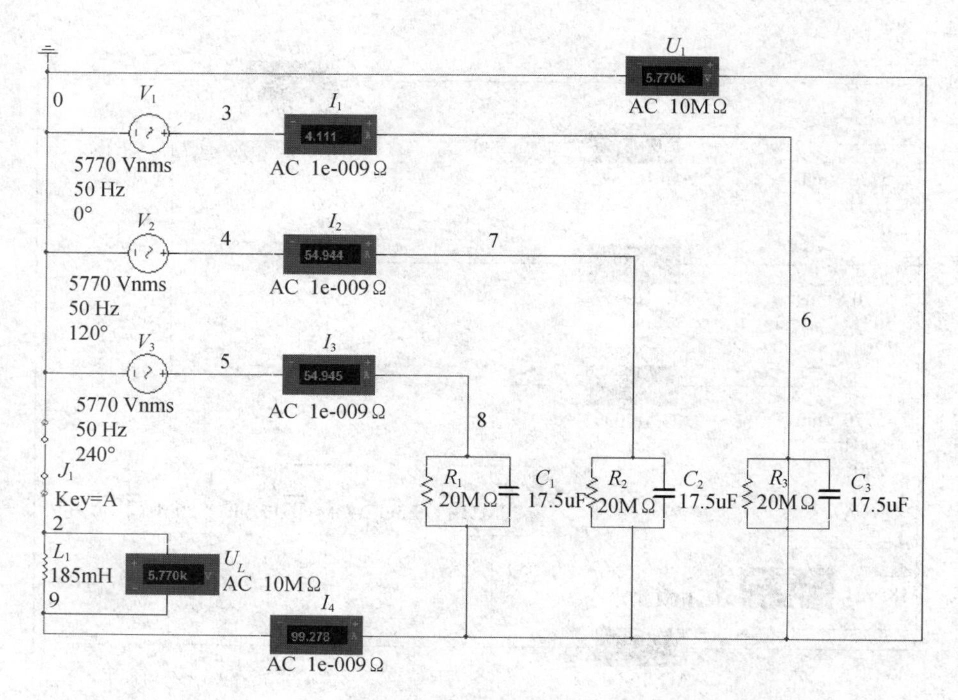

图 2-6　案例二 线路某相接地，接入消弧线圈时各相电流计算

2. 消弧线圈的容量计算

因配电技术规定，单相接地故障小于 10A 时，不需补偿。因此，消弧线圈最小容量为：

$$L_{\max}=1.7\text{H},\ X_L=314\times1.7=533.8\Omega$$

$$Q_{\min}=5770\times5770\div533.3=62428\text{V}\cdot\text{A}\approx63\text{kV}\cdot\text{A}$$

案例一

$$L=460\text{mH},\ X_L=314\times0.46=144.4\Omega,\ I_L=40\text{A},$$

$$Q=40\times40\times144.4=231104\text{V}\cdot\text{A}\approx230\text{kV}\cdot\text{A}$$

由于线路投运后，线路介电损耗会增加，绝缘电阻会下降，分布电容会增加。因此，实际工程选型时，应当留有适当的容量。《工业民用配电设计手册》第三版给出 1.35 倍系数。

$$Q_{\max}=1.35\times230=310\text{kV}\cdot\text{A}$$

$$X_{L\min}=5770\times5770\div310000=107.4\Omega$$

$$L_{\min}=107.4\Omega\div314=0.342\text{H}=340\text{mH}$$

这是 6 个回路同时投运时，发生单相接地故障时，消弧线圈的容量。当停运某些回路时，消弧线圈的容量还要变小，而电感量却会变大。

因此消弧线圈容量应在 63kV·A～310kV·A 之间。电感量应在 0.34mH～1.7H 之间变化。

案例二

$$L=185\text{mH},\ X_L=314\times0.185=58.1\Omega,\ I_L=99.3\text{A}\approx100\text{A},$$

$$Q=100\times100\times58.1=581000\text{V}\cdot\text{A}\approx580\text{kV}\cdot\text{A}$$

由于线路投运后，线路介电损耗会增加，绝缘电阻会下降，分布电容会增加。因此，实际工程选型时，应当留有适当的容量。《工业民用配电设计手册》第三版给出1.35倍系数。

$$Q_{max}=1.35\times580\text{kV}\cdot\text{A}=783\text{kV}\cdot\text{A}\approx800\text{kV}\cdot\text{A}$$

$$X_{Lmin}=5770\times5770\div800000=41.6\Omega$$

$$L_{min}=41.6\Omega\div314=0.132\text{H}=132\text{mH}$$

因此消弧线圈容量应在63kV·A～800kV·A之间，电感量应在0.132mH～1.7H之间变化。

消弧线圈容量有了变化，以往消弧线圈采用固定容量投入方式，往往无法保证过补偿量在−5%以内。

目前，消弧线圈投入方式，有预调容量和随调容量两种。预调容量方式，是通过电子测量技术，预先测量运行线路的电缆电容，计算全补偿所需的消弧线圈容量，并在接地前预先调整到该容量值。一旦发生单相接地故障，立即投入补偿线圈。随调容量方式，是通过电子测量技术，在发生单相接地故障时，测量接地故障电流，同时据此计算全补偿所需的消弧线圈容量，并投入相应的补偿容量。

3. 10kV 中性点位移电压不能作为消弧线圈投切的依据

有资料讲到，当中性点位移电压≥0.2～0.35Un 时，应投入中性点消弧线圈

$$0.2\times5770=1154\text{V}\quad 0.35\times5770=2019\text{V}$$

本例模拟计算满足中性点位移电压为1500V条件的一组三相电容值。

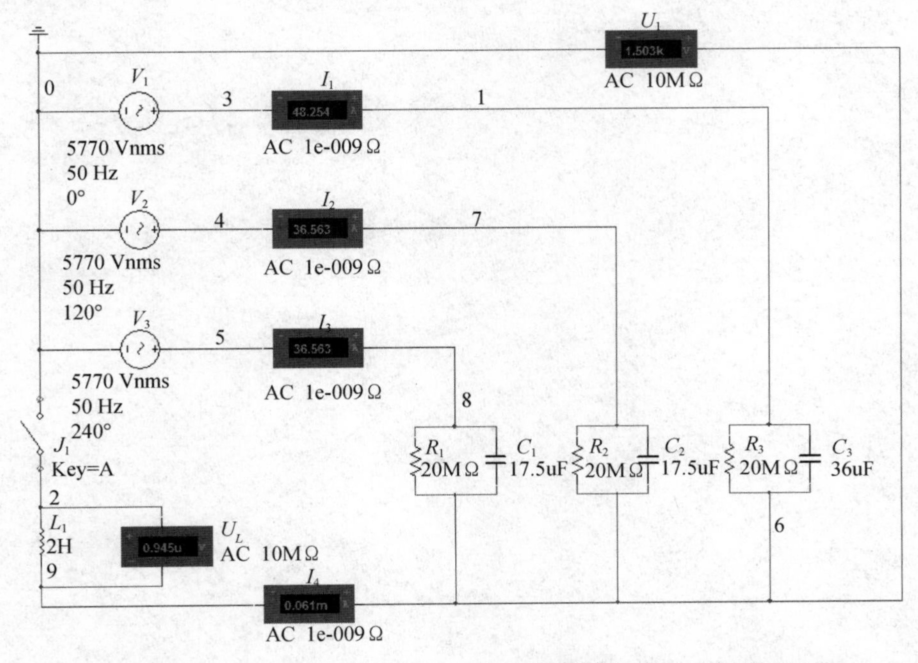

图2-7　案例二 线路电容不平衡，不接入消弧线圈时性点电压漂移计算

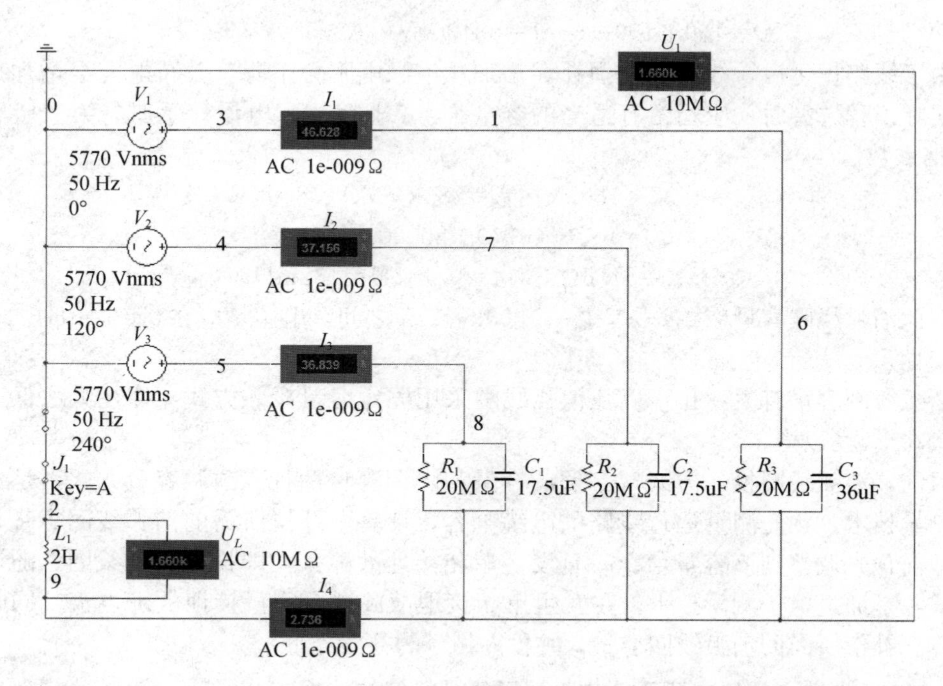

图 2-8　案例二 线路电容不平衡，接入消弧线圈时性点电压漂移计算

L_1 小于 2H 时，U_1 会变大，I_1 减少有限，此时投入补偿线圈没有任何意义。因为在没有发生单相接地故障之前，单相接地故障的危害，如电弧过压、电弧损害都不会发生。

3 TN、TT 系统接地保护原理综述

阅读提示：在低压配电系统中，为什么要接地？接地电阻应当是多少欧？应当如何制作接地装置？一直以来，这些问题争论多、定论少，在接地的工程做法上偏颇案例甚多。本节将简明扼要探讨 TN、TT 接地保护的原理与合理的接地保护做法。

电气接地的问题，涉及到电工学中的欧姆定律、电磁学中的高斯定律与拉普拉斯方程，在工程实践中，我们用欧姆定律对接地系统做最简单的电路分析，这确实是最简单的分析方法。目前国内接地方面的学术文章也仅止于欧姆定律分析接地故障与电击防护问题，方法较粗糙，未能明确解答为什么要接地，接地电阻应当是多少欧，应当如何制作接地装置等等问题。

民用建筑电气设计规范《民用建筑电气设计规范》(JGJ/T 16—2008)

第 12.7.1 条第 3 款："除另有规定外，电子设备接地电阻值不宜大于 4Ω。电子设备接地宜与防雷接地系统共用接地网，接地电阻不应大于 1Ω。"

所以，工程图纸中，通常都会有"电子设备接地与防雷接地系统共用接地网，接地电阻不应大于 1Ω，若实测接地电阻大于 1Ω，应补打接地装置。"等类似的文字。但是在施工现场，当土壤电阻率大于 100Ω·m 时，依据《工业民用配电设计手册》第三版中表 14-20 设置接地装置，穷尽办法也不能实现接地电阻不大于 1Ω 的要求，那么这就存在极大的问题了，规范中的这句话违背了基本的电气理论。

某些非常认真的工程师，要求施工方更换土壤，填埋降阻剂。采取这些措施后，却不去测量土壤实际的电阻率，也不依土壤实际的电阻重新设计接地装置，这些做法都是错误的。

《民用建筑电气设计规范》(JGJ/T 16—2008) 第 12.7.1 条规定是否正确？本条文的理论依据是什么？都需要认真研究。纵使有理论依据，但是由于接地装置成本过高，也必须放弃这个规定。事实上，我们应当认真研究改善电子设备对接地的依赖性，使目前的防雷接地装置能满足电子设备的接地安全要求。

除以上规定外，工程中还存在两种必要的接地：一是配电系统接地，通常要求较(雷电接地要求)低的接地阻值；一是防雷接地装置。就电气理论来讲，因为接地电阻做到 10Ω，还是比较容易的，做到 5Ω 是比较困难的。所以，如果技术上有可能，两种接地电阻，应当做统一要求。

在实际施工中，经济实惠且够用即可，过于苛刻的接地阻值要求，不是做不到，而是没有必要。在安全设计问题上，接地装置、等电位联结、接地故障保护装置均应适度，过度的设计不会对电气系统的安全性有明显的提升。

一、大地电位零点问题

土壤的导电性能整体来看，足够好。大地的电阻和土壤电阻率无关，且保持为0.05Ω/km这一数值，这一结论为卡尔逊（Carson）和刘登堡（ Rudenberg）的研究结果所证实。他们对地中电流的分布规律有不同的假设，但关于大地电阻的数值，都有相同的结论。笔者采用集肤效应原理做过推算，同样得到50Hz的正弦交流电在大地中的电阻是0.05Ω/km这个结果。集肤效应可由麦克斯韦方程求解得出。

而局部来讲，大地的导电性能却是非常差的。影响接地装置接地电阻的两个因素：一是接地体的形状，一是接地体周围的土壤电阻率。同样的土壤，接地装置不同，接地电阻不同，表现的导电性能与电击风险也不同。

1. 半球形接地装置

半球形接地装置的计算公式

(1)
$$R=\int_{x=r}^{\infty}\mathrm{d}R=\frac{\rho}{2\pi}\int_{r}^{\infty}\frac{\mathrm{d}x}{x^{2}}=\frac{\rho}{2\pi r}$$

式中：

R：接地装置接地电阻，单位：Ω

r：半球形接地装置的球半径，单位：m

ρ：土壤电阻率，单位：Ω·m

显然，半径为r的半球状接地装置，如果计算包含全电阻的0.5倍的电阻区域时，电阻区域为$2r$的半球状区域。如计算包含全电阻的0.9倍的电阻区域时，电阻区域为10r的半球状区域。换言之，把r扩大2倍，接地电阻值下降了一半；r扩大10倍，接地电阻值下降了0.1倍。

因为接地电阻计算不是严格的电路计算，严格的计算没有意义，(土壤不均匀，计算模型不精确)，所以对于半径为r的半球状接地电极来讲，通常把$10r$一整个区域视同一个阻值为R的电阻器，把$10r$以外的区域认作导体电阻为0.05Ω/km的一个导体。故而在绘制电路图时，可以把接地装置视为一个电阻器，把大地视为一根导线。

假定半球形接地装置r=1.0m，其电阻区域$10r$=10m。人站立在接地装置附近时，就是站立在这样的一个电阻之上，因此会有跨步电压。并且从电阻区域$10r$=10m以外大地上任何一点，引入该电阻区域以内的任何导体，该导体均与电阻区域的所有点存在电位差。换言之，对于本接地装置来讲，10米以外，就是电位零点。

由于半球形接地装置r的大小决定了电阻器的大小，所以极端地看，当相线搭地时，相当于形成了一个很小r的接地装置。依据式(1)，接地电阻非常大，接地故障电流非常小，保护电器一般不会动作的。相应的，其接地电阻区域也非常小。为便于理解，我们设定相线接地时，其形成的“自然接地装置”r=10cm。(实际上，要看相线与大地接触的面积，通常非常小，不大于数毫米)这个电阻器就是一个半径1.0m的半球，此时接地点1.0m以外，就是电位零点。因此，跨步电压与接触电压均会导致人员电击事故发生。

在路灯配电中，因为接地电阻大，接地装置的接地电阻区域非常小，发生接地故障时，保护电器不能动作，而故障点与大地零电位点又非常近，所以路灯采用 TT 系统时，时常会发生严重的电击致死事件。

在消防应急灯中，也有同样的现象。即喷水后，相线接地，此时也可视为一个 r 非常小的“自然接地装置”，一旦人员接近，电击事故必然发生。因此应急照明必须在火灾时断电，包括散放在各处的配电箱，消防前必须从箱体进线的首端切除电源，以保证安全。

2. 单个棒状垂直接地体

单个棒状接地装置的计算公式

(2) $$R=\frac{\rho}{2\pi l}\text{In}\frac{2l}{r}$$

式中：

R：接地装置接地电阻，单位：Ω

r：圆棒半径，单位：m

L：圆棒长度，单位：m

ρ：土壤电阻率，单位：Ω·m

简单举例说明，设定 r=0.025m，L=2.5m，

与式（1）比较，ρ 与 2π 系数相同，可得棒状垂直接地体，相当于一个半球形接地体，其等值半径$=2.5\div\ln\frac{2\times2.5}{0.025}=0.47$m。同样地，把 $10r$ 一整个区域视同一个阻值为 R 的电阻器，把 $10r$ 以外的区域认作 0.05Ω/km 的一个导体。把接地装置视同一个电阻器，把大地视同一根导线。

即 $10r=10\times0.47$m$=4.7$m，该电阻器就是一个半径 4.7m 的半球，此时接地点 4.7m 以外，就是电位零点。因此，跨步电压与接触电压均会导致人员电击事故发生。

多个棒状相并联的接地装置的接地电阻区域分析从略。

3. 水平环状接地体

水平环状接地装置的计算公式

(3) $$R=\frac{\rho}{\pi^2 D}\text{In}\frac{4D}{r}$$

式中：

R：接地装置接地电阻，单位：Ω

r：圆钢半径，单位：m

D：环形等效直径，单位：m

ρ：土壤电阻率，单位：Ω·m

简单说明，设定 r=0.025m，D=60m，代入式（3），

$$R=0.015\rho$$

设定接地装置上有 150 伏电压降，接地装置单位长度上流过的电流为：

$$I=\frac{150}{0.015\rho\times3.14\times60}=\frac{53}{\rho}$$

(4) $$V(x)=\frac{\rho I}{2\pi}\text{In}\frac{d^2}{d^2+x^2}=\frac{\rho I}{2\pi}\text{In}\frac{1}{1+\left(\frac{x}{d}\right)^2}$$

式中：

$V(x)$：距接地圆钢 x 米远处的点的大地电位，单位：V

I：接地装置单位长度上流过的电流，单位：A/m

D：环形等效直径，单位：m

d：接地圆钢的直径，单位：m

那么依据式（4）有：

$$V(0)=0,\text{接地装置处为}0$$
$$V(d)=8.43\times(-0.693)=-5.9\text{V}$$
$$V(2d)=8.43\times(-1.61)=-13.6\text{V}$$
$$V(3d)=8.43\times(-2.3)=-19.4\text{V}$$
$$V(1000d)=8.43\times(-13.8)=-116\text{V}$$
$$V(5000d)=8.43\times(-17.0)=-143.6\text{V}$$
$$5000d=5000\times2\times0.025=250\text{m。}$$

这是水平接地及接地电阻测试需要这样远的测量距离的理论基础。

$\frac{150\text{V}}{250\text{m}}=0.6\text{V/m}$，电压梯度较小，系统较为安全。当然，用同样的钢材做成多根垂直接地极时，其电压梯度也应当相近。水平环状与垂直接地，在同样的安装成本下，垂直接地体要优越一些。

以上讨论的仅是接地电阻区域。无论雷电流还是工频电流，通常认为接地电阻区域不因电流大小而改变，但是电击风险与过电压风险，随电流增大而增大。

二、TN、TT系统接地故障现象的异同及接地故障的后果

在大型供配电系统中，采用TN划或TT接地方式，变压器处的接地装置通常采用网格状的接地网，接地网接地电阻的计算是通过板状接地电极换算得来。在小型的变配电系统中，通常采用垂直棒状接地体或水平环状接地体，或者二者组合使用。

由于变配电所是专人管理，其接地安全性能不是本文讨论的内容。本文统一假定变压器处的接地电阻为4Ω，其接地电阻区域从略。

1. TN系统接地故障现象

TN系统发生接地故障时，空气击穿电压一般认为是3000V/mm，因此相线与PE线必须足够接近，才能发生接地故障，且由于接地故障电流足够大，必然伴随有弧光、爆炸声、金属喷溅现象。当TN系统发生接地故障且线路无法立即切断时，必然导致严重的灾害，如：设备损坏、火灾、人员伤亡等事故。因此，TN系统不允许接地故障持续存在。

切断电源是TN系统的安全特质，只有断电，才能保证安全。

为了保证，TN系统能及时断电，配电系统设计至关重要。上一级的热脱扣是下一级磁脱扣的后备保护。下一级的配电应当确保瞬时脱扣的灵敏性。

2. TT系统接地故障现象

由于电源中性点接地，TT故障分为两种情况：

(1) 设备外壳接地极与配电系统中性点接地极，仅通过大地导体连接（NEC 中规定，大地不得作为唯一的电流路径，TT 系统是不安全的系统)。前文已经讨论过，采用一个规格为 $r=0.025\text{m}$，$L=2.5\text{m}$ 的棒状接地极时，其电阻区域是 4.7 米。此时接地极为中心的 4.7 米以外，均为电位零点。当接地极上压降较大时，由于电阻区域小，电压梯度大，跨步电压与接触电压足可达到危险的程度。

常见的路灯接地中，有采用灯杆基础埋设水平扁钢的做法，以基础 1.5m×1.5m 边长计算，近似为 $r=0.025\text{m}$。$D=0.6\text{m}$ 的环状接地极 $R=0.77\rho$，电阻值非常大。

设定接地装置上有 150 伏电压降，接地装置单位长度上流过的电流为：

$$I=\frac{150}{0.77\rho}\div 3.14\div 0.6=\frac{103}{\rho}\text{（无论什么形状均采用等效正圆后的值计算）}$$

$$V(0)=0\text{，接地装置处为 }0$$

$$V(d)=16.4\times(-0.693)=-5.9\text{V}$$

$$V(2d)=16.4\times(-1.61)=-13.6\text{V}$$

$$V(3d)=16.4\times(-2.3)=-19.4\text{V}$$

$$V(100d)=16.4\times(-9.2)=-151.0\text{V}$$

100d=100×2×0.025=5m。其电阻区域仅为 5.0 米，电位梯度为 30V/m，当雨天人体透湿时，这样的电位梯度足可以产生致命电击。屡屡出现路灯电击致死事件，与路灯采用 TT 配电系统相关，是设计、施工造成的电击隐患。

因此，室外路灯不可以采用 TT 系统，必须采用 TN 系统，全国应当对路灯规范做一次彻底的修正。

(2) 相线掉落地面

这也是一种 TT 系统接地故障，不同的是其接地电阻更大，接地电阻区域更小，危险性更高，这里不再赘述。

三、等电位设置必要性讨论

1. TN 系统等电位设置的讨论

TN 系统中，相线对设备外壳发生接地故障，TN 系统不需要等电位，也不需要外壳接地，前提是必须强制 PE 线布线规则，保证 PE 线可靠，这样才能满足配电的基本安全。数十安的电流足以引发电弧灾害，因此，对 TN 系统的接地故障防护应当引入电弧故障保护断路器。

如果在 TN 系统中，发生相线与其他的金属导体接地，接地故障电流不经 PE 线回流时，应当采用等电位联结。

见图 3-1：

本图简单地说明了卫生间内的电气现状。图中 M 为洗衣机，D 为洗衣机接地端子，B 为金属水管。

在线路的任意一点，发生配电线路与金属水管的接地故障时，卫生间内洗衣机与金属水管之间就长期存在 $U_{BD}=220\text{V}$ 的电压。由于接地故障电流较小，保护电器不能及时脱扣，同时触及洗衣机与金属水管，必有电击风险。为消除这样的风险，应当做

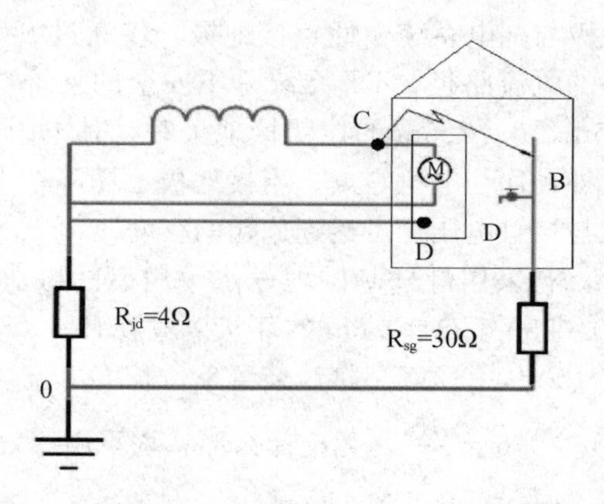

图 3-1　TN 配电系统不做总等电位联结，发生 TT 接地故障时电路图

总等电位联结，见图 3-2：

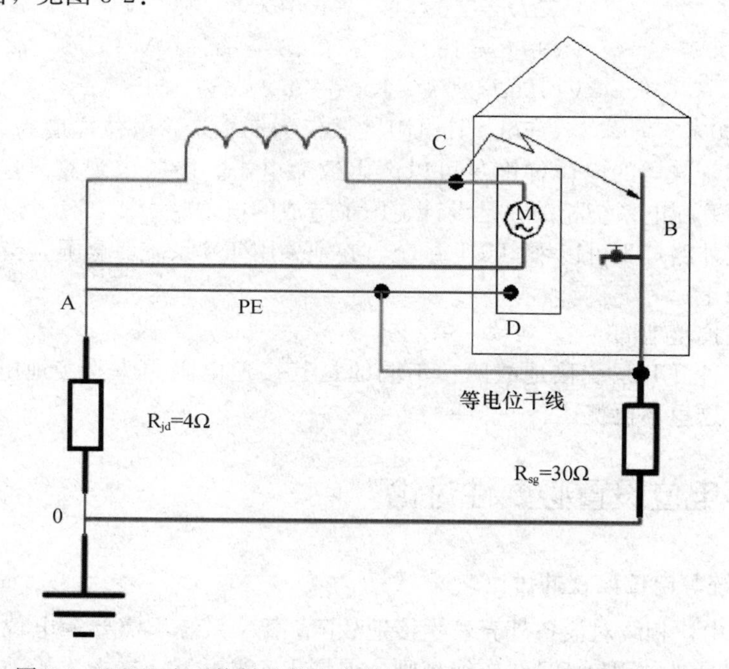

图 3-2　TN 配电系统做总等电位联结，发生 TT 接地故障时电路图

做了总等电位连接后，系统就安全了。发生电气线路与金属水管的接地事故时，接地故障电流非常大，因此等电位联结导线截面应与 PE 线的截面相同，保护电器应瞬时脱扣。

如果保护电器不能瞬时脱扣，会发生严重的电气事故。因此 TN 系统接地故障，等电位不能解决任何风险。必须做到发生接地故障时，保护电器立即脱扣。

做了总等电位联结，BD 是否需要做局部等电位联结呢？IEC 标准中没有要求设置局部等电位。

只有金属水管不做等电位时，才需要在卫生间做局部等电位。同样的，建筑地板内的钢筋也如此，总等电位与局部等电位做一次即满足基本安全要求。

如果 TN 系统中不考虑上述风险，等电位是没有意义的，如手持式、移动式设备，就不设置等电位。

2. TT 系统等电位设置的讨论

TT 系统的接地极采用棒状或包围面积不够大的水平接地体时，两个接地体之间会存在接触电压，见图 3-3：

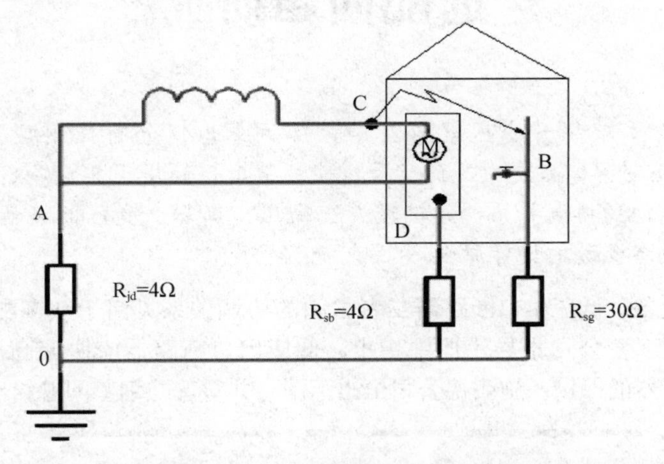

图 3-3　TT 配电系统不做总等电位联结，发生接地故障时电路图

当 C 与 D 间发生接地故障时，$U_{BD}=110$V；当 C 与 B 间发生接地故障时，$U_{BD}=194$V；且接地故障电流一般只有采用剩余保护才能驱动断路器分断（IEC 与 AS3000 均有规定：RCD 不得作为唯一的切除接地故障的手段）。剩余电流保护断路器拒动是不可忽视的一个隐患，显然，采用共用接地极或者等电位联结的方式，就可以完全消除 BD 之间的电压。

对于室内设备来讲，等电位是 TT 系统的安全特质，只要等电位，即可保证安全。

对于室外设备来讲，没有等电位这样的概念，因为零电位点与设备非常接近，而采用围栏的方式，把接地装置围栏起来，是预防室外电击的一种有效手段。

四、结论

自 1753 年富兰克林设置第一个接地极开始，接地的理论基本是借由高斯定律、麦克斯韦方程、拉普拉斯方程推导求解的。接地理论是很完备的，但是由于种种原因，这些在高等教育中必修的课程往往被忽略。

希望通过本节的学习研究，可以把接地原理应用到工程实践中，做到既安全可靠，又经济实用。

4　变压器过载曲线与出口断路器的选配问题研究

阅读提示： 本节绕开变压器自身的故障问题，仅分析民用建筑中变压器容量1600kV·A以下变配电系统中，负荷及线路故障时，高压保护设备、变压器、低压出口断路器三者之间的协调关系，并梳理选配高压熔断器、高压断路器、变压器、低压出口断路器等设备参数的设计原则。

高压保护设备、低压出口断路器二者之间的协调关系见诸于众多配电设备厂家的指导手册中，日本三菱公司指导手册中指出，低压出口断路器应协调高压侧熔断器动作，共同完成对变压器的保护。施耐德公司给出下图，并对选配细节问题给出了完整的答案。

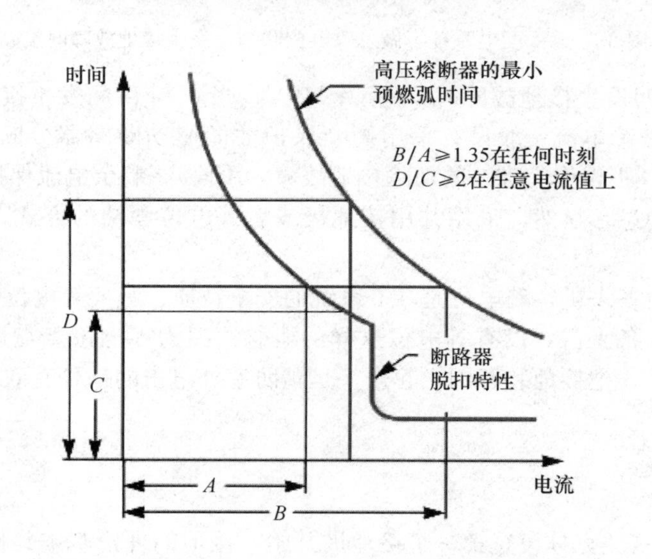

图表B18：用于变压器的保护，高压熔断器与和低压断路器之间的保护动作选择性

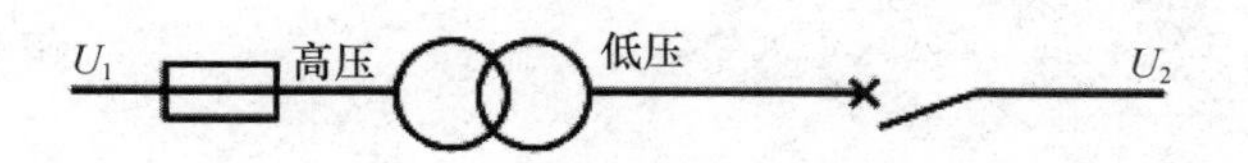

图表B19：高压熔断器不动作，低压断路器跳闸

而高压保护设备、变压器、低压出口断路器三者之间的协调关系，需要紧密配合。

一、变压器过载问题

1. 1000kV·A 油浸式变压器过载

《电力变压器第 7 部分：油浸式电力变压器负载导则》（GB/T 1094.7—2008）给出油浸式变压器过载能力及时间：

过载 10% 变压器可持续运行 180 分钟

过载 20% 变压器可持续运行 150 分钟

过载 30% 变压器可持续运行 120 分钟

过载 60% 变压器可持续运行 45 分钟

过载 75% 变压器可持续运行 15 分钟

过载 100% 变压器可持续运行 7.5 分钟

过载 140% 变压器可持续运行 3.5 分钟

过载 200% 变压器可持续运行 1.5 分钟

变压器的过负荷保护：互为备用的变压器或工作中有可能过负荷的变压器一般要装设过负荷保护。由于过负荷电流通常是三相对称的，因此过负荷保护的电流继电器装于某相中，保护装置作用于信号。过负荷动作时限为 10s～15s。取过负荷动作时限 15s，过负荷动作电流 1.25In。

如果过电流保护的动作时间设定为 0.5s，过电流值持续 0.5s 到达或超过电流设定值，则故障跳闸，变压器迅速地被切除脱离电源系统。过电流动作电流 1.2×1.25In÷0.85＝1.76 In

由于需要躲过变压器空载投入时的励磁涌流 3-5 In，因此过电流动作 5 In，0.5s。

1000kV·A　I_L＝57.7A　I_i＝1440A

油浸式变压器过载时间及电流列表如下：

I	1	2	3	4	5	6	7	8	9
t_{min}（S）	180	150	120	45	15	7.5	3.5	1.5	0.5
过载倍数	1.1	1.2	1.3	1.6	1.75	2.0	2.4	3.0	5

2. 干式变压器过载

参考国家标准《干式电力变压器负载导则》（GB/T 17211—1998）对变压器过载保护的要求，综合多个干式变压器厂家所提供的变压器，得出：

1000kV·A（I_L＝57.7A　I_i＝1440A）

干式变压器过载时间及电流列表如下：

序号	1	2	3	4	5	6	7	8
t_{min}（s）	150	115	90	65	52	42	32	0.5
过载倍数	1.2	1.25	1.3	1.4	1.5	1.55	1.6	5

3. 高压熔断器、高压断路器

由 Bussmann 高压熔断器弧前安秒曲线中摘取 12kV 63A 与 90A 规格的部分。

高压断路器用于操作开断短路电流，依赖于继电保护设备，完成变压器的过负荷与过电流保护。

如 ZN63A-12kV/630A-25，高压断路器用于 1000kV・A 变压器中，当发生短路时，断路器动作，当接收到继电保护装置给出的分闸信号时，断路器分闸。

4. 低压侧出口断路器

由上海精益电器厂有限公司生产的 HA60 系列低压断路器安秒曲线中摘取 1600A，$t_R=15s$ 与 $t_R=480s$ 的安秒曲线。

二、高压保护设备、变压器、低压出口断路器三者之间的协调关系

1. 高压断路器、油浸式变压器、低压出口断路器三者之间的协调关系

低压断路器 $Ir=1600A$，折算到高压侧为 $1600\div25=64A$，与 1000kV・A $I_L=57.7A$ 接近，因此工程上可以视为一致。

把变压器过载倍数、继电保护曲线绘制在断路器曲上，如下图：

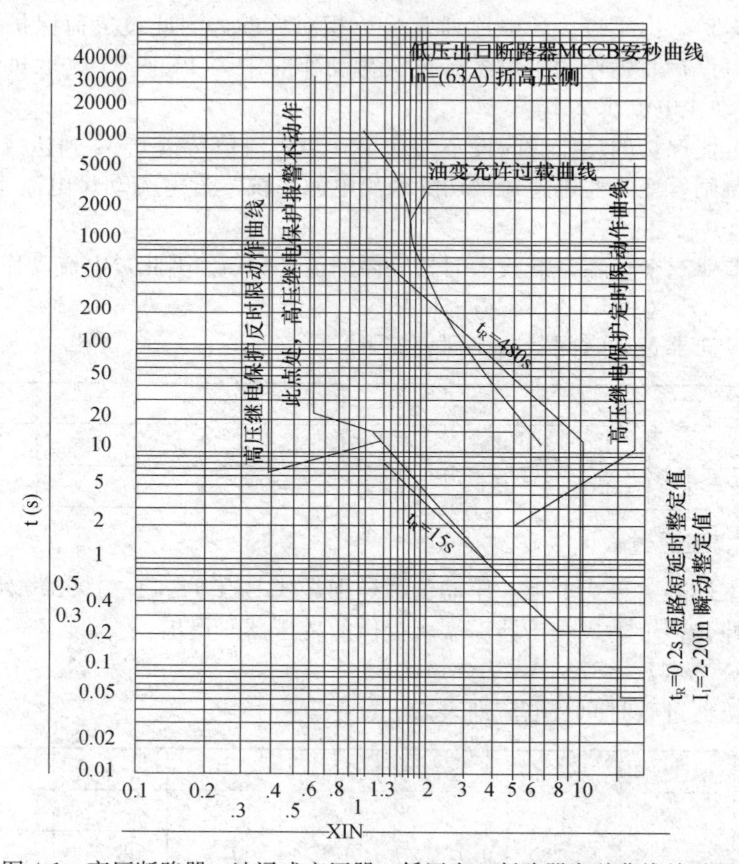

图 4-1 高压断路器、油浸式变压器、低压出口断路器安秒曲线关系图

结论：

a. 低压出口断路器整定 1600A，$t_R=480s$ 不适用于 1000kV・A 油浸式变压器系统中。

b. 低压出口断路器整定 1600A，t_R＝15s 与高压继电保护反时限动作曲线不适合，无法做到上下两级动作的选择性配合。

c. 低压出口断路器整定 1600A，t_R＝15s 与高压继电保护定时限动作曲线亦不适合，无法做到上下两级动作的选择性配合。

d. 低压出口断路器必须插入 5 倍动作时间 0.2 秒的短延时，才能满足上下级选择性配合。此即出口断路器短延时确定的电气理论根据。

2. 高压断路器、干式变压器、低压出口断路器三者之间的协调关系

依以上规则制图如下：

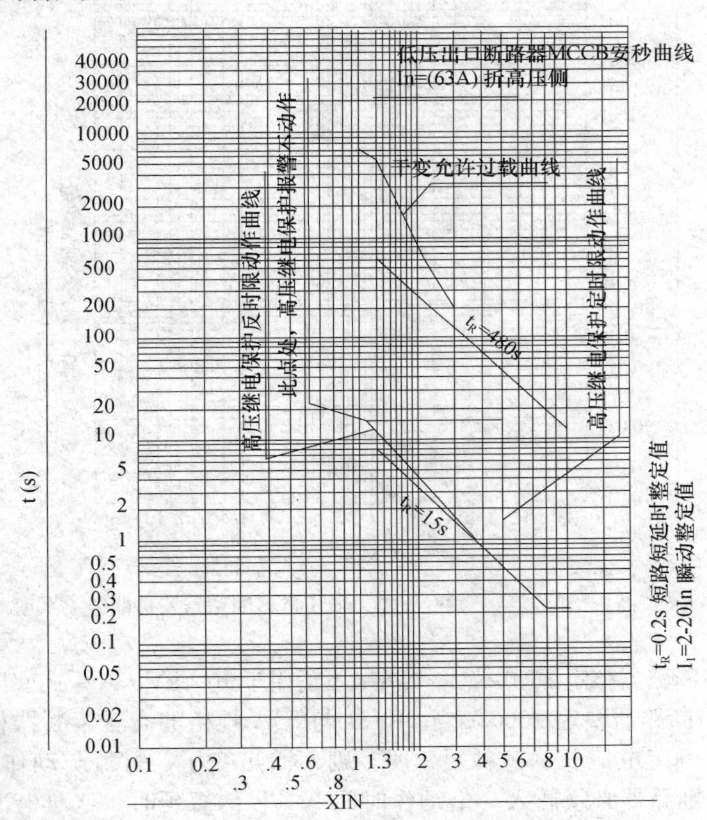

图 4-2　高压断路器、干式变压器、低压出口断路器安秒曲线关系图

结论：

a. 低压出口断路器整定 1600A，t_R＝480s 不适用于 1000kV·A 干式变压器系统中。

b. 低压出口断路器整定 1600A，t_R＝15s 与高压继电保护反时限动作曲线不适合，无法做到上下两级动作的选择性配合。

c. 低压出口断路器整定 1600A，t_R＝15s 与高压继电保护定时限动作曲线亦不适合，无法做到上下两级动作的选择性配合。

d. 低压出口断路器必须插入 5 倍动作时间 0.2 秒的短延时，才能满足上下级选择性配合。

3. 高压熔断器、干式变压器、低压出口断路器三者之间的协调关系

依以上规则制图如下：

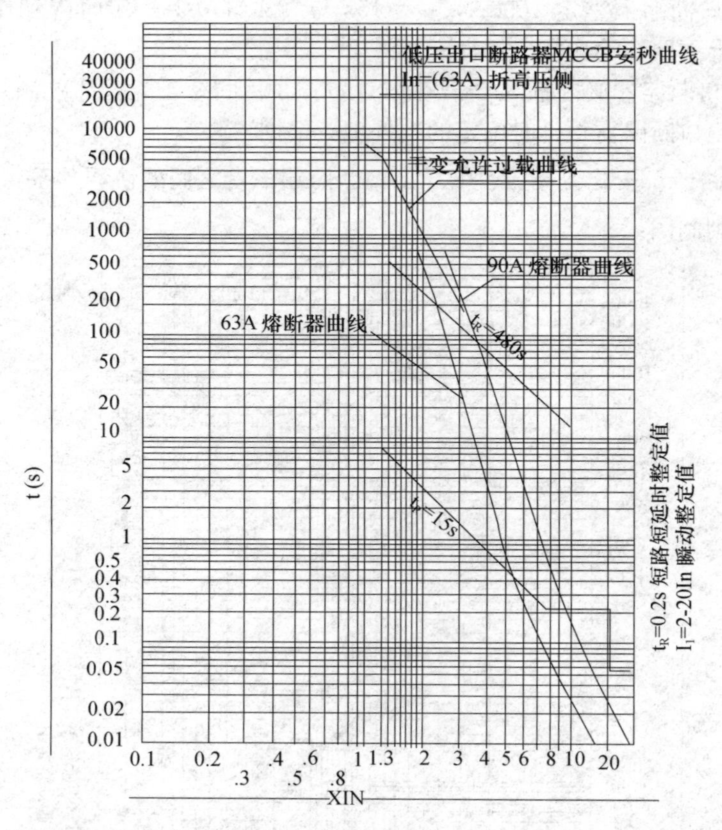

图 4-3　高压熔断器、干式变压器、低压出口断路器安秒曲线关系图

结论：

a. 低压出口断路器整定 1600A，t_R＝480s 不适用于 1000kV·A 干式变压器系统中。

b. 低压出口断路器整定 1600A，t_R＝15s 与 90A 规格的高压熔断器相匹配，但是如果不引入 5 倍额定电流及 0.2 秒短延时，则不满足变压器过流与动作时间的要求。因此，低压出口断路器必须插入 5 倍动作时间 0.2 秒的短延时，这与上下级选择性配合无关。

c. 低压出口断路器整定 1600A，t_R＝15s 与 63A 规格的高压熔断器不匹配，与 90A 规格的高压熔断器相匹配。

三、断路器选择性配合问题讨论

变压器低压出口断路器短延时整定与低压母线上的分支回路断路器的选择性不相关，上文已证。

低压出口断路器与低压母线上的分回路断路器的选择性配合容易做到。

低压出口断路器因设置了短路短延时，低压出口断路器与母联的选择性无法实现。因此，母联应当选用负荷开关，只用于接通、断开线路。

5 电梯负荷计算方法的讨论

阅读提示： 本节通过计算分析同一台电梯在楼层数不同、建筑高度不同的建筑内，电梯暂载率的变化情况，阐述电梯负荷的计算方法。

1980年以前，曳引与控制技术发展一直比较缓慢。自变频调速技术问世以后，电梯控制技术与曳引机技术都发生了巨大改变。控制技术的发展带动了电梯配电技术的发展，这主要体现在电梯负荷的计算、电梯电缆的选用、电梯设备的保护三个方面。

在建筑工程电气设计过程中，永磁同步无齿曳引机（本文所有的讨论均基于此类曳引机）的负荷计算涉及以下三个问题：

1. 电梯曳引机工作制的认定；
2. 暂载率的统一换算；
3. VVVF电梯控制器电源端输入电能的功率因数的确定。

一、电梯曳引机工作制与暂载率的讨论

1. 电梯曳引机工作制的讨论

从电梯铭牌上来看，电梯工作制存在着多种标识。常见的有S2-30min、S3-40%、S3-60%、S4-40%、S5-40%等，哪一种更合理、更方便呢?

电梯工作制各国定义不同，美国、日本定义为S2-30min短时间歇工作制，他们把电梯工作制规定为短时工作下的间歇工作制，曳引机在最大负载情况下间歇提升30min，然后断能停机。他们认为这种情况下，曳引机不足以达到热稳定状态，停机时间足以使曳引机温度恢复到环境温度±2℃范围内，然后再运行、再停机。这种方法估算负荷大小，简便实用合理。

我国则采用了科学方法来计算曳引机负荷，参照《电梯曳引机》（GB/T 24478—2009）中图3电机温升测试模拟曲线，电梯曳引机工作制定义为S5，见图5-1

曲线表示曳引机的实际电流，I_1为堵转电流，I_2为平稳运行电流，I_3为反馈制动电流。因引入“封星电路”，在VVVF前端的供电导线上，不存在I_3，如果单纯地看VVVF前端的供电导线负载情况，电动机工作制定为S_3也是正确的。

曳引机电机工作制是S_5，VVVF前端的供电导线工作制是S_3。

直线表示曳引机的等效电流（下文所述曳引机的额定功率均指I_k对应的等效连续工作制下的功率，也即曳引机连续工作时的最小额定功率）

如：铭牌参数为：S_5-40%，额定功率16.3kW，额定电流30.3A，则：

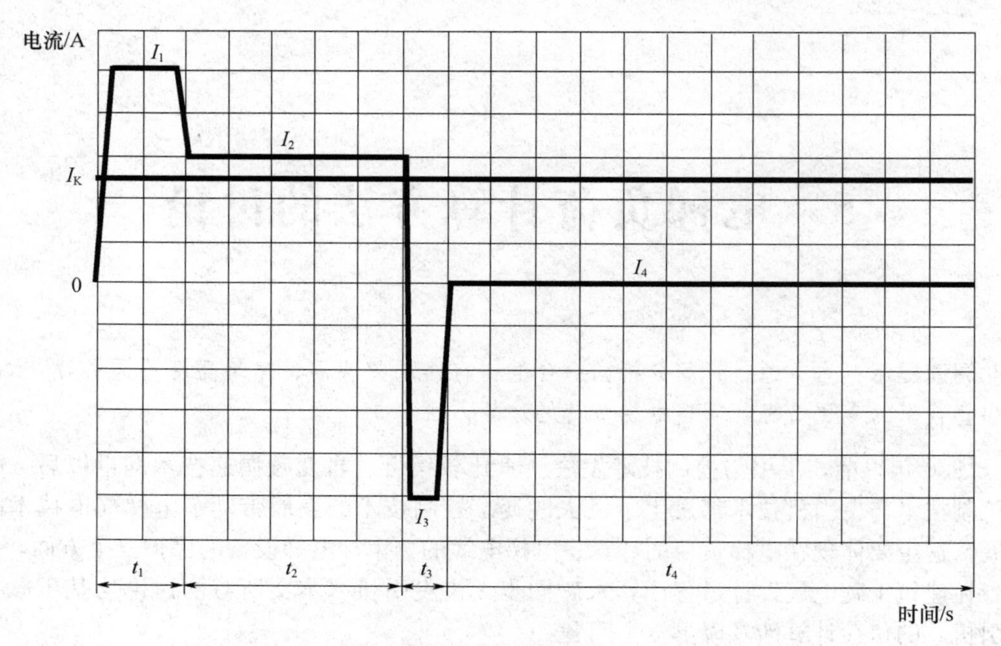

图 5-1 电机温升测试模拟曲线

I_1＝30. 3A，I_k＝16. 3÷0. 66＝24. 7A。

依 NEC 所规定，计算电流 I_{js}＝0. 9×30. 3＝27. 3A，略大于 I_k，这是正确的算法。

本条文与 NEC 的最大不同是，NEC 认定最大负荷下的最长工作时间是 30 分钟，S5-40％则是指，在实际暂载率为 40％的情况下，循环往复不停息工作状态，这是我国规范与 NEC 规定的分歧所在。

同时参照《旋转电机定额和性能》（GB 755—2008）中图 5 包括电制动的断续周期工作制 S_5 工作制，再参照电梯的实际工况，电梯曳引机工作制也应定义为 S_5，见图 5-2

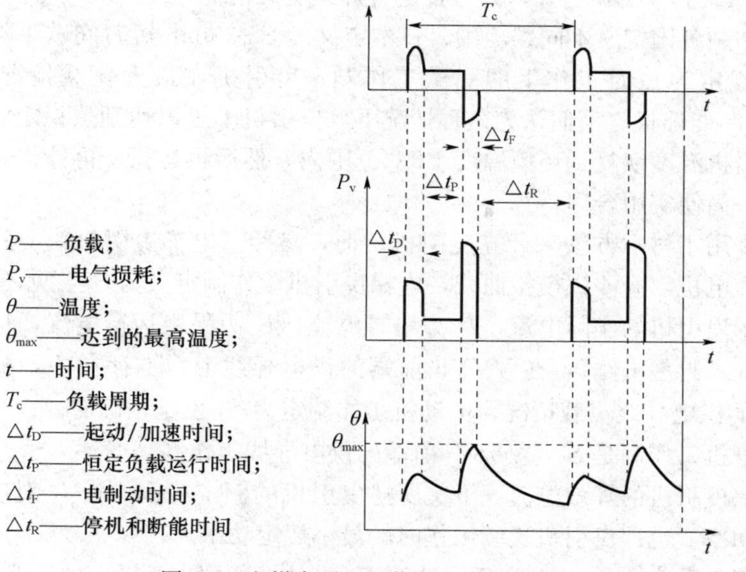

图 5-2 电梯曳引机工作制 S_5 工作制

图 2 中除没有计算等效连续工作电流 I_k 对应的等效连续工作功率 P、k 外，图 5-2 与图 5-1 实质相同。

2. 电梯曳引机暂载率大小的讨论

电梯工作方式非常复杂，实际暂载率 ε_r 是变化的不固定的量值，我们可以模拟计算某些特定条件下的暂载率，以此作为讨论暂载率的基础。

以办公建筑为例，模拟计算电梯曳引机暂载率，计算的基本条件如下：

a. 假设有 6 个办公建筑均设置一台电梯：其中 A 建筑 12 层，高 50m；B 建筑 18 层，高 72m；C 建筑 24 层，高 96m；D 建筑 30 层，高 120m；E 建筑 42 层，高 168m；F 建筑 54 层，高 216m。上班高峰期，候梯人数量足以维持电梯半小时内不间隔运行，电梯采用下行直驶方式。

b. 梯速确定原则：建筑高度在 32m 以下，选用 1.5m/s 梯速；建筑高度在 32m 以上 100m 以下，选用 2.5 m/s 梯速；建筑高度在 100m 以上 200m 以下选用 6.0 m/s 梯速。

c. 电梯额定载重量为 13 人（1000kg）。

A、B、C 三个建筑各设置一台电梯，铭牌参数为：S5-40%，额定功率 16.3kW，额定电流 30.3A，额定负载 1000kg，电梯梯速 2.5m/s，采用永磁同步无齿曳引机，功率因数接近于 1。

D、E、F 三个建筑各设置一台电梯，铭牌参数为：S5-40%，额定功率 26.0kW，额定电流 50.0A，额定负载 1000kg，电梯梯速 4.0m/s，采用永磁同步无齿曳引机，功率因数接近于 1。通过计算可以发现，D、E、F 三个建筑的暂载率高于厂家给定的 40%，应更换梯速更高的电梯，或者采用低层直驶方式来满足实际运行暂载率小于曳引机定额暂载率的要求，本文不另行计算。

计算模式 1：下行直驶方式，上班高峰期模式（仅首层有呼梯模式）

基站层为首层，电梯离开基站后至少有一人到达顶层。由顶层返回方式为下行直驶方式，电梯开门净宽为 900mm。电梯由基站层出发再返回基站层所用时间为一周运行时间，用 RTT 表示。

表 5-1　下行直驶方式，暂载率的计算表

	A 建筑	B 建筑	C 建筑	D 建筑	E 建筑	F 建筑
	12 层 50m	18 层 72m	24 层 96m	30 层 120m	42 层 168m	54 层 216m
ε_r	0.405	0.541	0.586	0.694	0.742	0.77
RTT（s）	110.99	154.94	178.89	121.58	146.42	170.89
5 分钟运送人数	28.11	20.14	17.44	11.8	9.83	8.43

计算模式 2：全周自由服务方式，下班高峰期模式（每层都有呼梯模式）

基站层为首层，基站层乘客数为 0 人，每层都有呼梯，电梯离开基站后每层仅上一人，层层呼梯，层层开门，运行至顶层后下降，仍然层层呼梯层层开门。电梯开门净宽为 900mm。

表 5-2　全周自由服务方式，暂载率的计算表

	A 建筑	B 建筑	C 建筑	D 建筑	E 建筑	F 建筑
	12 层 50m	18 层 72m	24 层 96m	30 层 120m	42 层 168m	54 层 216m
ε_r	0.167	0.287	0.298	0.304	0.313	0.317
RTT (s)	164.5	236.5	308.5	380.5	524.5	668.5
5 分钟运送人数	26	16.5	13	10.3	7.4	5.8

显而易见，模式 2 计算结果不符合智能控制下的高效率、高运能的要求，智能电梯下班高峰期模式解决方案笔者没有相关资料。

只有选型恰当，才能保证实际暂载率 ε_r 小于 40%。模式 1 的计算结果更接近电梯的实际暂载率。但 D、E、F 电梯选型不正确，实际暂载率 ε_r 仍大于 40%。

同样的建筑，选用电梯额定载重量越小，实际暂载率 ε_r 越高；选用电梯梯速越小，实际暂载率 ε_r 越高。同样的电梯，建筑楼层越高，实际暂载率 ε_r 越高。电梯选型必须正确无误，必须满足实际暂载率 ε_r 略小于曳引机的额定暂载率 ε 的要求。

建筑的高度、电梯的运行速度、电梯轿厢开门净宽度、人员上下电梯的效率、电梯载重量、电梯的服务方式等因素决定电梯实际运行暂载率 ε_r 的大小，这些因素各建筑各不相同，不认真进行选型计算，难免出现实际暂载率 ε_r 大于曳引机的定额暂载率 ε 的情况。

但是在《通用用电设备配电设计规范》（GB 50055—2011）及 NEC 规定中均不考虑实际暂载率大小对电梯计算负荷的影响，最根本的原因是电梯的工作制是 S2 30min，在短暂的工作时间内，无论暂载率多大，均不存在对配电导线及曳引机造成影响的可能性。

二、电梯负荷计算方法的讨论

1. 几个常识性问题的说明

1）选配适当的电梯梯速、适当的额定载重，使电梯在最大工作模式下的实际暂载率略小于厂家铭牌定额 S5-40%，这是正确进行电梯负荷计算的前提。

2）任何工作制的曳引机，都能够连续工作，之所以出现各种工作制是由于曳引机服务对象不同。工作制决定曳引机的额定功率。

3）同一台曳引机，可以用在任何定额的工作制中，前提是该曳引机功率大于该工作制下等效功率。

4）选用适当数量的电梯数量，只能解决运能问题，无法改变电梯实际暂载率 εr 的大小。而调整电梯的服务方式，能够改变实际暂载率 ε_r 的大小。

5）永磁同步无齿曳引机在 VVVF 控制器控制下的启动过程与制动过程产生的热

能对配电导线的影响非常小，可以忽略不计。

2. 电梯负荷计算方法就笔者所知，有四种计算方法：

1）National Electrical Code® 2008 Edition 美国电气安装规范 2008 版中的相关规定

430.6 Ampacity and Motor Rating Determination.

(B) Torque Motors. For torque motors, the rated current shall be locked-rotor current, and this nameplate current shall be used to determine the ampacity of the branch circuit conductors covered in 430.22 and 430.24, the ampere rating of the motor overload protection, and the ampere rating of motor branch-circuit short-circuit and ground-fault protection in accordance with 430.52 (B).

430.6 导线载流量与曳引机的额定电流的确定。

(B) 款转矩曳引机铭牌上的额定电流是曳引机的堵转电流。转矩曳引机供电导线的载流量应依 430.22 与 430.24 来确定。曳引机的过载、短路、接地保护应依 430.52 (B) 确定。

430.22 Single Motor

(E) Other Than Continuous Duty. Conductors for a motor used in a short-time, intermittent, periodic, or varying duty application shall have an ampacity of not less than the percentage of the motor nameplate current rating shown in Table 430.22 (E), unless the authority having jurisdiction grants special permission for conductors of lower ampacity.

Table 430.22 (E) Duty-Cycle Service

Classification of Service	Nameplate Current Rating Percentages			
	5-Minute Rated Motor	15-Minute Rated Motor	30-& 60-Minute Rated Motor	Continuous Rated Motor
Short-time duty operating valves, raising or lowering rolls, etc.	110	120	150	—
Intermittent duty freight and passenger elevators, tool heads, pumps, drawbridges, turntables, etc. (for are welders, see 630.11)	85	85	90	140
Periodic duty rolls, ore-and coal-handling machines, etc.	85	90	95	140
Varying duty	110	120	150	200

430.22 单台曳引机

E 款非连续工作制曳引机应用于短时、间歇、周期性或变动工作制曳引机的导线载流量不应小于表 430.22 (E) 中所列曳引机铭牌额定电流的百分数，除非有主管单位授权导线载流量可以低于本表规定。

表 5-3 短时、间歇、周期性或变动工作制曳引机配电导线的载流量表

〔曳引机配电导线的载流量不小于曳引机铭牌电流百分数，即表 430.22（E)〕

类型	S2-5min	S2-15min	S2-30&60min	连续工作制
短时工作制、操作阀、上下轧辊机	110	120	150	—
间歇工作制、货梯、客梯、泵、转盘机	85	85	90	140
周期工作制、轧辊、矿山装卸机械	85	90	95	140
变动工作制	110	120	150	200

430. 33 Intermittent and Similar Duty. A motor used for a condition of service that is inherently short-time, intermittent, periodic, or varying duty, as illustrated byTable 430. 22(E), shall be permitted to be protected against overload by the branch-circuit short-circuit and ground-fault protective device, provided the protective device rating or setting does not exceed that specified in Table 430. 52.

430. 33 间歇和类似工作制曳引机和支线过载保护。短时、间歇、周期性或变动工作制曳引机的曳引机和支线过载保护导线载流时依照表 430. 22(E) 确定，保护装置的整定值依照表 430. 22 确定，满足线路的短路与接地故障保护即认为满足了过载保护。

430. 52 Rating or Setting for Individual Motor Circuit. (D) Torque Motors. Torque motor branch circuits shall be protected at the motor nameplate currentrating in accordance with 240. 4(B).

430. 52 单台曳引机的线路的短路与接地故障保护。D 款转矩曳引机单台转矩曳引机线路的短路与接地故障保护根据铭牌额定电流依照 240. 4(B)款确定。

240. 4 Protection of Conductors.

(B)Devices Rated 800 Amperes or Less. The next higher standard over current device rating (above the ampacityof the conductors being protected) shall be permitted to be used, provided all of the following conditions are met:

(1)The conductors being protected are not part of a multicoated branch circuit supplying receptacles for cord and plug-connected portable loads.

(2)The ampacity of the conductors does not correspond with the standard ampere rating of a fuse or a circuit breaker without overload trip adjustments above its rating (but that shall be permitted to have other trip or rating adjustments).

(3)The next higher standard rating selected does not exceed 800 amperes.

240. 4 导线保护

B 款额定值 0-800A 的曳引机，如果全部满足下列条件，则允许过流保护装置的整定值大于被保护导线载流量一个等级。

(1) 导线无分支。

(2) 导线载流量与过保护装置整定值不协调。

(3) 大一级后，过流保护装置电流不大于800A。

该条文中的（2）款用于转矩电机时，即因转矩电机易于堵转，载流量小的导线可以短时承受较大的堵转电流，但是保护电器不应切断堵转电流，所以导线载流量与过保护装置整定值不协调。

例如一台曳引机铭牌参数为S2-30min，额定功率11.7kW，额定电流23.5A，额定负载1000kg，电梯梯速1.75m/s，采用永磁同步无齿曳引机功率因数接近于1，依NEC70—2008规定：

铭牌中额定电流23.5A为堵转电流。供电导线载流量≥23.5A×0.9＝21.5A，不考虑压降与导线保护等因素，VVVF控制器前端引入与后端引出导线均选YJV4×4电缆即可满足要求。VVVF控制器前端引入导线考虑压降与导线保护等因素情况时，取计算结果中的最大值即可。VVVF控制器前端过流保护采用32A断路器。

2)《通用用电设备配电设计规范》(GB 50055—2011) 中的相关规定

3.3.4 电梯或自动扶梯的供电导线应根据曳引机铭牌额定电流及其相应的工作制确定，并应符合下列规定：单台交流电梯供电导线的连续工作载流量应大于其铭牌连续工作制额定电流的140%或铭牌0.5h或1h工作制额定电流的90%。条文说明中指出：交流电梯的曳引机功率应为交直流变流器的交流额定输入功率。该条文是指VVVF控制器前端引入的供电导线。

本条中“铭牌连续工作制额定电流”换算问题：例如一台曳引机铭牌参数为：S2-30min，额定功率11.7kW，额定电流23.5A，额定负载1000kg，电梯梯速1.75m/s，采用永磁同步无齿曳引机功率因数接近于1，依NEC70—2008规定：铭牌中额定电流23.5A为堵转电流，不应作为“铭牌连续工作制额定电流”来使用，应修改为“铭牌功率等效连续工作制电流”。

依本条规定，“铭牌功率等效连续工作制电流”应为11.7÷0.66＝17.7A，电梯VVVF前端的供电导线的载流量≥17.7×1.4＝24.78A＞23.5A，与NEC70—2008的规定不相符。因为是短时间歇工作制，配线导线不需要满足低压配电设计规范GB 50054—2011之6.3.3过负荷保护电器的动作特性 $I_B \leqslant In \leqslant I_Z$ 的 要求。

永磁同步无齿曳引机具有低堵转电流，I_k＝11.7÷0.66＝17.7A，I_{dz}＝23.5A，堵转倍数为：23.5÷17.1＝1.3倍。

依本条规定，“铭牌0.5h或1h工作制额定电流的90%”＝0.9×23.5＝21.5A，与NEC70—2008的计算结果一致。

3)《工业与民用配电设计手册》第三版中的计算方法

《工业与民用配电设计手册》第三版中规定：“单台用电设备的设备功率，短时或周期工作制曳引机的设备功率是指将额定功率换算为统一负载持续率下的有功功率，当采用需要系数法计算负荷时，应统一换算为负载持续率ε为25%下有功功率”。依前文所述，曳引机的铭牌额定功率均指图5-1中 I_k 对应的连续工作制下的等效功率，该方法理论与实例中均最为常见。

为什么要统一换算为负载持续率ε为25%下有功功率，原因在于 K_x 需要系数是依负载持续率ε为25%给定的，否则没有换算的必要。电梯负荷计算中，K_x 需要系数是依负载持续率ε为25%给定的吗？显然不是，《工业与民用配电设计手册》第三版存在一些问题。

例如一台曳引机铭牌参数为S2-30min，额定功率11.7kW，额定电流23.5A，额定负载1000kg，电梯梯速1.75m/s，采用永磁同步无齿曳引机功率因数接近于1。

短时工作制电动机与周期断续工作制电动机可以在一定条件下相互替用，短时定额与断续定额的对应关系对应为：30min相当于15%，60min相当于25%，90min相当于40%。依《工业与民用配电设计手册》有：

设备功率$=11.7\times\sqrt{\dfrac{0.15}{0.25}}\approx11.7\times0.77=9.0\text{kW}$，

配电导线载流量$\geqslant9.0\div0.66\approx13.64\text{A}<17.7\text{A}$，计算结果与前两种算法相偏离。

$\sqrt{\dfrac{0.4}{0.25}}\approx1.26$换算公式推导过程如下：

电梯：S3-40%

工作模式1，工作于额定暂载率下。周期T，工作时间为0.4T，工作等效电流为I_{k_1}。功率为P_1。

工作模式2，工作于25%暂载率下。周期T，工作时间为0.25T，工作等效电流为I_{k_2}。功率为P_2。

为使曳引机产生等效的热效应，那么两种模式下的电流效应必须相等。

因此有：$I_{k_2}{}^2\times0.25\text{T}=I_{k_1}{}^2\times0.4\text{T}$

解得：$I_{k_2}=\sqrt{\dfrac{0.4}{0.25}}I_{k_1}$，输入电压相同，均为380伏线电压，那么：

$$P_2=\sqrt{\frac{0.4}{0.25}}\approx P_1$$

即，S3-40%定额的电动机，工作在S3-25%时，允许拖动负载功率为电机铭牌功率的1.26倍。《工业与民用配电设计手册》换算方法错误。这种换算，只有电梯计算K_x需要系数是依负载持续率ε为25%给定的前提下才成立，否则没有换算的意义。

《工业与民用配电设计手册》表1-2给出$K_x=0.18\sim0.5$（取值过小，见后文计算），$Cos\varphi=0.5\sim0.6$（功率因数值与当前的曳引机功率因数不符）。

4）《全国民用建筑工程技术措施（电气）》给定数据讨论

《全国民用建筑工程技术措施（电气）》2009版中第146至第150页中给定的数据用于目前电梯配电负荷计算中，电缆的选择偏大，与NEC2008版的选择方法截然不同，与当前的电梯控制技术和曳引机技术不符，可见《全国民用建筑工程技术措施（电气）》2009版中电缆型号选型不合理。

三、多台电梯负荷计算

依据建筑用途（比如办公建筑，通常要求半小时内把人员由基站层输送到楼上各层。）及乘用人数、建筑高度、电梯服务方式等确定电梯的梯速、额定载重、电梯台数。

以本章表1中C建筑为例，假设C建筑内有1000人上班，需在半小时内完成输送任务，C建筑选用电梯参数为S5-40%，额定功率16.3kW，额定电流30.3A，额定负载1000kg，电梯梯速2.5m/s。计算求得单台电梯5分钟输送人数为17人，单台电梯半小时输送人员数为102人，因此本建筑需要设置10部电梯。

10部电梯在半小时内，均做短时间歇运行，半小时以后，电梯陆续停运。因为每增减一位乘客，电梯实际消耗功率会发生变化，10部电梯运行功率会出现大小不一的情况，因此计算多部电梯运行时的负荷，应考虑一定数值的需要系数。由于轿厢满载上升与轿厢空载下降都工作在额定值状态，因此参照《全国民用建筑工程技术措施（电气）》2009版中表2.7.7在0.2～0.5中的选值，该表与《工业与民用配电设计手册》表1-2给出的$K_x=0.18\sim0.5$完全相同。

1）依《全国民用建筑工程技术措施（电气）》2009版表2.7.7中数据，在0.2～0.5中选0.2计算，三种算法结果如下：

$I_{js_1}=10\times0.2\times0.9\times30.3=54.5\text{A}<2$台电梯同时堵转的电流$2\times30.3\text{A}$显然这是错误的。

$I_{js_2}=10\times0.2\times1.4\times16.3\div0.66=69.2\text{A}<2$台电梯同时堵转的电流与一台电梯运转的电流，显然这是错误的。

GB 50055—2011第3.3.4.1“或”字之前的规定算法

$I_{js_3}=10\times0.2\times\sqrt{\dfrac{0.4}{0.25}}\times16.3\div0.66\approx62.48\text{A}<2$台电梯同时堵转的电流与一台电梯运转的电流，显然这也是错误的。

2）GB 50055—2011第3.3.4.1条“或”字之后的规定算法

笔者认为本例在0.5～0.7中选值较为准确，选0.5计算，三种算法结果如下：

$$I_{js_1}=10\times0.5\times0.9\times30.3=136.35\text{A}$$

NEC和GB 50055—2011第3.3.4.1条“或”字之后的规定算法

$$I_{js_2}=10\times0.5\times1.4\times16.3\div0.66\approx172.88\text{A}$$

《工业与民用配电设计手册》表1-2给出$K_x=0.18\sim0.5$

$$I_{js_3}=10\times0.5\times\sqrt{\frac{0.4}{0.25}}\times16.3\div0.66\approx156.21\text{A}$$

NEC和GB 50055—2011第3.3.4.1条“或”字之后的规定算法结果偏大，其他两种计算结果接近。笔者认为：配电电缆明敷时，配电电缆选用YJV-3×95+1×50这一规格即可满足本工程条件下10台电梯供电需要。

如果工程场景发生变化，同是本建筑，同是1000人上班，不要求半小时内输送完成，那么电梯台数就应另行计算。

四、结论

曳引机负荷计算涉及梯速与额定载重及曳引机的工作特性问题。电梯曳引机属于短时工作，易堵转设备，配电电缆载流量仅需用铭牌电流的0.9倍即可。保护用断路器或熔断器应大于铭牌定额电流，且允许大于配电导线载流量。保护电器应满足线路的短路保护与接地故障保护。

电梯运行负荷与实际工程相关，每个工程都有特定的条件，电梯选型应经过认真计算，应满足一定的工程标准。而我国这方面资料缺乏，电梯的基本计算资料多是从日本标准JIS引进应用的，在电梯设计项目中，电梯选型计算与电梯负荷计算存在一定的盲目性，而国内的设计技术与日本、美国相比，差距也比较大。

6　二表法测量三相三线制负载功率的计算原理

阅读提示：二表法测量三相三线制负载功率的工程应用十分普遍，但是作为该电气应用的原理，教科书中的阐述相对简单，本文详细探讨该电气应用背后的计算原理。

二表法测量三相三线制负载有功功率，适用于

$$\begin{cases} U_A + U_B + U_C = 0 \\ I_A + I_B + I_C = 0 \end{cases} \quad \text{（相量值表示法）}$$

条件下线性负载的测量，这是计算条件，也是二表法测量三相电路功率方法应用的前提。$U_A + U_B + U_C = 0$ 表示零序电压为 0，并不严格要求三相电压对称。但是作为供电电能指标，三相交流电压源应做到对称，因此在测量电路中，认为三相交流电压源为对称电压源。$I_A + I_B + I_C = 0$ 表示零序电流为 0，三相三线制配电线路满足该条件；三相四线制配电线路，中性线电流为 0 时满足该条件。中性线电流为 0 的条件是三相负载对称，因此二表法测量三相电路的电功率时，仅适用于三相三线制配电电路，比如高压配电中高压计量方式，基本上采用二表法，就是这个道理。

二表法测量三相三线制负载有功功率，负载一定时，每只功率表的读数是定值，三相的相负载总有功功率等于两只功率表读数之和。工程应用相对简单，电气原理稍显繁杂。

二表法测量三相三线制负载有功功率的计算分析方法，有瞬时值和相量计算分析方法两种，下面详细给出两种方法的计算原理。

一、相量计算的基本规则

相量与向量的差异点：相量是复数空间中的量（通常在复平面中使用），是分析工具而不是矢量。向量是实数空间中的量，是矢量。相量的计算法则，借鉴了向量的计算法则，但并没有严格遵从。因应用领域不同，故计算的严谨性略有不同。

交变电流与交变电压是时间的函数，不同时刻，交变电流与交变电压在复数平面内呈现的图像，称为该时刻电流的相量与电压的相量。为了计算分析同一电路中不同的电量相互之间的参数关系，计算时规定 $t = 0$ 这一时刻各交变电量在复平面中的图像，作为该电量的相量。

线性复阻抗是代数量。与电压相量与电流相量不同，电压相量与电流相量与复阻

抗的运算，要么是与复阻抗的数乘，要么是与复导纳的数乘，计算结果仍为相量。

电压相量与电流相量的点乘是数量。数学上没有定义相量之间的除法运算，电压相量与电流相量相除，可以理解为相量之间的倍数求解，该倍数即为阻抗。

文字表达上，加粗的字母表示相量，不加粗的字母表示有效值。如 **V**、**I**，表示电压、电流相量。V、I，表示有效值。

二、有功功率的计算原理

交变电路中基本的负载功率的计算，涉及三个计算前提：①理想的单相正弦交流电压源系统；②线性负载；③该功率指一段时间内的平均有功功率。功率测量电路构成如下：

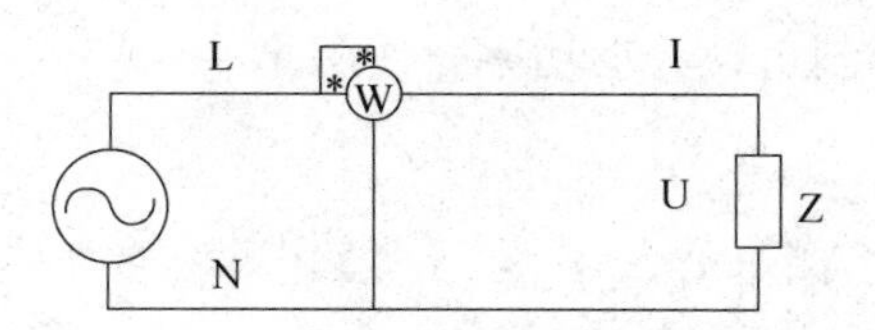

图 6-1　单相交流功率测量电路图

(1) $Z=|Z|[\mathrm{Cos}(\varphi)+j\,\mathrm{Sin}(\varphi)]=|Z|\,e^{j\varphi}$

复阻抗是不变化的量，不是相量，是代数值。它只有大小，没有方向，不存在瞬时值与平均值问题，被改写作相量的形式，是不严谨的。

(2) $v(t)=\sqrt{2}V\,\mathrm{Sin}(\omega t+\beta)$（即初始相角为任意相角 β）

电流等于电压相量与复导纳的数乘，因此计算结果仍为相量，为便于计算，采用复数形式表达电压瞬时值。

(3) $V(t)=|V|(\mathrm{Cos}(\omega t+\beta)+j\,\mathrm{Sin}(\omega t+\beta))=Ve^{j(\omega t+\beta)}$

表示某一时刻，交变电压在复平面上的图像。

(4) $I(t)=\dfrac{|V|\,e\,j(\omega t+\beta)}{|Z|\,e\,j\varphi}=I\,e^{j(\omega t+\beta-\varphi)}$

$=I(\mathrm{Cos}Y\omega t+\beta I\varphi Y+j\,\mathrm{Sin}Y\,\omega t+\beta I\varphi Y)$

$t=0$ 时刻电流的相量为：

$I(0)=I\,e^{j(\beta-\varphi)}$

式（4）表示 $t=0$ 时刻的电相量。

回路内电流的瞬时值为：

(5) $i(t)=\sqrt{2}I\,\mathrm{Sin}(\omega t+(\beta-\varphi))$

式（5）只表示大小，是代数值。I 是电流相量的模（有效值），$\sqrt{2}I$ 是电流的幅值。

采用电压与电流瞬时值计算瞬时功率的过程如下：

$P(t)=v(t)i(t)$

$=\sqrt{2}V\,\mathrm{Sin}(\omega t+\beta)\times\sqrt{2}I\,\mathrm{Sin}(\omega t+\beta-\varphi)$

$=2VI\times(-\dfrac{1}{2})\times[\mathrm{Cos}(\omega t+\beta+\omega t+\beta-\varphi)-\mathrm{Cos}(\omega t+\beta-\omega t-\beta+\varphi)]$

$= VI \times \{ \mathrm{Cos}(\varphi) - \mathrm{Cos}[2(\omega t + \beta) - \varphi] \}$

$= VI \times \{ \mathrm{Cos}(\varphi) - \mathrm{Cos}[2(\omega t + \beta)] \mathrm{Cos}(\varphi) - \mathrm{Sin}[2(\omega t + \beta)] \mathrm{Sin}(\varphi) \}$

$= VI \times \mathrm{Cos}(\varphi) \{1 - \mathrm{Cos}[2(\omega t + \beta)]\}$

$= VI \times \mathrm{Sin}(\varphi) \times \mathrm{Sin}[2(\omega t + \beta)]$

在一定时间内，该电路消耗的平均有功功率P为：

(6) $P = \dfrac{1}{T}\int_0^T P(t(dt) = VI \times \mathrm{Cos}(\varphi)$

$VI \times Sin$（φ）被称为无功峰值。

采用电压相量与电流相量计算平均功率的过程如下：

$$V(t) = V \angle(\omega t + \beta)$$

$$I(t) = I \angle(\omega t + \beta - \varphi)$$

电压与电流相位差角为φ

$$P = VI \times \mathrm{Cos}(\varphi)\text{（即平均有功功率）}$$

电压相量与电流相量的叉积为：

$$P = VI \times \mathrm{Sin}(\varphi)\text{（即无功峰值）}$$

三、二表法测量三相三线有功功率的计算方法

1. 相量图的画法

三相三线电路中，零序电流 $I_0=0$A，两只功率表依照正确的接线规则接入电路，两只表的读数和即为三相线路消耗的总功率。这个方式适用于三相三线电路任意负载组合，任意连接方式有功功率测量。接线电路图如下：

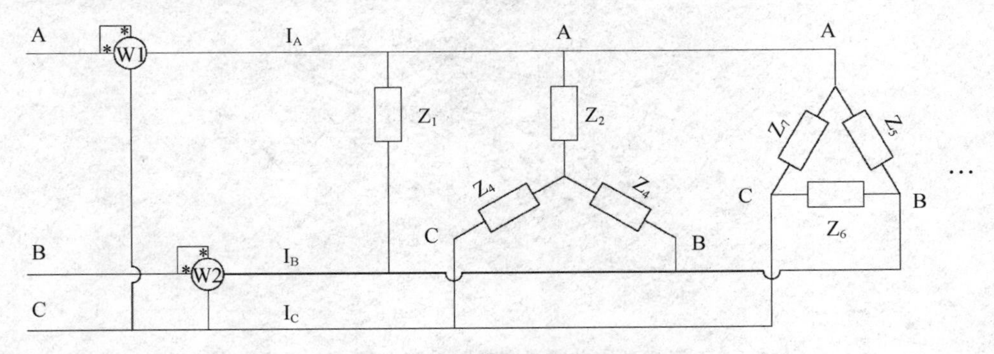

图 6-2　三相交流功率测量电路图

在三相对称电压源电路中，给定线路中设备的阻抗参数 $Z_1 \sim Z_n$，可得以下电气参数：

I_A、I_B、I_C为各相导线中的电流。（在负载角结线电路中，该电流被称为线电流）

φ_A：I_A线电流与A-N相相电压之间的相位角差。

φ_B：I_B线电流与B-N相相电压之间的相位角差。

φ_C：I_C线电流与C-N相相电压之间的相位角差。

$\varphi_1 = \varphi_A - 30°$：$I_A$线电流与AC线电压之间的相位角差。

$\varphi_2 = \varphi_B + 30°$：$I_B$线电流与 BC 线电压之间的相位角差。

据以上参数作相量图：

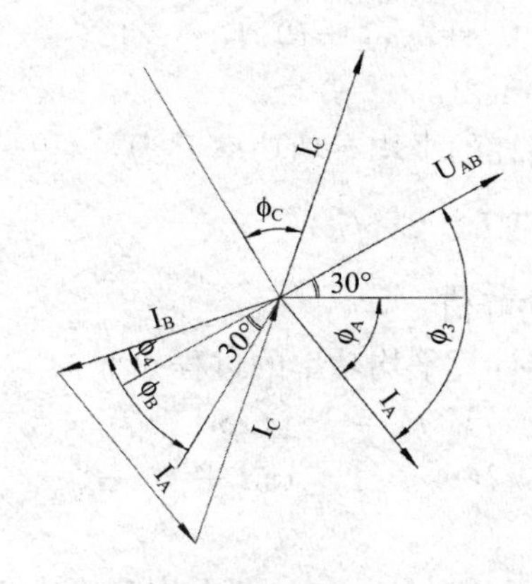

图 6-3　三相相电流及各自相位角（$I_A + I_B + I_C = 0$）

该相量图的中心点是指线路电源侧的任意一点处，从负载侧流入该点的电流在复平面上的图像。当该中心点取电源中性点时，该相量图可以与电压相量图合并在同一个复平面上，得图 6-4。

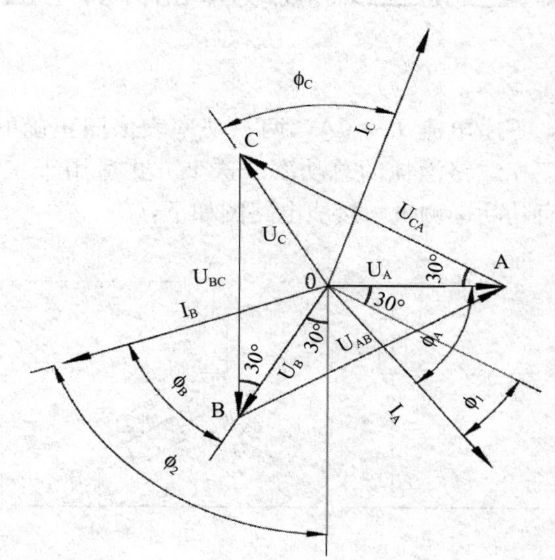

图 6-4　三相对称电压源中电路系统电流、电压相量图

2. 采用瞬时值求解线路功率的计算方法

W_1 上加载的电压为 U_{AC}，瞬时值为：

$$V(t)AC = \sqrt{2}V\,\mathrm{Sin}(\omega t - 30)$$

W_1 上流过的电流为 I_A，瞬时值为：

$$Z(t) = \sqrt{2}\ I_A\,\mathrm{Sin}(\omega t - \varphi_A)$$

W_1 功率表上的瞬时功率为：

$$
\begin{aligned}
P_1(t) &= V(t)I(t) \\
&= \sqrt{2}V\,\mathrm{Sin}(\omega t-30)\times I_A\,\mathrm{Sin}(\omega t-\varphi_A) \\
&= 2VI_A\times[\mathrm{Cos}(2\omega t-30-\varphi_A)-\mathrm{Cos}(\varphi_A-30)] \\
&= VI_A\times\{\mathrm{Cos}(30-\varphi_A)-\mathrm{Cos}[2(\omega t-30)+30-\varphi_A]\} \\
&= VI_A\times\{\mathrm{Cos}(\varphi_A-30)-\mathrm{Cos}[2(\omega t-30)]\mathrm{Cos}(30-\varphi_A)+\mathrm{Sin}[2(\omega t-30)] \\
&\quad \mathrm{Sin}(30-\varphi_A)\} \\
&= VI_A\times\mathrm{Cos}(\varphi_A-30)\{1-\mathrm{Cos}[2(\omega t-30)]\}+VI_A\times\mathrm{Sin}(30-\varphi_A) \\
&\quad \mathrm{Sin}[2(\omega t-30)]
\end{aligned}
$$

在一定时间内，该电路消耗的平均有功功率 P 为：

$$P_1=VI_A\times\mathrm{Cos}(\varphi_A-30)$$

无功峰值为：$VI_A\times\mathrm{Sin}(30-\varphi_A)$

3. 采用相量点乘求解线路功率的计算方法

W_1 上加载的电压为 U_{AC}：

$$U_{AC}=V\angle 30^\circ$$

W_1 上流过的电流为 I_A：

$$I_A=I_A\angle\varphi_A$$

电流与电压之间的相位差角为 $\angle 30^\circ\text{-}\angle\varphi_A=\angle 30^\circ-\varphi_A$

W_1 功率表上的平均功率为：

$$
\begin{aligned}
P_1 &= |U_{AC}||I_A|\times\mathrm{Sin}(30^\circ-\varphi_A) \\
&= VI_A\,\mathrm{Cos}(30^\circ-\varphi_A)
\end{aligned}
$$

同理

$$P_2=VI_B\,\mathrm{Cos}(30^\circ+\varphi_B)$$

4. 总功率 $P=P_1+P_2$ 的推导

$$
\begin{aligned}
P &= U_AI_A\,\mathrm{Cos}(\varphi_A)+U_BI_B\,\mathrm{Cos}(\varphi_B)+U_CI_C\,\mathrm{Cos}(\varphi_C) \\
&= V_{相}[I_A\,\mathrm{Cos}(\varphi_A)+I_B\,\mathrm{Cos}(\varphi_B)+I_C\,\mathrm{Cos}(\varphi_C)]
\end{aligned}
$$

$$
\begin{aligned}
P_1+P_2 &= VI_A\,\mathrm{Cos}(30^\circ-\varphi_A)+VI_B\,\mathrm{Cos}(30^\circ+\varphi_B) \\
&= \sqrt{3}V_{相}[I_A\,\mathrm{Cos}(30^\circ-\varphi_A)+I_B\,\mathrm{Cos}(30^\circ+\varphi_B)] \\
&= \sqrt{3}V_{相}\{I_A[\mathrm{Cos}30^\circ\,\mathrm{Cos}(\varphi_A)+\mathrm{Sin}30^\circ\,\mathrm{Sin}(\varphi_A)]+I_B[\mathrm{Cos}30^\circ\,\mathrm{Cos}(\varphi_B) \\
&\quad -\mathrm{Sin}30^\circ\,\mathrm{Sin}(\varphi_B)]\} \\
&= \sqrt{3}V_{相}\{I_A[\mathrm{Cos}(\varphi_A)+\mathrm{Sin}(\varphi_A)]+I_B[\mathrm{Cos}(\varphi_B)-\mathrm{Sin}(\varphi_B)]\} \\
&= V_{相}I_A\,\mathrm{Cos}(\varphi_A)+V_{相}I_A\,\mathrm{Sin}(\varphi_A)+V_{相}I_B\,\mathrm{Cos}(\varphi_B)-V_{相}I_B\,\mathrm{Sin}(\varphi_B) \\
&= V_{相}I_A\,\mathrm{Cos}(\varphi_A)+V_{相}I_B\,\mathrm{Cos}(\varphi_B)+V_{相}I_A\,\mathrm{Cos}(\varphi_A)+V_{相}I_A\,\mathrm{Sin}(\varphi_A) \\
&\quad +V_{相}I_B\,\mathrm{Cos}(\varphi_B)-V_{相}I_B\,\mathrm{Sin}(\varphi_B) \\
&= V_{相}I_A\,\mathrm{Cos}(\varphi_A)+V_{相}I_B\,\mathrm{Cos}(\varphi_B)+V_{相}I_A\,\mathrm{Sin}30^\circ\,\mathrm{Cos}(\varphi_A)+V_{相}\,\mathrm{Cos}30^\circ \\
&\quad I_A\,\mathrm{Sin}(\varphi_A)+V_{相}I_B\,\mathrm{Sin}30^\circ\,\mathrm{Cos}(\varphi_B)-V_{相}I_B\,\mathrm{Cos}30^\circ\,\mathrm{Sin}(\varphi_B) \\
&= V_{相}I_A\,\mathrm{Cos}(\varphi_A)+V_{相}I_B\,\mathrm{Cos}(\varphi_B)+V_{相}I_A\,\mathrm{Sin}(30+\varphi_A)+V_{相}I_B\,\mathrm{Sin}(30-\varphi_B) \\
&= V_{相}I_A\,\mathrm{Cos}(\varphi_A)+V_{相}I_B\,\mathrm{Cos}(\varphi_B)+V_{相}I_A\,\mathrm{Sin}(30+\varphi_A)+V_{相}I_B\,\mathrm{Sin}(30-\varphi_B) \\
&= V_{相}I_A\,\mathrm{Cos}(\varphi_A)+V_{相}I_B\,\mathrm{Cos}(\varphi_B)+V_{相}I_A\,\mathrm{Sin}(30+\varphi_A)-V_{相}I_B\,\mathrm{Sin}(\varphi_B-30)
\end{aligned}
$$

式中 $I_A\,\mathrm{Sin}(30+\varphi_A)$ 、$I_B\,\mathrm{Sin}(\varphi_B-30)$ 是 I_A 与 I_B 在 U_C 上的投影长度。略证如下：

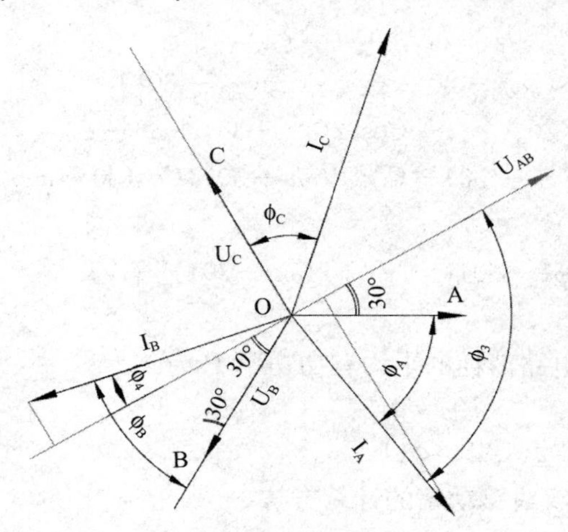

图 6-5 I_A 与 I_B 在 U_C 上的投影

$\varphi_3=30+\varphi_A \quad \varphi_4=\varphi_B\text{-}30$

∵ $I_A+I_B+I_C=0$

$U_{AB}\perp U_C$

∴ I_A、I_B、I_C 相量在 U_C 上的投影的相量和必为 0，I_A、I_B、I_C 相量在 U_{AB} 上的投影的相量和必为 0。

又 ∵ I_A 相量在 U_C 上的投影 $=I_A\,\mathrm{Sin}(30+\varphi_A)$，$I_B$ 相量在 U_C 上的投影 $=I_B\,\mathrm{Sin}(\varphi_4)=I_B\,\mathrm{Sin}(\varphi_B-30)=-I_B\,\mathrm{Sin}(30-\varphi_B)$，$I_C$ 相量在 U_C 上的投影 $=I_C\,\mathrm{Sin}(\varphi_C)$

∴ $I_C\,\mathrm{Cos}(\varphi_C)+I_A\,\mathrm{Sin}(30+\varphi_A)-I_B\,\mathrm{Sin}(30-\varphi_B)=0$，三个分相量的相互夹角为零，因此相量的和即等于它们模的代数和。

∴ $I_C\,\mathrm{Cos}(\varphi_C)-(I_A\,\mathrm{Sin}(30+\varphi_A)-I_B\,\mathrm{Sin}(30-\varphi_B)=0$，$I_A\,\mathrm{Sin}(30+\varphi_A)-I_B\,\mathrm{Sin}(30-\varphi_B)=I_C\,\mathrm{Cos}(\varphi_C)$，$P_1+P_2=V_{相}I_A\,\mathrm{Cos}(\varphi_A)+V_{相}I_B\,\mathrm{Cos}(\varphi_B)+V_{相}I_A\,\mathrm{Sin}(30+\varphi_A)+V_{相}I_B\,\mathrm{Sin}(30-\varphi_B)=V_{相}I_A\quad\mathrm{Sin}(\varphi_A)+V_{相}I_B\,\mathrm{Sin}(\varphi_B)+I_C\,\mathrm{Sin}(\varphi_C)=P$

5. 采用瞬时值法，推导总功率 $P=P_1+P_2$

W_1 上的瞬时功率：

$$P_1(t)=v_{AC}(t)i_A(t)$$
$$=[v_A(t)\text{-}v_C(t)]i_A(t)$$
$$=v_A(t)i_A(t)\text{-}v_C(t)i_A(t)$$

W_2 上的瞬时功率：

$$P_2(t)=v_{BC}(t)i_B(t)$$
$$=[v_B(t)-v_C(t)]i_B(t)$$
$$=v_B(t)i_B(t)\text{-}v_C(t)i_B(t)$$

$$P_1(t)+P_2(t)=v_A(t)i_A(t)\text{-}v_C(t)i_A(t)+v_B(t)i_B(t)\text{-}v_C(t)i_B(t)$$
$$=v_A(t)i_A(t)+v_B(t)i_B(t)\text{-}v_C(t)[i_A(t)+i_B(t)]$$
$$=v_A(t)i_A(t)+v_B(t)i_B(t)\text{-}v_C(t)[-i_C(t)]$$
$$=v_A(t)i_A(t)+v_B(t)i_B(t)+v_C(t)i_C(t)$$

$$P(t)=v_A(t)i_A(t)+v_B(t)i_B(t)+v_C(t)i_C(t)$$

$$P(t)=P_1(t)+P_2(t)$$

四、结论

二表法测量三相三线有功功率作为工程应用，涉及的计算原理比较深奥复杂，计算难度较大。本文所列参考文献中，二表法测量三相电路有功功率采用特殊值法进行了简单的验证。二表法和三表法测量三相电路功率，近似于量纲的推导，略简单，推导过程不易理解。

7 负荷分级双轨制下建筑电气设计师的困局

阅读提示：通过对比《重要电力用户供电电源及自备应急电源配置技术规范》(GB/Z 29328—2012）与《供配电系统设计规范》(GB 50052—2009）负荷分级及供电要求两方面规定的差异，结合配电工程实例，指出设计人员面临的设计困局。

建筑工程配电设计应考虑：电气计量，由《销售电价管理暂行办法》来规范；负荷的分级，由《供配电系统设计规范》来规范；负荷的性质，由《建筑设计防火规范》来规范。这些规范各自成章，不够协调统一。在负荷分级、供电要求、供电措施三个方面的规定，建筑系列规范互不一致，存在与《电力用户供电电源及自备应急电源配置技术规范》分级相矛盾的问题。

在长期的工程实践中，设计人员明知依照建筑系列规范规定绘制电气施工图纸不会被实施，还必须依建筑系列规范规定来绘制，这是在负荷分级双轨体制下建筑电气设计师所面临的困局。举例说明如下：某住宅，23层，两单元，一类住宅，共两幢。依《住宅建筑电气设计规范》消防负荷、电梯负荷等级为一级。依《火灾自动报警系统设计规范》消防用电设备应采用专用的供电回路。依《销售电价管理暂行办法》，本建筑区分为居民生活用电电价与其它类别用电电价。每单元配电设计如下：民用生活用电：设置两路YJV-4×120+1×70电缆，接楼层表箱（6表位）。消防负荷用电：设置两路BTTZ-4×35电缆，在负一层配电室设置两台排接电缆柜，分别引出消防电梯、屋面正压风机、屋面水箱、应急照明等消防设备双电源配电电缆。配电室设置两块电能表。普通动力负荷用电：设置两路YJV-4×35电缆，在负一层配电室设置两台排接电缆柜，分别引出普通电梯、公共照明、地下室排污泵等设备双电源配电电缆。配电室设置两块电能表。原设计变配电室：高压双电源，两台1250kV·A变压器。

工程施工结果：高压采用单路环网供电（依据GB/Z 29328—2012规定，居住建筑不属于重要电力用户)，单元居民用电采用一路YJV-4×150+1×70电缆，接楼层表箱(12表位)。公共用电与消防用电合并使用两路YJV-4×50电缆引入（方便计量和用电管理)。

该供电方式，属于三级负荷供电等级，与一级负荷供电要求相去甚远。建筑电气配电工程，按《供规》负荷分级要求，应为一级负荷供电方式，而工程结果只能是三级负荷供电的情况，由来已久。

在《重要电力用户供电电源及自备应急电源配置技术规范》(GB/Z 29328—2012)实施之前如此，实施之后也是如此。即使满足一级重要电力用户的条件，国家电网也不保证提供双电源供电模式。该规范6.1.4条规定，在地区公共电网无法满足重要电力用户的供电电源需求时，用户应设置自备电源解决双电源问题。

一、《供配电系统设计规范》的不足与影响

供配电工程中，负荷分级始于1983年，这一年原国家计划委员会颁发了《工业与民用供电系统设计规范》（GBJ 52—83）《工业与民用35千伏变电所设计规范》等14本设计规范，这些设计规范编撰甚为精良，不仅对当时的工程设计有极大的指导意义，而且对后来的设计规范编制影响巨大，如GBJ 52—83、GB 50052—95、GB 50052—2009三个版本的规范即如此。

GBJ 52—83把中断供电的后果严重性作为分级标准，是定性的分级方式。规范要求“电源”可靠，是指从发电厂到末端配电站之间的高压配电线路可靠，这些线路不是用户管理的，一旦损坏，修复时间较长，在上个世纪八十年代，我国高压电力网络设置还不完善，供电可靠性差，规范做出这些要求是非常正确的。

用户端的用电安全，应依靠科学的管理手段来实现。即在用户无用电过错的情况下，不应发生意外高压停电事故。并且该规范明确说明不适用于停电时间要求小于1.5秒的电力用户。

规范GBJ 52—83没有按正面列表的方式给出什么工程应按一级负荷配电，只有定性的规定，没有定量的规定，造成了实际工程设计使用上的不方便。

《供配电系统设计规范》（GB 50052—95）《供配电系统设计规范》（GB 50052—2009）与《工业与民用供电系统设计规范》（GBJ 52—83）虽然条文文字相同，但外延是不同的，前两者把供电要求推广到一台电动机上（如消防负荷），一只灯泡上（如应急照明），这是概念上的问题，用户端应依靠用电管理实现用电的可靠性与安全性。

《供配电系统设计规范》（GB 50052—95）与《供配电系统设计规范》（GB 50052—2009）也同样没有按负荷级别给出电力用户的分类与界定，没有给出什么规模的建筑应对应什么级别的负荷。依《供配电系统设计规范》编制的各种子规范，把具体的消防设备划分为一级负荷、二级负荷，这种分类方法不正确，应当按电力用户来区分。一台设备、两台设备，不应决定高压供电的方案，不满足工程安全与经济、技术相协调的原则。

下列规范，不仅负荷分级互有矛盾之处，而且规范所确定的负荷级别，因与《电力用户供电电源及自备应急电源配置技术规范》（GB/Z 29328—2012）规定不符，故依这些规范设计的一级供电方案，难以得到保障。即按一级负荷供电要求设计，工程实施结果实际是三级配电方式。

1.《建筑设计防火规范》（GB 50016—2014）
2.《住宅建筑电气设计规范》（JGJ 242—2011）
3.《教育建筑电气设计规范》（JGJ 310—2013）
4.《民用建筑电气设计规范》（JGJ 16—2008）
5.《汽车库、修车库、停车场设计防火规范》（GB 50067—2014）
6.《会展建筑电气设计规范》（JGJ 333—2014）
7.《交通建筑电气设计规范》（JGJ 243—2011）

8.《金融建筑电气设计规范》（JGJ 284—2012）

9.《车库建筑设计规范》（JGJ 100—2015）

10.《体育建筑电气设计规范》（JGJ 354—2014）

二、《供配电系统设计规范》的术语欠准确性问题

《供配电系统设计规范》中的双重电源（duplicate supply）定义：

一个负荷的电源是由两个电路提供的，这两个电路就安全供电而言被认为是互相独立的。

条文说明：“双重电源”一词引用自《国际电工词汇》（IEC60050.601—1985）第601章中的术语第601-02-19条“duplicate supply”。因地区大电力网在主网电压上部是并网的，用电部门无论从电网取几回电源进线，都无法得到严格意义上的两个独立电源。所以这里指的双重电源可以是分别来自不同电网的电源，也可以来自同一电网但在运行时电路互相之间联系很弱，还可以来自同一个电网但其间的电气距离较远，一个电源系统任意一处出现异常运行或发生短路故障时，一个电源仍能不中断供电，这样的电源都可视为双重电源。

一级负荷的供电应由双重电源供电，而且不能同时损坏，只有满足这两个基本条件，才可能维持其中一个电源继续供电。双重电源可一用一备，亦可同时工作，各供一部分负荷。

这里并没有讲清楚，因为依《供配电系统设计规范》配置双重电源，会错误配置为（GB/Z 29328—2012）中的双回路供电，模式Ⅲ：Ⅲ.1：双回路专线供电；Ⅲ.2：双回路一路专线、一路环网/手拉手公网进线供电；Ⅲ.3：双回路一路专线、一路辐射公网进线供电；Ⅲ.4：双回路两路辐射公网进线供电。

《重要电力用户供电电源及自备应急电源配置技术规范》（GB/Z 29328—2012）中的双电源（duplicate power supply）定义：指分别来自两个不同变电站或来自不同电源进线的同一变电站内的两段母线，为同一用户负荷供电的两路供电电源。双电源供电，模式Ⅱ：Ⅱ.1：双电源（不同方向变电站）专线供电；Ⅱ.2：双电源（不同方向变电站）一路专线、一路环网/手拉手公网供电；Ⅱ.3：双电源（不同方向变电站）一路专线、一路辐射公网供电；Ⅱ.4：双电源（不同方向变电站）两路环网/手拉手公网供电进线；Ⅱ.5：双电源（不同方向变电站）两路辐射公网供电进线；Ⅱ.6：双电源（同一变电站不同母线）一路专线、一路辐射公网供电；Ⅱ.7：双电源（同一变电站不同母线）两路辐射公网供电。

三、《供配电系统设计规范》条文可执行程度的讨论

GB 50052—2009第3.0.1条电力负荷应根据对供电可靠性的要求及中断供电在对人身安全、经济损失上所造成的影响程度进行分级，并应符合下列规定：

1.符合下列情况之一时，应视为一级负荷：

1）中断供电将造成人身伤害时。

2）在一级负荷中，当中断供电将造成人员伤亡或重大设备损坏或发生中毒、爆炸和火灾等情况的负荷，以及特别重要场所的不允许中断供电的负荷，应视为一级负荷中特别重要的负荷。

该条文违反了《GB/T 1.1—2009 标准化工作导则第 1 部分：标准的结构和编写》应具实证性的规定。事前不可知后果，如何去选择应为一级负荷还是一级负荷中重要负荷呢？人身伤害，不存在死亡问题。这种情况，规范中要求应按一级负荷配电。人员伤亡，指受伤和死亡的人。这种情况，规范中要求应按一级负荷中特别重要的负荷配电。

GB 50052—95 第 2.0.1 条　一、符合下列情况之一时，应为一级负荷：1. 中断供电将造成人身伤亡时；GBJ 52—83 第 2.0.1 条　一、一级负荷 1. 中断供电将造成人身伤亡者。这种文字是正常的规范用语，但仅表明基本原则，可操作性差。

四、消防负荷分级的原则讨论

《供配电系统设计规范》《建筑设计防火规范》及各种子规范均有消防负荷的规定，这些规定重复且互有矛盾之处，没有足够的理论支撑条文的规定，存在负荷分级不正确的问题。

《重要电力用户供电电源及自备应急电源配置技术规范》（GB/Z 29328—2012）把重要电力用户分为特级、一级、二级、临时重要电力用户，特级用户是指国事活动不能中断供电的用户。第 5.2.1.2 条一级重要电力用户，是指中断供电将可能产生下列后果之一的电力用户：直接引发人身伤亡的；造成严重环境污染的；发生中毒、爆炸或火灾的；造成重大政治影响的；造成重大经济损失的；造成较大范围社会公共秩序严重混乱的。

GB/Z 29328-2012 把高度超过 100 米的重要的商业办公楼、商务公寓，营业面积在 6000 平方米以上的多层或地下大型超市、购物中心、体育馆场馆、大型展览中心及其他重要场馆，划归为一级重要电力用户。

火灾致人伤亡与建筑规模无关，任何工程发生火灾，均可致人伤亡。因此所有的消防类负荷均应视为一级重要电力用户。当整体建筑属于 GB/Z 29328—2012 所列一级重要电力用户时，消防设备供电应采双电源供电模式。依《重要电力用户供电电源及自备应急电源配置技术规范》第 6.1.4 条，在地区公共电网无法满足重要电力用户的供电电源需求时，用户应设置自备电源解决双电源问题。当整体建筑不属于 GB/Z 29328—2012 所列一级重要电力用户时，消防设备应采用一路市电加 EPS 或发电机组供电模式。火灾时中断消防设备供电，均存在直接引发人身伤亡的后果，建筑系列的规范把消防类负荷划分为一级、二级、三级负荷的做法是错误的，没有理论依据。

几台泵，几个风机，数十千瓦的负荷，不能决定高压侧的供电型式，应依照《重要电力用户供电电源及自备应急电源配置技术规范》第 6.1.4 条，在地区公共电网无法满足重要电力用户的供电电源需求时，重要电力用户应根据自身需求，按照相关标准自行建设或配置独立电源（通常是 EPS 与柴发机组）。只有可以极方便获取双电源的工程，才可以不配置独立电源。

五、结论

《供配电系统设计规范》把中断供电导致人身伤害作为确定一级负荷的标准，把中断供电导致人员伤亡作为确定一级负荷中特别重要负荷的标准，不准确，因为设计，无法确定中断供电是会导致伤害还是伤亡。

《建规》把消防负荷划分为一、二、三级，但火灾致人伤亡，与工程规模不存在必然的联系。

建筑系列的规范，常把某一台设备分为一、二、三级负荷，要求高压侧采用双电源或双回路供电，规范规定不准确，因为单台设备不能作为高压侧供电型式的依据。

国内的建筑配电分级不妨简化为：依《电力用户供电电源及自备应急电源配置技术规范》第6.1.4条，在地区公共电网无法满足重要电力用户的供电电源需求时，应设置自备电源。这是国际的通例做法。

建筑系列的规范及负荷分级，应与电力系列的规范分级原则及供电要求一致，以避免工程执行可能造成的混乱。

8 关于《火灾自动报警系统设计规范》(GB 50116—2013) 的讨论

阅读提示：本章针对火灾报警控制系统图中消防泵控制环节进行简单阐述，主要讨论《火灾自动报警系统设计规范》(GB 50116—2013) 中第 4.2.1 条涉及的“联动控制”与“手动控制”的规定。

《火灾自动报警系统设计规范》(GB 50116—2013)（以下简称新《火规》)，自 2014 年 5 月 1 日实施至今，对竣工工程、在建或将建工程，均可能造成消防泵启动环节出现问题。

按照《火灾自动报警系统设计规范》(GB 50116—2013) 相关规定，山东省各消防大队强制报警设备厂家废弃使用厂家配套的多线直接控制盘，强制要求在消防报警控制柜以外另行增设非标消防泵控制按钮盘。见下图：

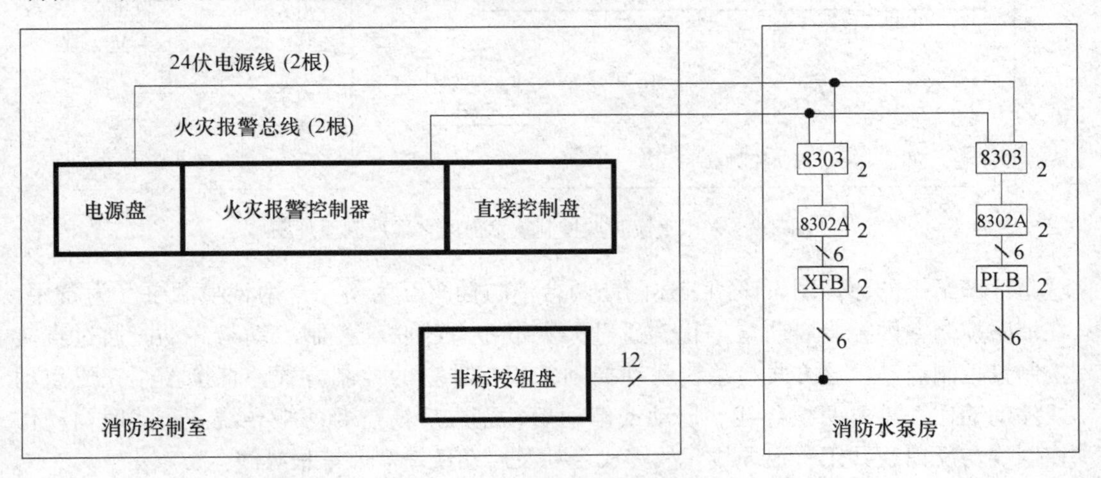

图 8-1　非标按钮盘的连接

非标按钮盘是无厂家、无标准，无安全认证的产品。GB 50116—2013 实施前采用非标按钮盘对消防泵做启动和停动控制，非标按钮盘上的启动按钮为 CJK22 型普通按钮，通过两根导线与设备侧的联动模块输出的无源常开并联，停动按钮通过两根导线与设备侧的联动模块输出的无源常开串联，这是极为严重的错误做法。好在使用设备少，不易出错。新标准实施后，均采用直接控制盘做多线手动控制，非标按钮盘从此退出消防系统。

一、与消防相关的几个术语

联动控制：控制命令通过总线传输，控制设备的启动与停止。

联动控制盘：又称总线控制盘或逻辑控制盘。该盘按钮是逻辑地址，通过编程与现场设备相对应，可指定任意一个按钮为现场的任意一个设备服务。按钮旁有指示灯，该盘仅是逻辑地址盘，对现场设备的操作需要依靠报警控制器、报警总线来实现。

直接控制：通过报警控制器上的直接控制卡、专用导线控制。

直接控制区：报警控制器上的直接控制卡区域，直接控制卡按钮采用专用线路，与现场设备对应联结，一旦连接完成，则不可更改。

二、消防报警设备厂家给出的多线控制原理图

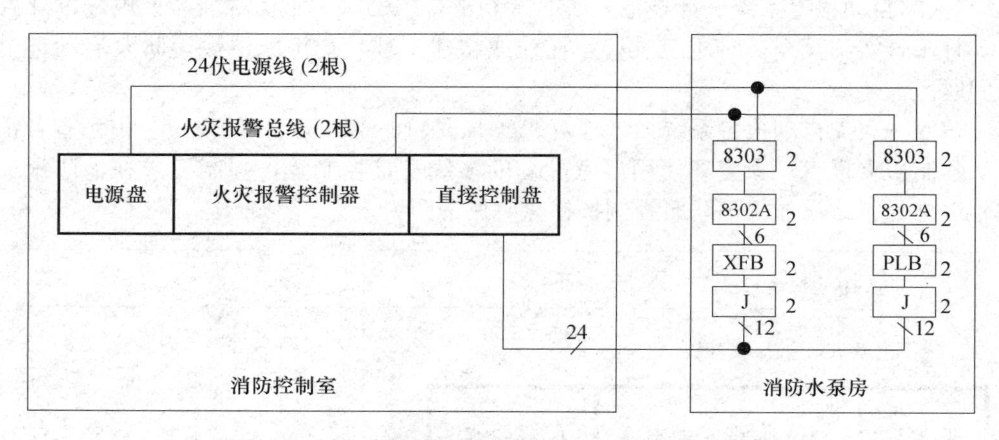

图 8-2　采用直流脉冲控制技术前的多线控制原理图

这是厂家给出的原理图，该图表述的是两台消防栓泵互为备用，两台喷洒泵互为备用，在消防控制室内控制启动与停止。通过火灾报警总线联动控制启动与停动。通过直接控制盘控制启动，该方式与总线联动控制是相互独立的控制方式。直接控制完成启动或停动动作，需要两根导线。启动或停动后，完成反馈需要两根导线。布线时，动作控制线与反馈线共用一根导线。故完成启动及启动反馈需要三根导线。

因此完成一台消防栓泵的启动与停动两个动作需要六根导线，完成两台消防栓泵的启动与停动两个动作则需要十二根导线。当消防栓泵控制柜上的 SAC 选择按钮置于自动状态时，该种布线能够通过直接控制盘分别完成对两台消防栓泵的启动与停动控制。

直接控制盘，各个报警控制厂家的大同小异，而消防泵房内、消防泵控制柜内的直接控制原理图，以浙江省图集（2000 浙 D）较为完善。

由于该种接线较为复杂，目前直接控制方式，多采用脉冲控制，该控制方式与总线联动完全独立，布线图见图 8-3：

图 8-3 布线中，引入了 8302C 脉冲控制模块，直接控制盘发出启动脉冲命令至

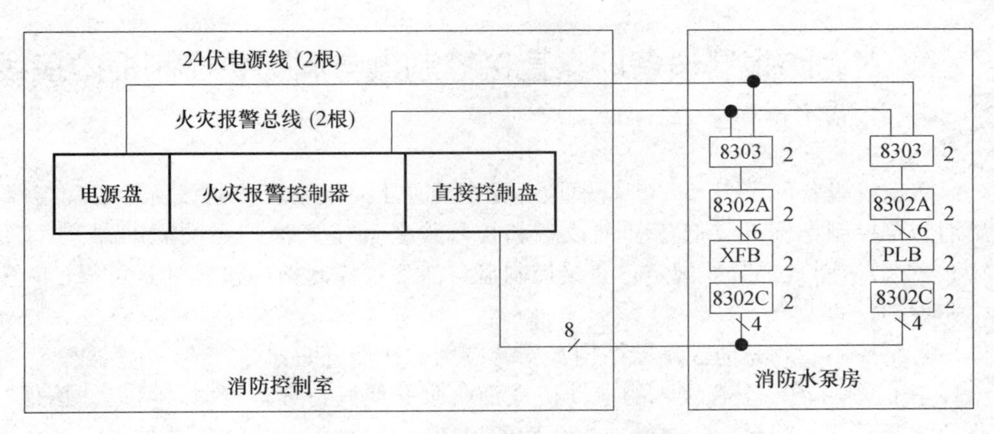

图 8-3 采用直流脉冲控制技术的多线控制原理图

8302C，8302C 无源接点输出启动命令，设备完成启动后，反馈一个脉冲指令到直接控制盘。

直接控制盘的一个按钮有四个指示灯，分别为正常、故障、运行、停止，该按钮引出两根导线到设备现场，从而控制柜内的 8302C 模块。

一个模块只完成一个动作。由于消防泵启动后不允许自动停泵（仅水池缺水时允许停泵），因此厂家的原理图中大多仅设置启动环节，没有设置停动环节，停止泵运行必须到消防水泵房内手动操作（喷淋泵与消防栓泵控制相同）。

两台消防栓泵需要两个 8302C 模块，需要布设四根线，现场布线如图 8-4。

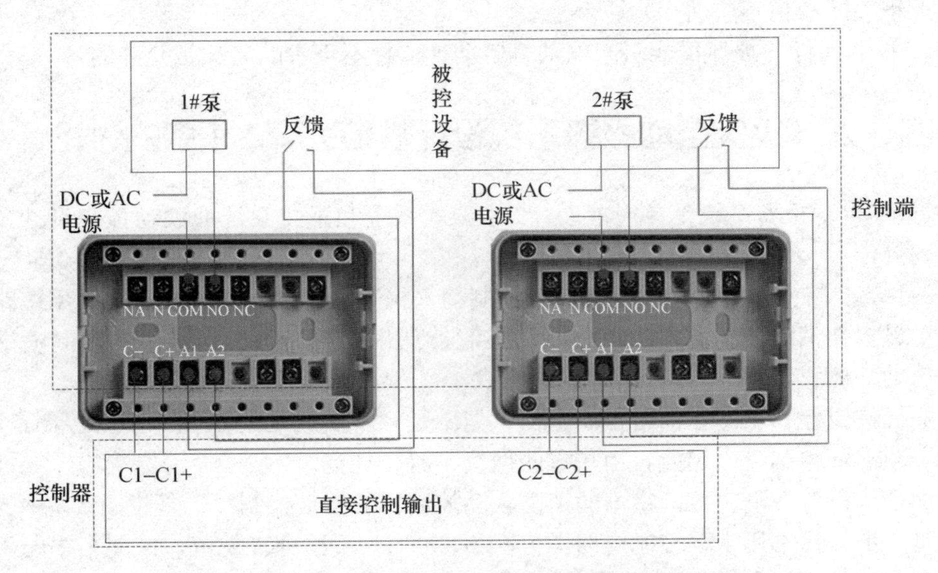

图 8-4 直流脉冲控制技术现场设备的接线原理图

（消防泵的直接控制盘，不应设置启停双控，应仅设启动环节）图 8-4 中直接控制输出，是指图 8-3 中的直接控制盘的直接控制信号输出。

三、对消防报警设备厂家直接控制盘与消防泵控制柜内接线的评价

消防报警设备厂家引入8302C模块，完全独立于总线系统控制设备的启动与停止，满足消防泵控制柜标准《低压开关设备和控制设备固定式消防泵的驱动器》（GB/T 21208—2007）引言部分的规定。直接控制盘与消防泵控制柜内接线都是可靠的，安全的、完善的。

消防泵控制器和其他控制器结构及安装应用的几点说明：

1. 在试图启动一个有故障的电动机或消防泵并使其持续运行时，可以“牺牲”主电路导体及元件（即允许暂时性或永久性的损坏）。

2. 消防泵控制器应具有高度可靠性。在检测到喷淋管道压力下降时可由其他自动火灾探测设备自动启动消防泵驱动器以抑制火灾。

3. 外部控制电路的故障不应阻碍其他内部或外部方式操作消防泵。

4. 应将外部控制电路设置为任何外部电路的故障（开路或短路）均不能阻碍其他内部或外部方式操作消防泵的结构。这些电路的损坏、断开、短接或失电能影响消防泵的持续运行，但不会因为外部控制电路以外的原因而阻止控制器启动消防泵。

5. 外部自动启动方式应通过断开外部装置中一个常团触点实现控制器中正常通电的控制电路断电。

6. 当允许有外部启动按钮或基他启动装置时，控制器不应配备用于远程关闭的装置（远程关闭按钮不应使用）。

7. 控制元件的损坏可能引起电动机启动，这种不正常的启动是允许的。

四、对《火灾自动报警系统设计规范》4.2.1条的讨论

《火灾自动报警系统设计规范》4.2.1 湿式系统和干式系统的联动控制设计，应符合下列规定：

2 手动控制方式，应将喷淋消防泵控制箱（柜）的启动、停止按钮用专用线路直接连接至设置在消防控制室内的消防联动控制器的手动控制盘，直接手动控制喷淋消防泵的启动、停止。

非标按钮盘，虽然在消防控制室内，但不是“消防联动控制器的手动控制盘”，而是一个独立的控制盘。因此，山东省的做法不符合规范。

如果“设置在消防控制室内的消防联动控制器的手动控制盘”是指图8-3中的直接控制盘，那么《常用水泵控制电路图》（16D303-3）不符合该规范，该图集中的手动按钮不存在一个按钮和四个指示灯。该盘无法和“喷淋消防泵控制箱（柜）的启动、停止按钮用专用线路直接连接”。因此关于这段条文的理解与实施，存在争议。

9 《常用风机控制电路图》（16D303-2）图集中关于双速风机控制原理的讨论

阅读提示：本节针对《常用风机控制电路图》（16D303-2）图集双速风机控制电路原理图中存在的问题进行简单阐述，并给出较为完善的双速风机控制电路原理图。

一、存在的问题

《火灾自动报警系统设计规范》（GB 50116—2013）（以下简称新火规）2014 年 5 月 1 日起实施，随后出版了《常用风机控制电路图》（16D303—2）图集。

图集中，双速风机控制电路原理图如下：

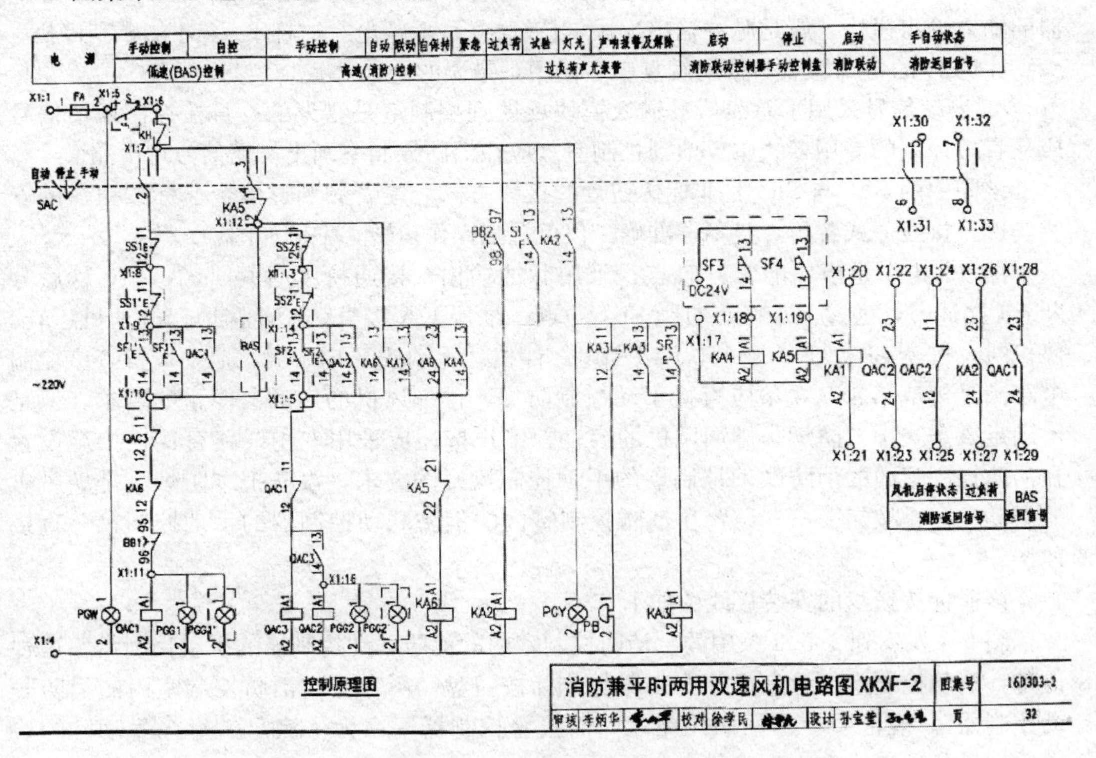

图 9-1　消防排烟平时排风两用双速风机控制电路原理图

本图存在以下问题：

1. S 自锁按钮开关位置错误，该按钮解除自动控制的同时，也解除了手动控制。

2. KH防火阀位置开关接线错误。从防火阀到风机控制箱之间的线路并不可靠，线路一旦断线，风机无法启动，无法满足消防设备控制电路的技术要求。

3. BAS控制错误，不能实现人员现场停机。

4. SAC选择按钮错误。当系统没有设置BAS低速自动控制或者低速自动控制故障时，在排风状态下发生火灾时，应立刻将远程强制切换为消防排烟模式，而设置SAC选择按钮后，无法立即实现远程控制风机运行状态的转换。

5. SF3、SF4选用CJK-22普通按钮，不是报警控制器厂家直接控制卡，因此无法安装在报警联动控制器上。多个按钮布置在消防控制室内时，必须另行设置非标按钮盘，这是错误的。许多个按钮集中放置在一个盘上，火灾发生时，操作人员没有办法正确区分并手动选择按钮。

标题栏中“消防联动控制器手动控制盘”，是非常用术语，消防控制室内不存在这种设备。“消防联动控制器手动控制盘”应是“火灾报警控制器（联动型）直接控制盘”。虽然《消防联动控制系统》（GB 16806—2006）中，“消防联动控制器手动控制盘”是常见术语，但目前消防控制室内，不存在“消防联动控制器手动控制盘”这个设备。GB 16806—2006与GB 50116—2013中的所有“消防联动控制器手动控制盘”均指火灾报警控制器（联动型）上的直接控制区。

6. KA1消防联动控制，联动控制模块采用电平输出模式是错误的。控制KA1继电器的输入输出模块，应是脉冲输出模块，持续10秒后断电，这样KA5才能顺利停机。

7. KA5的常开触点与常闭触点串联使用是错误的。

8. 启动信号采用了总线信号输入模块反馈到控制室是错误的。直接控制反馈信号应从直接控制的专用导线中反馈到控制室（应在消防控制室画出反馈信号灯电路）。

该图中的SF3与SF4是非标按钮盘的接线方式。笔者见到过多个非标按钮盘的安装实例，接线方式各异，且不够准确，仅可勉强操作运转，举例如图：

图9-2中1是模块的常开触点，采用脉冲输出，接通持续时间10秒，10秒后分断。1接通时，通过KA触点自锁SF4断点，维持KA吸合，KM接通，电动机运转。停机时，按下SF3，KA断电，KM断电，停机。手动按下SF4时，启动风机，该控制电路满足规范第4.5.3条应直接手动控制防烟、排烟风机的启动、停止的要求。但是不满足该条文中“防烟、排烟风机的启动、停止按钮应采用专用线路直接连接至设置在消防控制室内的消防联动控制器的手动控制盘”的要求，没有把“防烟、排烟风机的启动、停止按钮”与“设置在消防控制室内的消防联动控制器的手动控制盘”直接连接。

该非标按钮盘的安装接线图如下：

图9-3找不到4.5.3条中的“消防控制室内的消防联动控制器的手动控制盘”这种设备，消防控制室内只有报警控制器与非标按钮盘，不存在“消防控制室内的消防联动控制器”。规范中该术语引用错误，而报警控制器厂家为了满足“直接手动”的要求，想尽各种接线方法。

图9-3是风机控制柜厂家给出的设计，反馈信号由KA的常开常闭触点完成，但这不是正确的控制电路。因为从风机控制箱到消防控制室之间，任何一条控制线断路都无法启动。

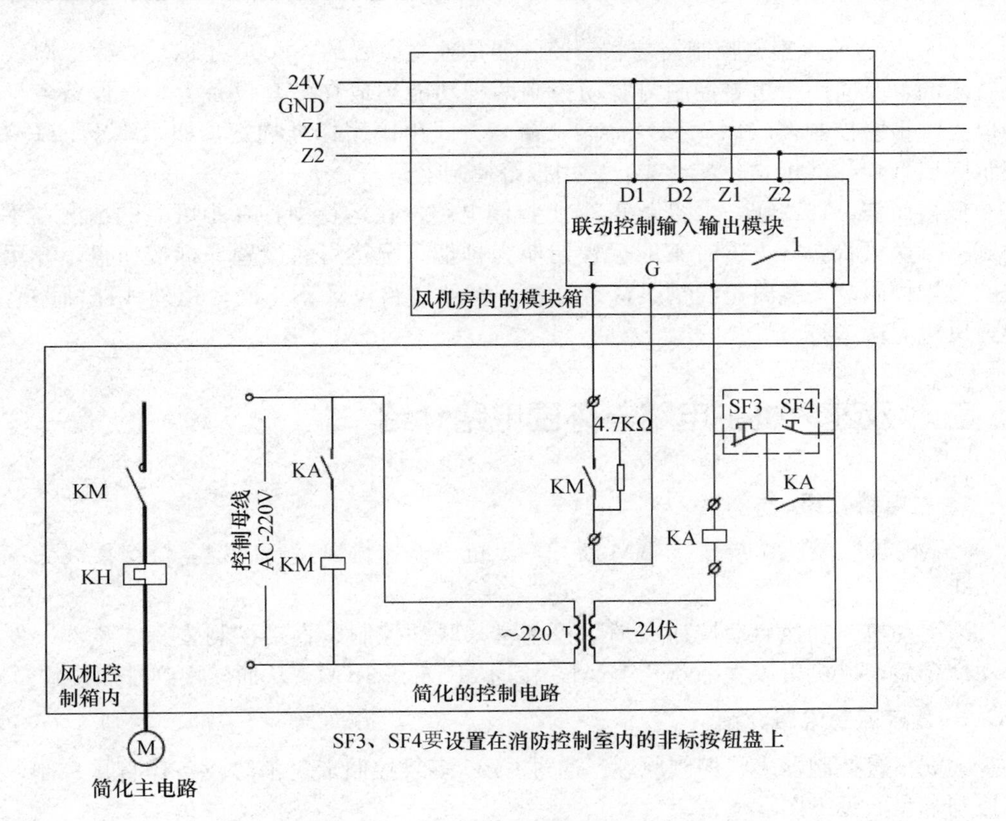

图 9-2 非标按钮盘电路原理图

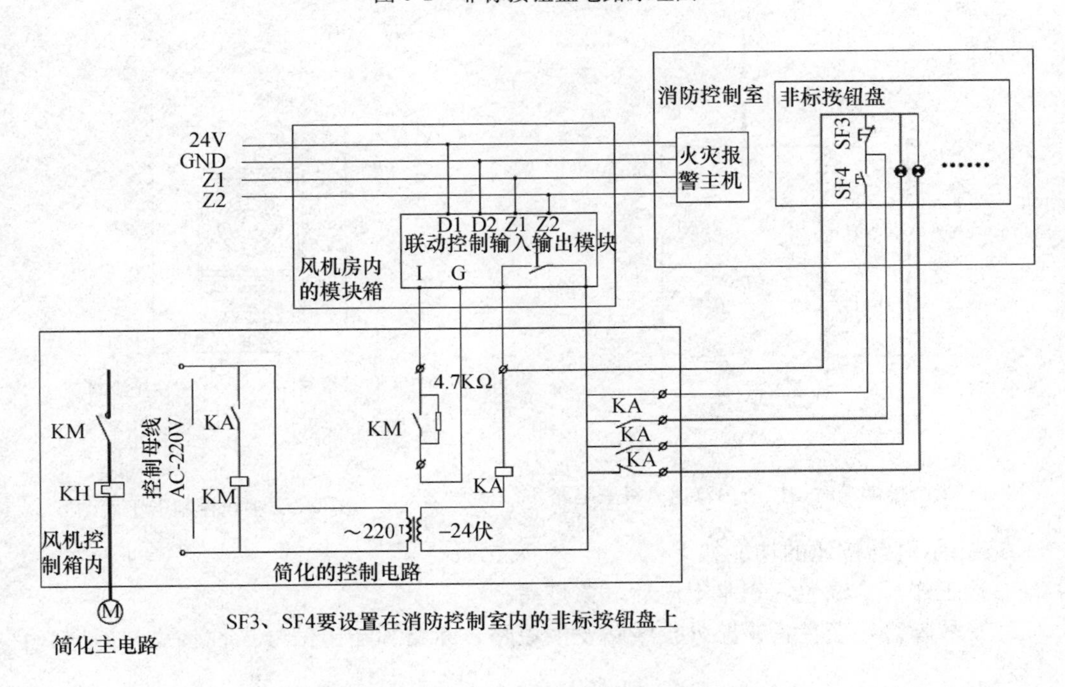

图 9-3 非标按钮盘安装接线图

2000 年之前，报警控制器与联动控制器是独立设置的。2000 年以后，因二总线报警技术的普及应用，报警控制与联动控制两种功能集成在一套设备上，该设备各厂家均以火灾报警控制器（联动型）命名，命名方式由国家标准规定，如 JB-QB（G、T）表示区域型壁挂（柜式、琴台式）警用报警控制器。

概括而言，16D303—2 图集第 32 页控制电路，在运行中存在不可靠的情况：手动控制平时送风状态，火灾时不能远程切换为排烟工况运行。设置非标按钮盘，弃用厂家的直接控制盘，线路接线错误，不可靠。柜外线路设计不正确，柜外线路断路直接导致风机无法运行。

二、双速风机主电路与外围电路介绍

1. 主电路介绍

1KM 接通，2KM 断开，3KM 断开，风机为低速排风运行工况，绕组接线为三角形结线。

当手动按下高速启动按钮或消防控制室（联动控制、直接控制之一或全部）发出启动命令后，风机可以立即断开 1KM，接通 2KM 和 3KM，从而转换到排烟模式。

2. 直接控制电路介绍

火灾报警控制器多线控制原理：通过 CPU 多线控制卡对消防设备作直接控制，多线控制卡盘面见下图：

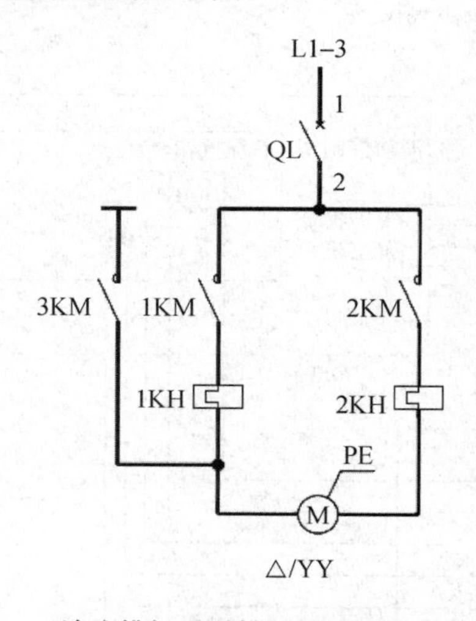

图 9-4　消防排烟平时排风两用双速风机主电路

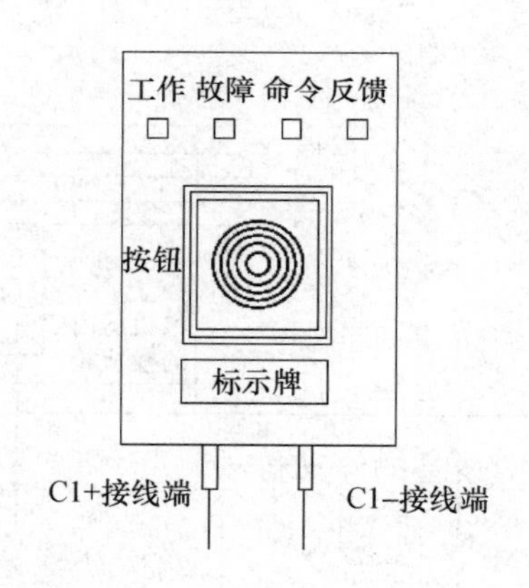

图 9-5　多线控制卡正面图

各指示灯与按钮的功能如下：

1）工作灯：绿色，正常上电后，该灯亮。

2）故障灯：黄色，该路外控线路发生短路、断路和输出信号极性接反故障时，该灯亮。

3）命令灯：红色，控制盘向外发出命令信号时该灯亮，如果 10 秒内未收到反馈信号，该灯闪烁。

4）反馈灯：红色，当控制盘接收到反馈信号时，该灯亮。

5）按键：按下此键，向被控设备发出启动或停动的命令。

直接控制卡接入控制电路的模式见图 9-6，无论控制风机还是控制水泵，均采用该接线模式。

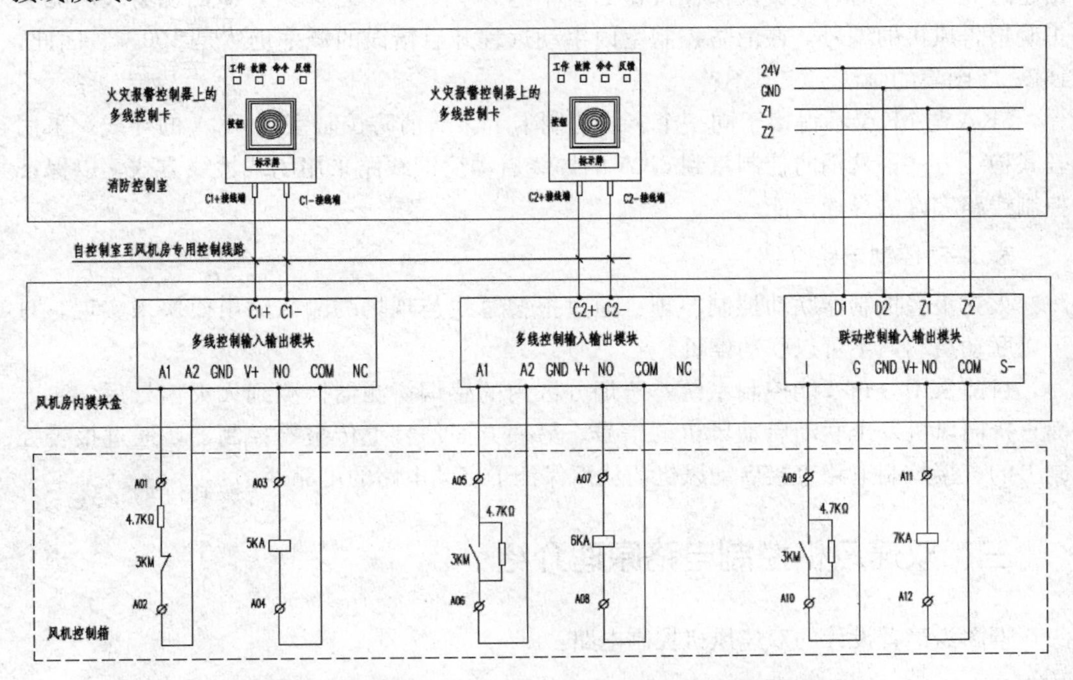

图 9-6　报警控制器、模块盒与风机控制箱之间接线原理图

16D303—2 图集第 32 页中，从消防控制室到风机房布 3 根导线作为专用直接启动导线的设计不准确，应布设 4 根导线。KA1 应为图 9-6 中的 7KA，KA3、KA4 应为图 9-6 中的 5KA、6KA，CJK-22 按钮，应为消防控制室内的多线控制卡。自消防控制室到风机控制箱的布线，应为 4 根专用导线，其中报警总线两根，24 伏电源线两根。

消防控制室对设备的直接停动控制反馈信号，取自双星形星点接触器 3M 的常闭触点，该触点闭合后，消防控制室工作灯亮，表示风机停止排烟运行模式。

对设备的停动控制：5KA 受消防控制室停动命令控制接通，接通 10 秒即断开。该命令由具有操作权限的人，手动按下按钮发出，火灾报警控制器不得自动发出停动命令。

对设备的启动控制：火灾确认后，由火灾报警控制器自动发出启动命令，6KA 接受消防控制室启动命令接通，接通 10 秒即断开。当且仅当火灾报警控制器损坏时，具有操作权限的人，才可以手动按下按钮发出启动命令。

直接启动命令发出以后，如果没有得到反馈命令，30 秒后会再次发出启动命令，直到风机启动。直接控制命令受风机所在防烟分区内的感烟探测器报警地址控制。报警控制器依报警地址指定应启动哪一台风机。因双电源切换或其他故障导致风机停止，直接控制卡获得意外停机信号后，立即重新发出启动命令，直至风机再次成功启动。

可持续向同一设备发出启动命令，人员手动启动的准确性与可靠性，无法与之相比，避免了人员操作造成误启动（不该启动的设备）情况的发生。

图集中的 SF3、SF4 是非标按钮盘，盘面巨大，标示文字非常小，当风机、水泵数量超过 3 台以上时，人员误操作按钮的概率达 50%。数十台风机，即使现场人员能够正确报告风机的编号，在消防控制室内手动远程开启错误的概率仍然是 100%。因此，16D303 图集的画法与实操不符。

5KA 与 6KA 不得接于同一个多线控制卡上。从消防控制室到 6KA 的导线，采用开式检线方式，从消防控制室到 5KA 的导线启动反馈线路采用闭式检线方式，以保证控制线路完好的导通性能。

3. 联动控制电路介绍

火灾报警控制器联动控制原理：通过报警总线与现场的输入输出模块来实现。只可以联动启动，不可以联动停机。

目前采用分布智能控制系统，防烟分区内的感烟探测器探测到火灾信号后，一方面直接向风机发出联动启动风机的信号，另一方面信号上传报警控制器，通过报警控制上的直接控制电路直接启动风机，从而保证了启动电路的可靠性。

三、双速风机控制电路原理介绍

下图为笔者设计的双速风机控制电路：

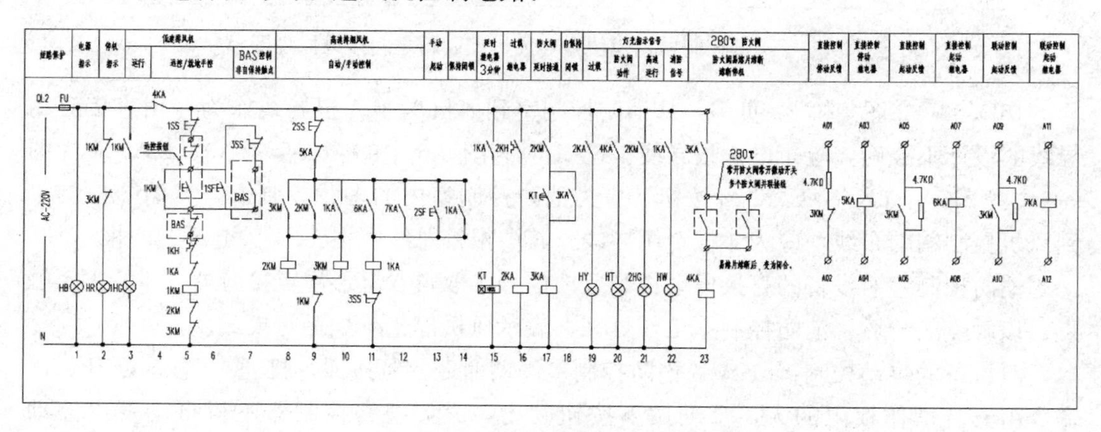

图 9-7　双速风机控制电路原理图

线路特点：

1. 3SS 为双断点自锁按钮开关，用于切除远程控制，供维修时使用。BAS 控制采用点动操作，接通时间不超过 10 秒。手动按下 1SF，风机即运行在排风模式。

2. 模块箱内的多线控制输入输出模块与联动控制输入输出模块均采用脉冲输出，输出 10 秒即停止。5KA 分断后，风机停止运行。

3. KT 为得电延时继电器，延时 180 秒。防火阀延时接通的意义是，防止电动常闭防火阀联动开启时间与风机启动时间不同步时，无法即时启动风机。

4. 常闭电动防火阀微动开关的连线问题。常闭电动防火阀闭合时，常闭微动开关闭合，常开微动开关断开；常闭电动防火阀电动打开时，常闭微动开关断开，常开微动开关闭合。常闭电动防火阀联动控制模块的反馈信号应接在常闭微动开关上，连接导线采用闭式检线。导线断开与防火阀打开，在消防控制室内均视为火灾状态。常闭电动防火阀熔断停机导线应接于常闭微动开关上，熔断后闭合，接通 5KA，3 支路处 5KA 触点断开，停机。

5. 常开防火阀微动开关的连线问题。常开防火阀不需要电动打开，不需要设置联动模块，应设置信号输入模块，以监控防火阀的开启状态。常开防火阀打开，常闭微动开关闭合，常开微动开关断开，常开防火阀熔断闭合后，常闭微动开关断开，常开微动开关闭合。常开防火阀监视模块的反馈信号应接在常开微动开关上，连接导线采用开式检线。导线短路与防火阀闭合，在消防控制室内均视为熔断停机。常开防火阀熔断停机导线应接于常开微动开关上，熔断后闭合，接通 5KA，3 支路处 5KA 触点断开，停机。一个风机连接有多个防火阀时，应采用并联连接，任一个防火阀熔断均应联动风机停动。

6. 4KA 的作用有两个，熔断停机时，给出信号灯指示。对常闭防火阀来讲，平时需开启排风时，由于常闭防火阀需要人工开启（没有火灾报警，防火阀不能联动开启)，当防火阀没有开启时，风机无法启动。这样会给操作人员带来很大的困惑，会误认为风机故障。

四、对该控制电路接线的评价

直接控制启动、采用智能控制，避免了人员操作误启动的问题，当且仅当报警控制器损坏时，才可以采用人工方式，按压直接控制卡上的按钮启动。停动信号、启动信号反馈线路与控制命令线路采用同一线路，操作与信号反馈均完全独立于总线系统来完成。

平时排风过载时，切断主电路保护风机不受损害；可在任何情况，立即远程切换为排烟运行模式；防火阀到风机控制箱之间导线断线，不会影响风机运行；手动停机需要有操作权限；运行状态下，外部电路开路或短路不会导致风机停机（不足之处：防火阀到风机控制箱线路短路时，会导致停机)。

五、山东省各消防大队在风机控制电路中引入非标按钮盘的问题讨论

新《火灾自动报警系统设计规范》规实施以后，山东省各消防大队要求消防控制室要另外设置非标按钮盘，禁止使用报警控制器多线控制卡，这是本末倒置的做法。

《常用风机控制电路图》(16D303—2) 图集也采用了非标按钮盘的方式，随着图集的使用，各地普遍废弃了厂家标配的直接控制盘，而采用非标按钮盘，这是危险的做法。凡是采用非标按钮盘的工程，均应整改，重新购买控制柜，对原来错误的控制电

路做更正。

对山东省的做法框图如下：

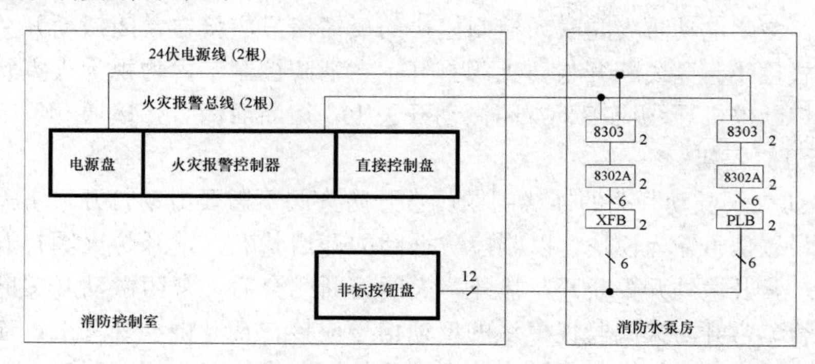

图 9-8　非标按钮盘连接框图

非标按钮盘是无厂家、无标准，无安全认证的三无产品，非标按钮盘的接线方式混乱，不可靠。

10 《常用风机控制电路图》（16D303-2）图集中关于加压送风风机控制原理的讨论

阅读提示：对《常用风机控制电路图》（16D0303-2）图集中加压送风风机控制电路原理图中存在的问题进行简单阐述，并给出较为完善的加压送风风机控制电路原理图。

发生火灾时，火场空气温度高、有毒，人不可以吸入，在逃生困难的建筑物内设置加压送风机是必要的。风机运行控制箱是保证风机正确运行的关键，《常用风机控制电路图》（16D303-2）图集中，加压送风风机（排烟风机）控制原理图绘制错误，如果依照该图集进行生产制造风机控制箱，必然导致消防设备不能正确投入运行，存在火灾时危及疏散人员生命的隐患。

一、《常用风机控制电路图》（16D303-2）图集加压送风风机控制电路原理图中存在的错误

16D303—2 图集加压送风风机控制主电路图问题：

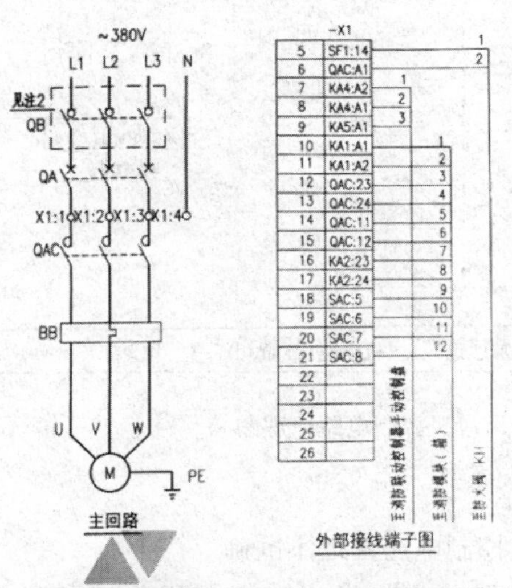

序号	符号	名称	型号、规格	单位	数量	备注
1	QA	低压断路器	由设计确定	个	1	无过负荷保护
2	QB	隔离开关	由设计确定	个	1	见注2
3	QAC	接触器	由设计确定	个	1	线圈为~220V
4	BB	热继电器	由设计确定	个	1	–
5	FA	熔断器	RT18-32X/6A	个	1	–
6	SAC	手动选择开关	LW39-16408202/2	个	1	–
7	SS1	控制按钮	CJK22-22P或LA38-22M	个	1	红
8	SF1	控制按钮	CJK22-22P或LA38-22M	个	1	绿
9	ST	试验按钮	CJK22-22P或LA38-22M	个	1	灰
10	SR	复位按钮	CJK22-22P或LA38-22M	个	1	白
11	PGY	信号灯	CJK22-□，~220V	个	1	黄
12	PGG	信号灯	CJK22-□，~220V	个	1	绿
13	PGW	信号灯	CJK22-□，~220V	个	1	白
14	KA1,4,5	中间继电器	MY4N-GS，DC24V	个	3	–
15	KA2,3,6	中间继电器	JZC1-44，~220V	个	3	–
16	PB	蜂鸣器	CDY-12A，~220V	个	1	电铃声
17	X	端子排	SAKD 2.5	排	1	–
以下设备及材料不在本控制箱内						
18	SF2	控制按钮	CJK22-22P或LA38-22M	个	1	装在消防手动控制盘
18	SF3	控制按钮	CJK22-22P或LA38-22M	个	1	装在消防手动控制盘
19	KH	防火阀	70℃或280℃	个	–	通风专业定，要求双触点

排烟（加压送风）风机电路图XKY(J)F-1	图集号	16D303-2

图 10-1　16D303-2 图集中的加压送风风机主电路图

该图存在 3 点问题：

1. SF3 选用 CJK22-22P，该型号按钮在消防控制室内只能安装在非标按钮盘上，所谓非标控制盘，就是把很多个按钮集中安装在一起。该电路图中，非标按钮旁没有设置反馈信号灯，是错误的。操作按钮应与反馈指示灯形影不离，不设置指示灯仅设置按钮的做法错误。

2. 注 1 中，消防联动模块提供 24 伏有源连续信号（即提供电平输出），也就是火灾时，KA1 触点自保持这种电路，SF4 无法分断电路。

3. 注 4 中，强调端子接线关系，手动盘的电缆用于启、停风机，模块箱到控制箱的电缆，在模块箱内连接模块，信号反馈用模块来实现。手动操作的反馈信号必须另设线路到手动盘上的信号灯，实操中不可以采用这种反馈。

16D303—2 图集加压送风风机控制电路原理图如下：

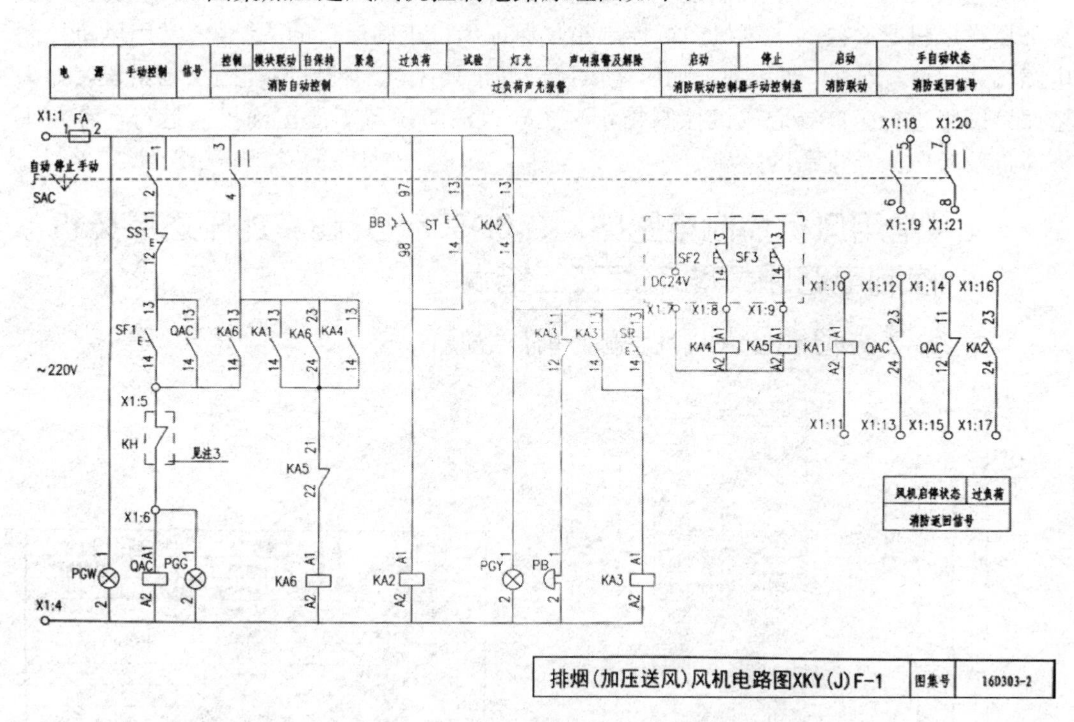

图 10-2　16D303-2 图集中的加压送风风机控制电路原理图

该图有 6 点问题：

1. 正压送风机工作仅为消防工作单一工况，控制电路繁琐不准确。

2. SAC 按钮设置不准确，不是最简化的电路，火灾发生时手动操作不能及时投入。

3. 防火阀设置方式不准确。

4. 不能采用一个指示灯指示风机的运行与停止。CJK22-22P 为不带指示灯按钮，当按下 SS1 按钮时，该按钮旁设置的红色指示灯应点亮，表示电动机电路处在分断状态。当按下 SF1 按钮时，该按钮旁设置的绿色指示灯应点亮，表示电动机电路处在运行状态。设置一个指示灯，指示两种状态是错误的。

5. SAC 输出点 X1 端子排上的 18-19、20-21 增加的 2 只报警系统信号输入模块，没有必要。

6. 不存在消防控制室，图中标示的“消防联动控制器手动控制盘”，只存在火灾报警控制器（联动型）与非标按钮盘。

SF3、SF4 较为常见的一种接线方式如下：

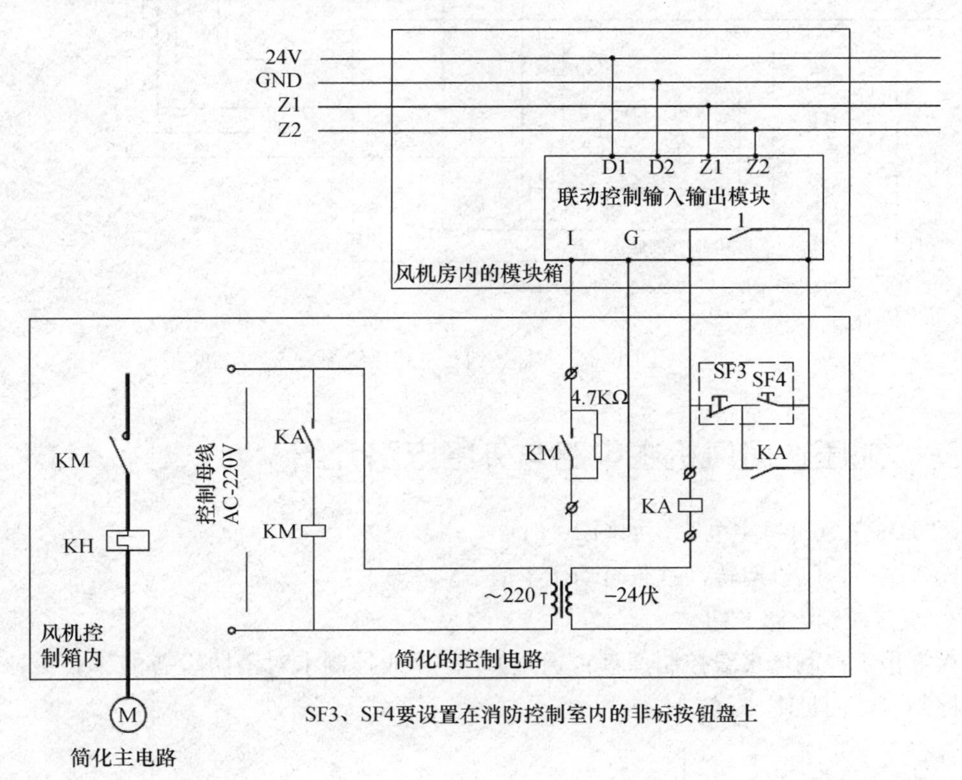

图 10-3 非标按钮盘电路原理图

该接线方式，表面上看控制正常，反馈正常，但却是错误的。线路断线导致风机无法操作，许多按钮集中放置在同一盘内。人工正确操作需要严苛的条件，火灾现场指挥的人与消防控制室内操作的人必须对任何一台消防设备的位置及编号非常熟悉，火灾现场的指挥人员必须能够准确无误地指出需要启动的设备，消防控制室内的操作人员必须准确无误地操作按钮，这很难办到。另外，每台设备的直流电流均引到一个手动盘内，向消防控制室反向送电，这样做也不对。

总而言之，16D303—2 图集第 14 页的控制电路，在实际运行中存在一些问题，线路复杂不准确，设置非标按钮盘、弃用厂家的直接控制盘。柜外线路设计不准确，若柜外线路断路会直接导致风机无法运行。

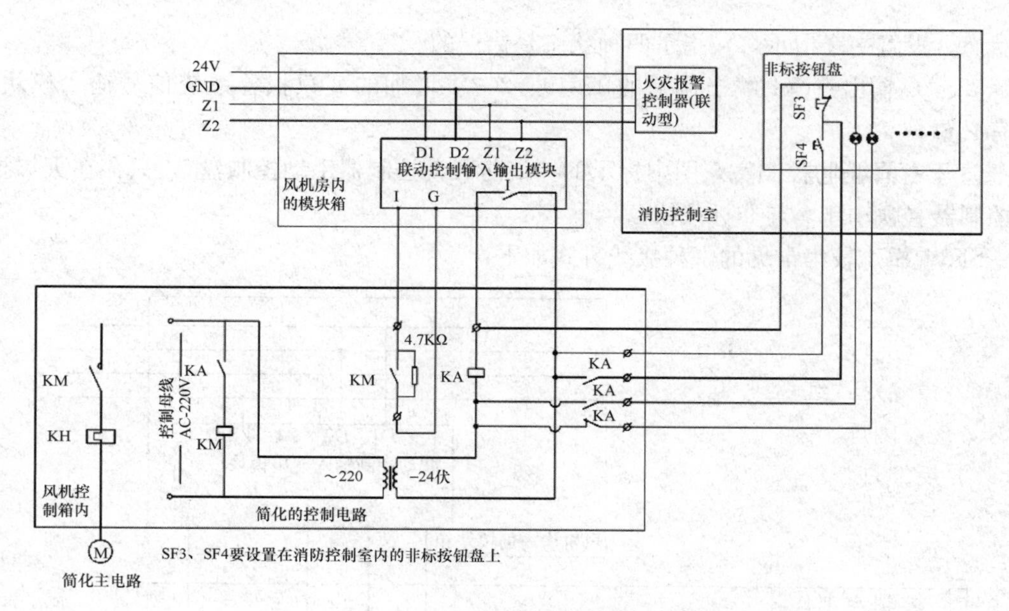

图 10-4　非标按钮盘电路接线图

二、加压送风风机主电路与外围电路介绍

1. 加压送风风机主电路，如图 10-5：

KM 接通，风机运转，过载时动作于信号。

2. 直接控制电路介绍

火灾报警控制器多线控制原理：通过 CPU 多线控制卡对消防设备的作直接控制，多线控制卡盘面见图 10-6：

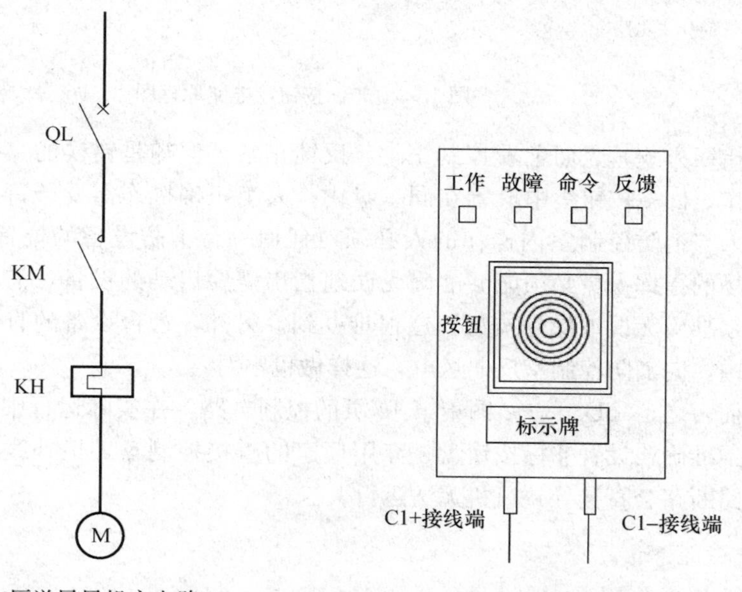

图 10-5　加压送风风机主电路

图 10-6　多线控制卡正面图

C1＋与C1－两端子间为24伏电源，端子引出的导线为电源线，该导线引到风机房内的模块箱内与直接控制联动模块连接。该电路采用直流载波控制技术，实现对设备的控制。模块箱内的直接控制联动模块输出脉冲直流24伏电源（持续时间10秒），可以负载直流中间继电器。该继电器有触点额定电路为5安，线圈吸合电流不大于1安。

多线控制卡上各指示灯与按钮的功能如下：

1）工作灯：绿色，正常上电后，该灯亮。

2）故障灯：黄色，该路外控线路发生短路、断路和输出信号极性接反故障时，该灯亮。

3）命令灯：红色，控制盘向外发出命令信号时该灯亮，如果10秒内未收到反馈信号，该灯闪烁。

4）反馈灯：红色，当控制盘接收到反馈信号时，该灯亮。

5）按键：此键按下，向被控设备发出启动或停动的命令。

对设备的停动控制：直接控制停动反馈信号接触器KM的常闭触点，该触点闭合后，消防控制室工作灯亮，表示风机停止运行。

对设备的手动停动控制：需由具有操作权限的人，手动按该按钮，火灾报警控制器不得自动发出停动命令。

对设备的启动控制：火灾确认后，该命令由火灾报警控制器自动发出。当且仅当火灾报警控制器损坏时，具有操作权限的人才可以手动按下按钮发出启动命令。

直接控制启动反馈信号取自接触器KM的常开触点，该触点闭合后，反馈灯亮，表示风机为运行模式。

停动命令需要使用一个多线控制卡，启动命令也需要使用一个多线控制卡。

从消防控制室到5KA的导线，采用开式检线方式，从消防控制室到4KA的导线，采用闭式检线方式，以保证线路完好的导通性能。

3. 联动控制电路介绍

火灾报警控制器联动控制原理：通过报警总线与现场的输入输出模块来实现。只可以联动启动，不可以联动停机。该模式为消防设备的直接启动、停动、联动启动操作的通用接线方式，详细说明见第九章。

三、加压送风风机控制电路原理介绍

图10-8为笔者设计的加压送风风机控制电路：

线路特点：

1. SS为自锁按钮开关，用于切除远程控制，供维修时使用。手动按下1SF，风机运行。

2. 模块箱内的多线控制输入输出模块与联动控制输入输出模块，均采用脉冲输出。输出10秒即停止，4KA分断后，实现风机停止运行。

3. 3KA的作用是为防止防火阀到风机控制箱之间导线断路误停机。

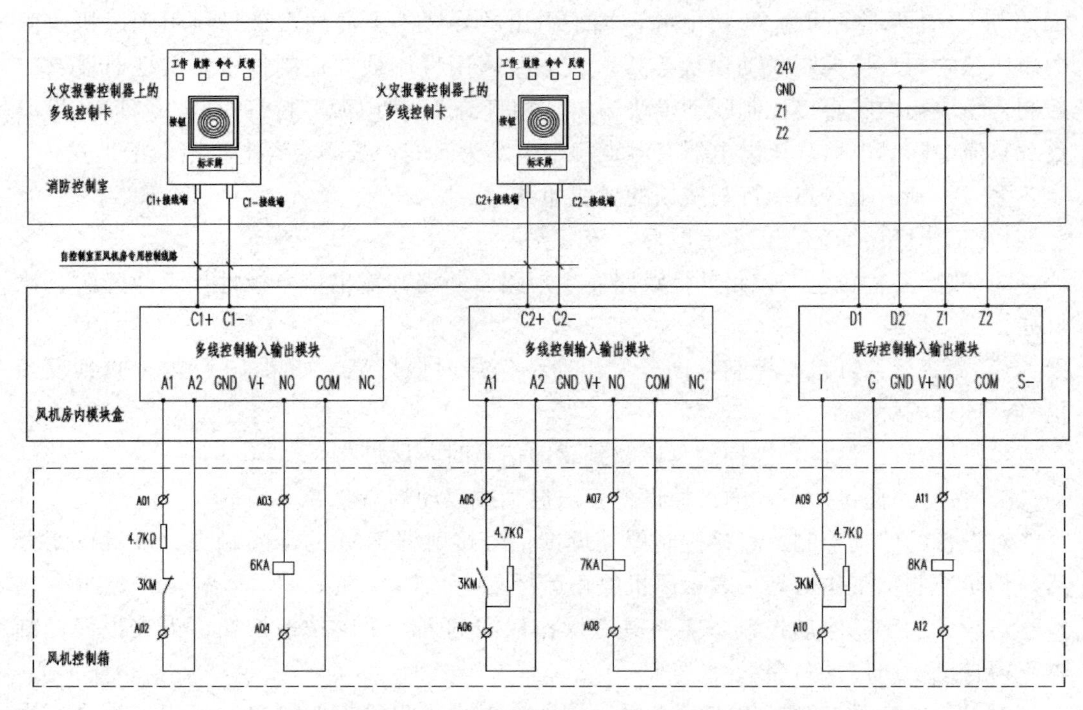

图 10-7　报警控制器、模块盒与风机控制箱之间接线原理图

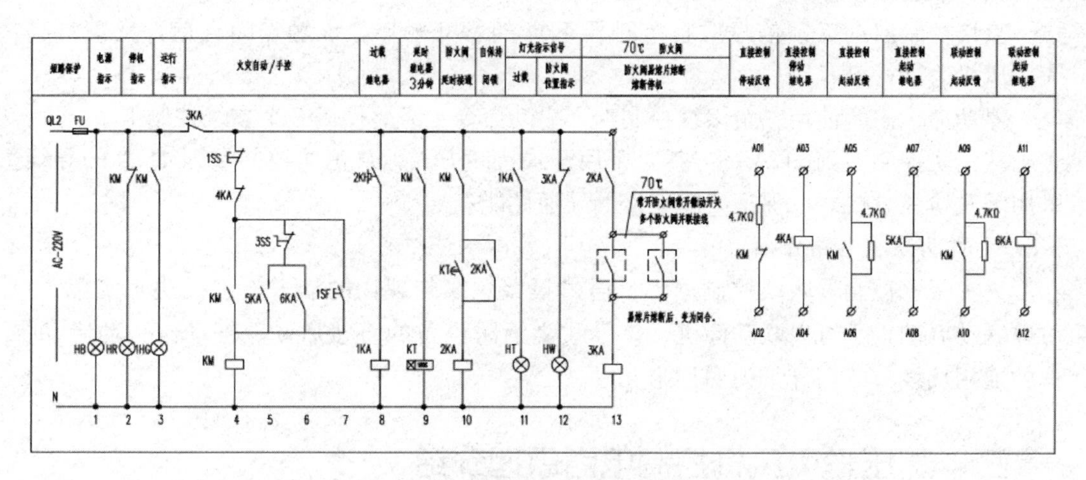

图 10-8　加压送风风机控制电路原理图

四、结论

从消防控制室到风机房，加压送风风机控制电路与双速风机控制电路没有本质的区别。消防控制室为直接控制卡，控制启动、停止需布设 4 根专用导线，风机房模块箱内设置直接控制模块、联动控制模块。反馈信号分别采用专用导线、总线进行反馈，这是两套独立的控制系统。

11　关于国家标准电压偏差限值的理解

阅读提示：本文简述国家标准《电能质量供电电压偏差》（GB/T 12325—2008）第4款规定中描述的电路实质，阐述国家标准制定的基本原理。指出电压偏差在供电电压偏差限值与受电设备电压偏差限值在概念上的差别。探讨王厚余先生所著的《电压偏差和电压调整》中的一些问题。

国家标准《电能质量供电电压偏差》（GB 12325—90）中电压偏差被定义为：

$$电压偏差（\%）=\frac{(实测电压-额定电压)}{额定电压}\times 100\%$$

国家标准《电能质量供电电压偏差》（GB/T 12325—2008）中电压偏差被定义为：

$$电压偏差（\%）=\frac{(实际运行电压-标称电压)}{标称电压}\times 100\%$$

《电能质量供电电压偏差》（GB 12325—90）电压偏差限值的规定为：

3　供电电压偏差

3.1　35kV及以上供电电压正、负偏差的绝对值之和不超过额定电压的10%。

注：如供电电压上下偏差同号（均为正或负）时，按较大的偏差绝对值作为衡量依据。

3.2　10kV及以下三相供电电压允许偏差为瓤定电压的±7%。

3.3　220V单相供电电压允许偏差为额定电压的+7%、-10%。

注：①用电设备额定工况的电压允许偏差仍由各自标准规定，例如旋转电机按《旋转电机基本技术要求》（GB755—2008）规定。

②对电压有特殊要求的用户，供电电压允许偏差由供用电协议确定。

《电能质量供电电压偏差》（GB/T 12325—2008）电压偏差限值的规定为：

4　供电电压偏差的限值

4.1　35kV及以上供电电压正、负偏差绝对值之和不超过标称电压的10%。

注；如供电电压上下偏差同号（均为正或负）时，按较大的偏差绝对值作为衡量依据。

4.2　20kV及以下三相供电电压偏差为标称电压的± 7%。

4.3　220 V单相供电电压偏差为标称电压的+7%，-10%。

4.4　对供电点短路容量较小、供电距离较长以及对供电电压偏差有特殊要求的用户，由供、用电双方协议确定。

通常情况下，受电设备的额定电压，是按供电系统的标称电压确立的，因此两个公式是等价公式，两个版本的电压偏差限值是等价规定。供电线路的标称电压，是指供电线路额定负载下，线路首端处在最大正偏差，线路末端处在最大负偏差式时线路中点的电压值。理解《电能质量供电电压偏差》的关键是受电设备的额定电压等于供电线路的标称电压，后者决定前者。

受电设备电压偏差限值范围应略大于国家标准规定的供电电压偏差限值范围。这样受电设备挂接到首端处在最大正偏差，末端处在最大负偏差的线路任意位置时，都可以保证设备正常运行，反之不成立。

一、标准限值的推导说明

1. 线路标称电压的详细说明

线路标称电压与首末两端最大电压偏差相关，当线路首端出现最大电压正偏差、末端出现最大电压负偏差时，线路中点处的线电压即为线路的标称电压。

线路的标称电压是国家标准规定的电压，标称电压的意义是，采用该电压供电时，受电设备加载的电压，能保证最大不超过电压最大正偏差，最小不超过最大电压负偏差。各电压等级线路标称电压与电压偏差示例如下：

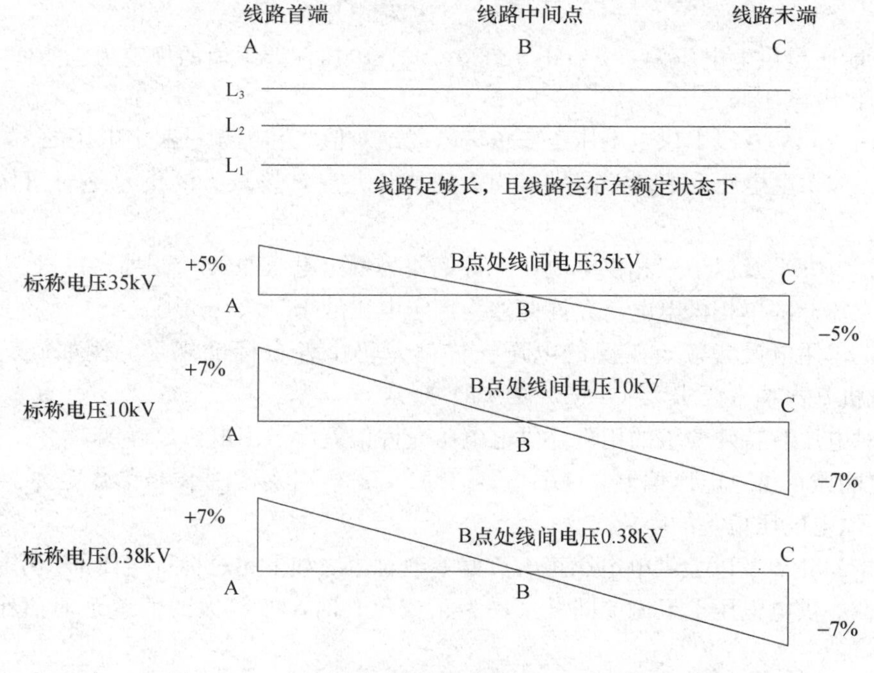

图 11－1　各电压等级线路标称电压与电压偏差示例

0.38×1.07＝0.4，这是确定变压器 10÷0.4 变比的依据，0.4kV 为低压侧空载输出电压。这是严格的定义，由于 35kV 线路输配电情况复杂，有的线路非常长，末端压降大于－5％，此时通过提升首端电压，使首端的偏差＋末端偏差的绝对值不大 10％，即认为满足国家电压偏差标准。本文以常规情况做讨论，即以首端正偏差不大于＋

7%，末端负偏差不大于-7%来讨论。

线路首端电压偏差是固定的，由变压器二次侧开路电压确定。线路末端电压偏差是不固定的，由线路长度、负载情况、线路截面决定。负偏差应小于《电能质量供电电压偏差》规定的最大负偏差。

二、系统电压偏差的形成

负载连接于 35kV 不同电压点处时，有各种各样的情况，这里分别讨论最大正、负偏差处与偏差为 0 处，如以下三幅图所示：

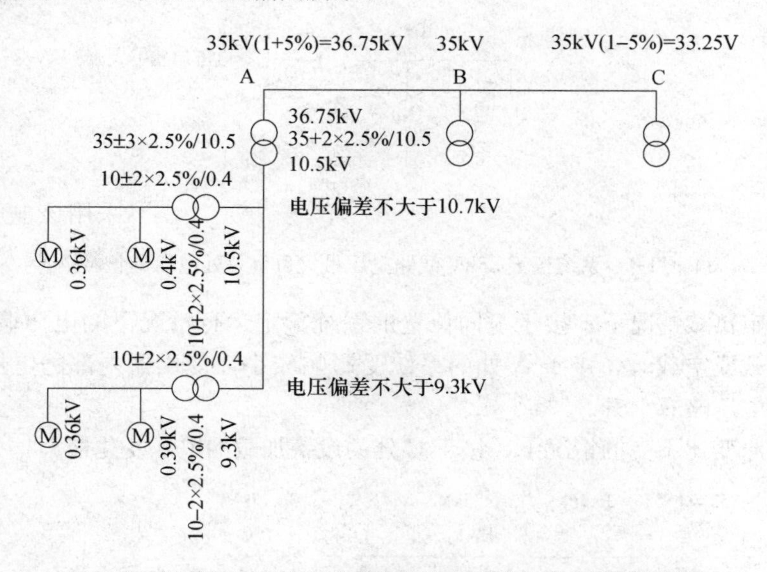

图 11-2　系统接于 35kV 线路电压最大正偏差处电压调整示例

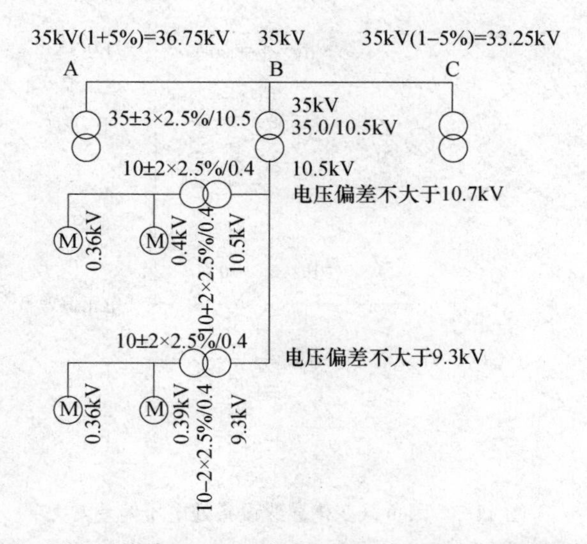

图 11-3　系统接于 35kV 线路电压 0 偏差处电压调整示例

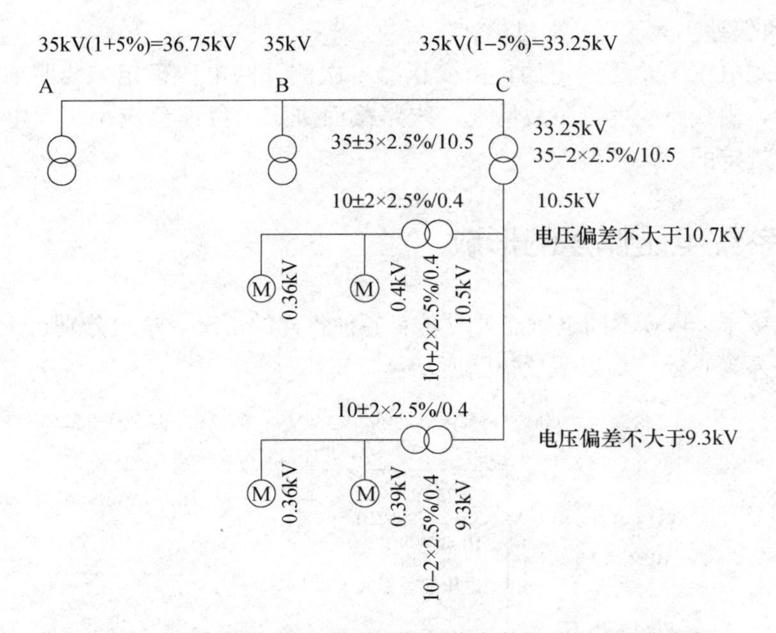

图 11-4　系统接于 35kV 线路电压最大负偏差处电压调整示例

这是额定负载情况下，接于不同位置的系统额定运行情况下的电压调整，当系统运行处于轻载或空载时，接于 A 处的系统受影响较小，变压器内部的电压损失减少，各设备处的电压略有上升。

在保持原变比不变的情况下，接于 C 处的设备加载的电压变化最大，见下图：

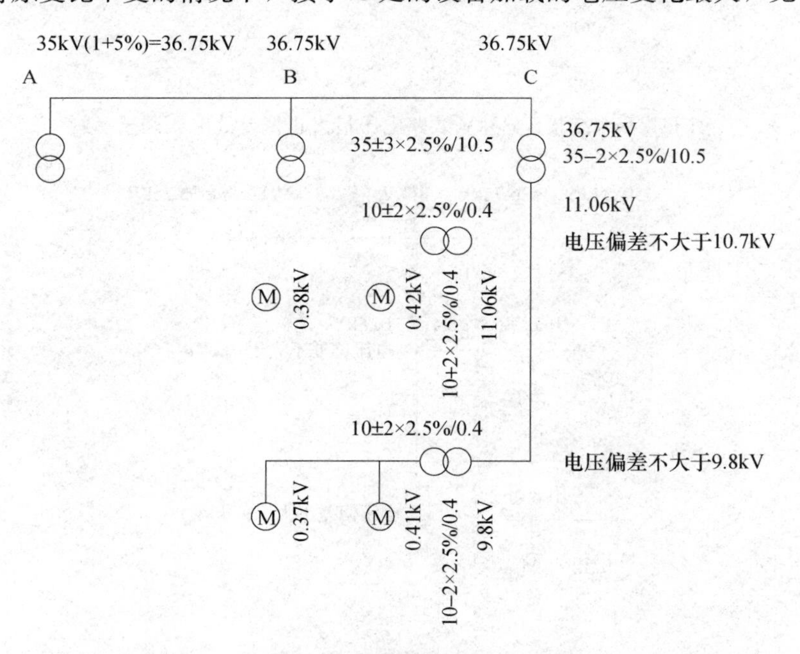

图 11-5　因负载变化导致设备处电压偏差增大

图 11-5 中，靠近变压器处的电动机电压偏差为：

$$\text{电压偏差（\%）}=\frac{(\text{实测电压}-\text{额定电压})}{\text{额定电压}}\times 100\%$$

$$=\frac{(0.42-0.38)}{0.38}\times 100\%\approx 10.5\%$$

在电压超限时间内，电动机均承受这样大的电压偏差。因此电动机的电压允许最大偏差应为＋10％，该值小于＋7％是错误的。如果电动机的电压允许最大偏差为＋5％，则应向供电局提出特别供电的要求。

电压偏差超出限值是允许的，但电压偏差长期超限是不允许的。如因季节性负荷的加载与减载问题，导致电压偏差长期超限，则应通过改变变压器的变比，对系统做相应的电压调整。

三、电动机额定运行电压范围

1982 年出版的《发电厂厂用电动机运行规程》指出：电动机一般可在额定电压变动-5％至 10％的范围内运行，其额定出力不变。该规定指出了电动机的额定运行电压范围为-5％至 10％，这样的指标是与国家电压偏差限值标准相适应的。

王厚余先生在《电压偏差和电压调整》一文中指出：在我国，一般用电设备的电压偏差规定值为±5％。只要电压偏差不大于±5％，电动机仍能保证其额定轴功率输出而不超过其允许温升，不缩短其使用寿命。发达国家电动机因材质较优其电压偏差规定值可达±10％。实际上，发达国家电动机电压偏差规定值可达±10％，与电动机材质无关。

王厚余先生在《电压偏差和电压调整》中提到 2014 年设计资质考试的一道考题如下：某车间变电所配一台 1600kV·A、10kV±2×2.5％/0.4kV、阻抗电压为 6％的变压器，低压母线装设 300kVar 并联补偿电容器，正常时全部投入。问题：从变电所低压母线去远端设备配电线路的最大电压损失为 5％，至近端设备馈电线路的最小电压损失为 0.95％，变压器满负荷电压损失为 2％，用电设备允许电压偏差在±5％以内。计算并判断变压器分接头为哪一项：A. ＋5％　B. 0　C. －2.5％　D. －5％。

求解如下：本题没涉及 10kV 输入侧电压，这是隐含条件，即输入侧为 10kV，从变电所低压母线去远端设备配电线路的最大电压损失为 5％，给出允许最长线路长度；至近端设备馈电线路的最小电压损失为 0.95％，给出允许最短线路长度。这两种长度决定了车间内的设备能共同满足允许电压偏差在±5％以内。空载时，10/0.4，满载时，10/0.392（二次侧输出电压）。从变电所低压母线去远端设备配电线路的最大电压损失为 5％，即 10（输入侧电压）/0.3724（受电设备端子上的电压）至近端设备馈电线路的最小电压损失为 0.95％，即 10（输入侧电压）/0.3882（受电设备端子上的电压）。用电设备允许电压偏差在±5％以内，是指额定电压±5％以内。0.38±5％＝0.399～0.361，线路供电末端电压为 0.3724kV，线路首端电压为在 0.3882kV。供电电压范围处于用电设备允许电压偏差在 0.399kV～0.361kV 范围以内，因此本题正确答案是 B，即高压进线应接于变压器 0 位置分接头上。

该文认为，考题中变压器调压开关位置的选择取决于低压配电线路的数据是不准确的，让考生进行复杂的计算也是不合理的。但笔者认为，这种计算并不复杂，这是电气工程师的基本功。

该题目的题干与答案都是正确的。电压调整虽然简单，但是距变配电所远、近两处的设备都满足电压偏差的要求，不易兼顾。实际工程中，靠近变配电所的设备电压正偏差长期超限、远离变配电所的设备电压负偏差长期超限的案例非常多。更换电缆或者移动变配电所位置都不是一件容易的事情。建筑电气专业在建筑行业是配套的小专业，往往不能决定变配电室设置的处所，因此配电电缆截面的选择与压降计算就非常重要了。

四、结论

《供配电系统设计规范》（GB 50052—2009）第5条中：

5.0.4 正常运行情况下，用电设备端子处电压偏差允许值宜符合下列要求：

1　电动机为±5％额定电压。

2　照明：在一般工作场所为±5％额定电压；对于远离变电所的小面积一般工作场所，难以满足上述要求时，可为＋5％，－10％额定电压；应急照明、道路照明和警卫照明等为＋5％，－10％额定电压。

3　其他用电设备当无特殊规定时为±5％额定电压。

该规定与《电能质量供电电压偏差》（GB/T12325—2008）标准相矛盾，在实际输配电中，因电力营运部门依GB/T 12325—2008作业，电压偏差值于电力部分是合格的指标，而于《供配电系统设计规范》指标则已经超限，而《供配电系统设计规范》供电电压偏差指标不应窄于GB/T 12325—2008，应与国家标准相一致。

受电设备的电压偏差对设备厂商的制作提出要求，受电设备额定电压偏差范围略大于供电电压偏差指标范围才合理。以电动机为例，供电电压偏差指标为0.38±7％，电动机额定工作电压范围为0.38＋7％～0.38－10％才是合理的规定，《供配电系统设计规范》把这两者的区别弄混淆了。

12 关于火灾自动报警系统的探究

阅读提示：简述报警控制器的基本结构与基本功能的实现，讨论火灾报警控制系统分类、定义存在的问题。

火灾报警控制器的编号规则在《火灾报警控制器产品型号编制方法》（ZBC 81002—1984）中为：

JB-DB（G、T）表示警用报警控制器—单路型—壁装；

JB-QB（G、T）表示警用报警控制器—区域型—壁装（柜式、琴台式）；

JB-JB（G、T）表示警用报警控制器—集中型—壁装（柜式、琴台式）；

JB-TB（G、T）表示警用报警控制器—通用型—壁装（柜式、琴台式）。

通用型可作为区域型报警控制器使用，也可作为集中型报警控制器使用。

在《火灾报警控制器产品型号编制方法》（GA/T 228—1999）中取消了单路型报警控制器，其他均与 ZBC 81002—1984 相同。由此可见，区域型火灾报警控制器的名称与定义来自于 ZBC 81002—1984，这是《火灾自动报警系统设计规范》（GBJ 116-88）中报警系统的分类依据。

本文将简单讨论报警控制器的基本结构与基本功能的实现，阐述报警系统合理的分类方法。

一、报警控制器产品的沿革

1984 年编制《火灾报警控制器产品型号编制方法》时，火灾探测器是多线制接线方式，每只火灾探测器必须单独接一根导线外加一根公共导线，火灾探测器的编码方式为导线两端一一对应，沿循现场探测器的导线至控制器，在控制器旁标写探测器的安装位置。这样做的结果是控制器旁的标注多。而在实际消防实务中，标注过分详细不容易辨识，也没有工程意义。

从消防人员的消防经验出发，把建筑内一定部位的所有探测器，在控制器旁给一个编号，简明直接，足够区分火灾地点，该部位就被定义为一个探测区域。在多线制时代，探测区域划分是火灾报警系统设计的重要内容（探测区域定义：在报警区域内按部位划分的探测单元）。

报警区域与探测区域是两个独立的概念，报警区域是某部位火灾时，应当立即全体通报的空间范围，全体通报采用声光警报器，必须让该空间范围内的人既能看见又能听见。

因为是多线制接线，一个报警区域就需要设置一台报警控制器，同时需要设置一台联动控制器，报警控制器接收报警信号、联动控制器接受报警控制器的信号后，继电器吸合，接通声、光警报器回路，声、光警报器工作。

《火灾自动报警系统设计规范》（GBJ 116—88），即是在这种技术背景下编制的，该规范给出了以下名词和术语：报警区域、探测区域、保护面积、安装间距、保护半径、区域报警系统、集中报警系统、控制中心报警系统。

GB 50116—98 中保留了这些术语，定义上与 GBJ 116—88 有所不同，如下：

区域报警系统：由区域火灾报警控制器和火灾探测器等组成，或由火灾报警控制器和火灾探测器等组成，是功能简单的火灾自动报警系统。

集中报警系统：由集中火灾报警控制器、区域火灾报警控制器和火灾探测器等组成，或由火灾报警控制器、区域显示器和火灾探测器等组成，是功能较复杂的火灾自动报警系统。

控制中心报警系统：由消防控制室的消防控制设备、集中火灾报警控制器、区域火灾报警控制器和火灾探测器等组成，是或由消防控制室的消防控制设备、火灾报警控制器、区域显示器和火灾探测器等组成，功能复杂的火灾自动报警系统。

该术语中，“或由火灾报警控制器”文字之前的论述是指当时现行做法，“或由火灾报警控制器”文字之后的论述是指编码传输总线制火灾探测报警系统的做法。在条文说明中，明确指出了术语保留与变更的原因。

条文说明中 2.0.6～2.0.8“区域报警系统”、“集中报警系统”、“控制中心报警系统”这三个术语在原规范中已有定义。本次修订时，考虑到技术的发展，编码传输总线制火灾探测报警系统产品在自动火灾探测报警系统工程中逐渐应用，原术语的解释已不能准确地表达其实际含义，因此对释义作了必要的修改补充，但仍保留了这三个术语。这主要是考虑到现实情况中，传统的火灾探测报警系统和编码传输总线制火灾探测报警系统并存，各有其存在的需要，不可互相取代，也不可互相排斥。规范编制组经过反复认真研究，认为继续沿用这三个术语（即继续保留这三个系统基本形式），同时赋予其新的释义，既可以反映出技术的发展，又考虑到现实，保持了规范的连续性。因此这三个术语仍具有其合理性和现实性，而不必建立新的概念。

二、GB 50116—2013 术语的讨论

仅保留 GB 50116—98 中，删除旧报警系统的相关规定内容，保留编码传输总线制火灾探测报警系统，相关术语如下：

区域报警系统：由火灾报警控制器和火灾探测器等组成，是功能简单的火灾自动报警系统。

集中报警系统：由火灾报警控制器、区域显示器和火灾探测器等组成，是功能较复杂的火灾自动报警系统。

控制中心报警系统：由消防控制室的消防控制设备、火灾报警控制器、区域显示器和火灾探测器等组成，是功能复杂的火灾自动报警系统。

术语中没有出现“消防联动控制器”，98版本里，编码二总线报警系统中，已经采用（联动型）报警控制器，“消防联动控制器”不再单独存在。

控制中心报警系统与集中报警系统的区别是有无消防控制室。这是简明、准确的划分，以有无消防控制室来划分报警系统，目前仍具有工程指导意义，也是正确的划分方法。

当前，从100点位到5000点位的报警控制器，功能上几乎没有区别，并同时具有报警控制功能、联动控制消防设备功能、直接控制消防设备功能。

GB 50116—2013中，系统的划分有些混乱，也不够准确。3.2.2 区域报警系统的设计，应符合下列规定：

1 系统应由火灾探测器、手动火灾报警按钮、火灾声光警报器及火灾报警控制器等组成，系统中可包括消防控制室图形显示装置和指示楼层的区域显示器。

2 火灾报警控制器应设置在有人值班的场所。

3 系统设置消防控制室图形显示装置时，该装置应具有传输本规范附录A和附录B规定的有关信息的功能；系统未设置消防控制室图形显示装置时，应设置火警传输设备。

3.2.3 集中报警系统的设计，应符合下列规定：

1 系统应由火灾探测器、手动火灾报警按钮、火灾声光警报器、消防应急广播、消防专用电话、消防控制室图形显示装置、火灾报警控制器、消防联动控制器等组成。

2 系统中的火灾报警控制器、消防联动控制器和消防控制室图形显示装置、消防应急广播的控制装置、消防专用电话总机等起集中控制作用的消防设备，应设置在消防控制室内。

3 系统设置的消防控制室图形显示装置应具有传输本规范附录A和附录B规定的有关信息的功能。

3.2.4 控制中心报警系统的设计，应符合下列规定：

1 有两个及以上消防控制室时，应确定一个主消防控制室。

2 主消防控制室应能显示所有火灾报警信号和联动控制状态信号，并应能控制重要的消防设备；各分消防控制室内消防设备之间可互相传输、显示状态信息，但不应互相控制。

3 系统设置的消防控制室图形显示装置应具有传输本规范附录A和附录B规定的有关信息的功能。

4 其他设计应符合本规范第3.2.3条的规定。

每种报警系统都有消防控制室设置的要求是不够准确的。设立消防控制室的目的是放置消防广播系统和消防电话系统，如果不考虑这两个系统，任何一只报警控制器（联动型）都可以完成火灾报警与消防联动功能，这些功能不必设置消防控制室。

条文中把“消防联动控制器”作为独立的消防设备，是错误的，“消防联动控制器”是不会单独存在的。

三、报警控制器报警广播协议的变革

旧式的报警控制器，是多线制报警系统，没有传输协议，是探测器到控制器之间点到点的传输，可任意报警，任意传输给报警控制器。

总线制报警系统布线规范要求探测器手牵手布线，一旦没有借助集线器或中继器直接布设成星型连接和树形连接，就很容易造成信号反射，导致总线信号传输不稳定。

GB 50116—2013 中，3.1.6 系统总线上应设置总线短路隔离器，每只总线短路隔离器保护的火灾探测器、手动火灾报警按钮和模块等消防设备的总数不应超过 32 点；总线穿越防火分区时，应在穿越处设置总线短路隔离器。

该条文强制设计师把总线制布线方式改变为树干式布线方式，不够准确。总线制的传输协议处理报警信号传输的过程如下：

1. 手动报警按钮，该按钮一旦按下，即确认为火灾发生。

2. 在同一时间，仅有一只探测器报警时，探测器报警后，控制器立即对其复位，如果探测器不再发出报警信号，认为是误报。如果探测器再次发出报警信号，则确认为火灾发生（某些产品规定，60 秒内完成两次探测两次报警）。

3. 在同一时间内，有多只探测器报警时，控制器发出地址码末位校正信号，每只探测器自动对比自已的地址码是否与该码相符，相符的探测器首先上传报警信息，信息上传完成以后，该探测器保持静默状态。由下一个探测器向总线广播，当有两只或两只以上成功向总线发出火灾报警信号时，即确认为火灾发生。

GB 50116—2013 中，4.5.1 防烟系统的联动控制方式应符合下列规定：

1 应由加压送风口所在防火分区内的两只独立的火灾探测器或一只火灾探测器与一只手动火灾报警按钮的报警信号，作为送风门开启和加压送风机启动的联动触发信号，并应由消防联动控制器联动控制相关层前室等需要加压送风场所的加压送风口开启和加压送风机启动。

该条文与目前的报警控制器报警广播协议不符，在一些前室送风中，如前室、办公室、包厢等面积较小的空间，仅设置一只探测器的话，依 GB 50116—2013 中 4.5.1 的设计，需要采用两只探测器确定火灾，这会延误消防工作及时进行，有酿成重大后果的隐患。

实现 GB 50116—2013 中 4.5.1 的方法是，任何场所都必须设置两只探测器，但依据目前的报警技术，显然没有必要。

13 关于火灾探测器的选择与保护范围的探究

阅读提示： 对比《火灾自动报警系统设计规范》GBJ 116—88、GB 50116—98、GB 50116—2013前后三个版本关于火灾探测器保护范围的规定，探究这些规定的一些问题。

第一代火灾探测器是英国人于1890年研制的感温探测器，采用多线制布线，无报警地址。第二代火灾探测器是在1950—1980年间出现的离子式感烟多线制火灾探测器，火灾报警控制器能够显示动作探测器的位置信息。第三代火灾探测器是1980—1990年期间蓬勃发展的总线制火灾报警探测器，探测器采用开关量输出信号，误报率高。1990年以后第四代火灾探测器出现了，即总线制模拟量输出火灾报警探测器，这种探测器可靠性强，误报率低。第五代火灾探测器是2000年以后流行的智能型火灾报警探测器，它能够显示、跟踪、存储环境参数变化的特征曲线，具有温度、湿度漂移补偿，灰尘积累程度及故障探测功能，具备自诊断、自补偿、自学习等智能化特征。

纵观《火灾自动报警系统设计规范》的编写时间，GBJ 116—88的编制时期是第三代火灾探测器广泛应用的时期，这一时期与该时代的报警技术高度吻合。报警探测器为多线制，报警系统按规模分为：区域报警控制系统、集中报警控制系统，控制中心报警控制系统，此时的联动控制器与报警控制器是相互独立的设备。

GB 50116—98的编制时期是第四代火灾探测器广泛应用的时期，那时旧的报警技术有待淘汰，新的报警技术正在确立，因此该规范的过渡性质明显，如条文说明所言：2.0.6～2.0.8“区域报警系统”、“集中报警系统”、“控制中心报警系统”这三个术语在原规范中已有定义。本次修订，考虑到技术的发展，编码传输总线制火灾探测报警系统产品在自动火灾探测报警系统工程中逐渐应用，原术语的解释已不能确切地表达其实际含义，因此对释义作了必要的修改补充，但仍保留了这三个术语。这主要是考虑到现实情况中，传统的火灾探测报警系统和编码传输总线制火灾探测报警系统并存，各有其存在的需要，不可互相取代，也不可互相排斥。规范编制组经过反复研究，认为继续沿用这三个术语（即继续保留这三个系统基本形式），同时赋予其新的释义，既可以反映出技术的发展，又考虑到现实，并保持了规范的连续性。因此这三个术语仍具有其合理性和现实性，而不必建立新的概念。这里是说，本应当取消“区域报警系统”、“集中报警系统”、“控制中心报警系统”这三个术语，但是考虑到旧有技术的应用，仍然做了技术上的保留。

GB 50116—2013编制的时期是第五代火灾探测器广泛应用的时期，应当摈弃“区域报警系统”、“集中报警系统”、“控制中心报警系统”这三个术语，而规范组没有意识到随着技术的进步，已经不存在这种区分了。同时该规范条文与智能火灾报警技术不吻合。

2000年以后离子型感烟探测器就全部停产停售了，新版本条文中却仍有相关规定，GB 50116—2013规范条文存在落后于现代报警技术与控制技术的情况。

一、三个规范版本有关火灾探测器选择的规定对比

GBJ 116—88第5.1.1条共四款，与GB 50116—98第7.1.1前四款相同，与GB 50116—2013第5.1.1前三款和第六款相同。

GB 50116—2013第5.1.1火灾探测器的选择应符合下列规定：

1 对火灾初期有阴燃阶段，产生大量的烟和少量的热，很少或没有火焰辐射的场所，应选择感烟火灾探测器。

2 对火灾发展迅速，可产生大量热、烟和火焰辐射的场所，可选择感温火灾探测器、感烟火灾探测器、火焰探测器或其组合。

3 对火灾发展迅速，有强烈的火焰辐射和少量烟、热的场所，应选择火焰探测器。

4 对火灾初期有阴燃阶段，且需要早期探测的场所，宜增设一氧化碳火灾探测器。

5 对使用、生产可燃气体或可燃蒸气的场所，应选择可燃气体探测器。

6 应根据保护场所可能发生火灾的部位和燃烧材料的分析，以及火灾探测器的类型、灵敏度和响应时间等选择相应的火灾探测器，对火灾形成特征不可预料的场所，可根据模拟试验的结果选择火灾探测器。

7 同一探测区域内设置多个火灾探测器时，可选择具有复合判断火灾功能的火灾探测器和火灾报警控制器。

该条文存在不够准的问题，现实中不存在功能复合的探测器。当前，智能型感烟探测器的灵敏度可以根据现场环境条件进行设置。探测器对不同类型的烟雾（黑烟、白烟）响应一致，并且对非火灾因素，诸如灰尘、温度等的变化有自动补偿能力。

智能感烟探测器工作环境要求（厂家给定）：空气速度范围：0～20.3m/s，温度：－10℃～60℃，湿度：5%RH～95%RH。

智能感烟探测器的性能（厂家给定）：自动环境补偿、污染及其他故障监测，灵敏度范围：0.67%～3.77%，20级预报警灵敏度设置（报警值0-95%），昼/夜灵敏度自动调整，独立运行模式。

由此可见，智能感烟探测器的选择已经不拘泥于规范中的这些选择原则了，只要使用环境满足探测器工作环境要求就可以了。

二、三个版本规范有关火灾探测器保护范围的规定对比

GBJ 116—88 第 6.1.1 条～第 6.1.14 条，与 GB 50116—98 第 8.1.1 条～第 8.1.14 条相同，与 GB 50116—2013 第 6.2.2 条存在细微差别。

前文已述，GBJ 116—88 针对的对象是离子感烟探测器，条文对点型火灾探测器的设置数量和布置的规定是准确的。

GB 50116—98 针对的对象既有离子感烟探测器，也有开关量输出光电感烟探测器，条文对两种探测器的布局要求，做折中的规定是恰当的。

GB 50116—2013 针对的对象无论是感烟探测器还是感温探测器，都是智能化产品。照抄照搬旧版本的规定，是不准确的。如 GB 50116—2013 第 6.2.5 条 点型探测器至墙壁、梁边的水平距离，不应小于 0.5m。这是不准确的规定，智能感温探测器或感烟探测器安装在梁的侧壁上，丝毫不影响其探测效果，NFPA 72—2010 中明确规定，在防火门的上方墙壁两侧必须安装探测器，以检测是否存在烟羽穿越防火门的情况。第 6.2.11 条 点型探测器宜水平安装。当倾斜安装时，倾斜角不应大于 45°。该条文同样不必要。智能感温探测器或感烟探测器，支持底座水平在上的安装方式也支持底座垂直在一侧的安装方式。

三、火灾探测器保护范围的确定方法

三个版本的规范对火灾探测器的保护半径和保护面积的规定完全相同，报警产品的技术发展、保护半径和保护面积的制定原则变化等均没有考虑进去。

NFPA72—2010 中针对火灾探测器布置间距的确定，没有给出统一的规定。允许设计人员根据建筑物的高度、火灾情况、消防的目标任务等，采用计算机模拟的方式确定。NFPA72—2010 第 17.6.3.1.1 条，给出了一个全尺寸感温探测器火灾试验。该试验如下：

该试验用酒精池来模拟火灾发生现场，点燃酒精以后，喷水头喷水以前，图 13-1 中的所有感温探测器均能够动作。喷水以后，因空气温度降低，在 EA 方向上，A 点以外的感温探测器均不再动作。换言之，探测器在 A 点固定安装以后，AE 就是探测器的最大保护半径，以 A 点为圆心，以 AE 为半径画圆，标准试验火源在圆以外时，探测器不被激发。因建筑布局的不规则性，定义内接于该圆的正方形的面积为探测器的保护面积。该试验结果说明：

1. 感烟探测器的最大保护半径与最大保护面积的确定等同于感温探测器位置的确定，亦或采用性能化设计确定。

2. 没有设置自动喷洒系统的报警探测器的布局设计等同于设有设置自动喷洒系统的报警探测器的布局设计。

3. 试验火源设置在该圆上的任意位置，保护结果均相同。天花板高度变化，最大保护半径应随之变化。

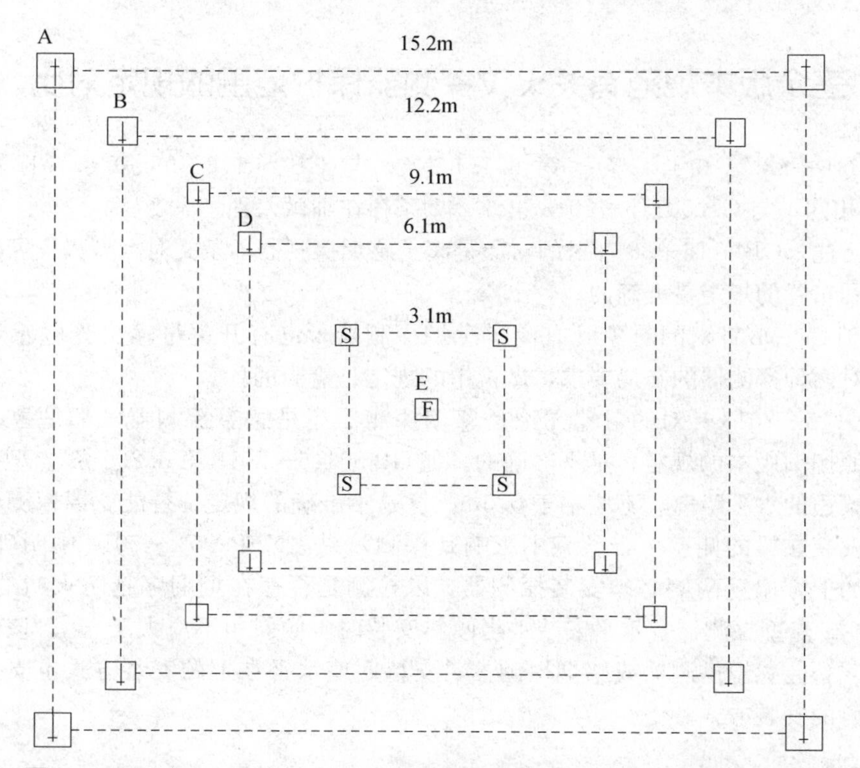

图 13-1　全尺寸感温探测器火灾试验

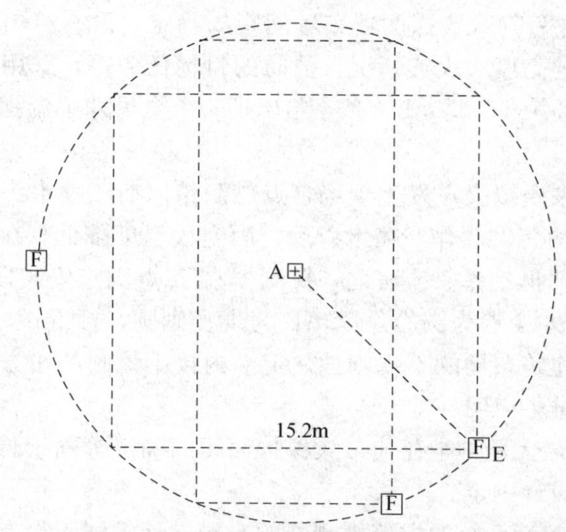

图 13-2　最大保护半径不变时试验火源的布局变化

把探测器与试验火源复制叠加得图 13-3：

此种布局容易得出结论：当着火源在探测器围成的矩形 ABCD 的中心点时，有四

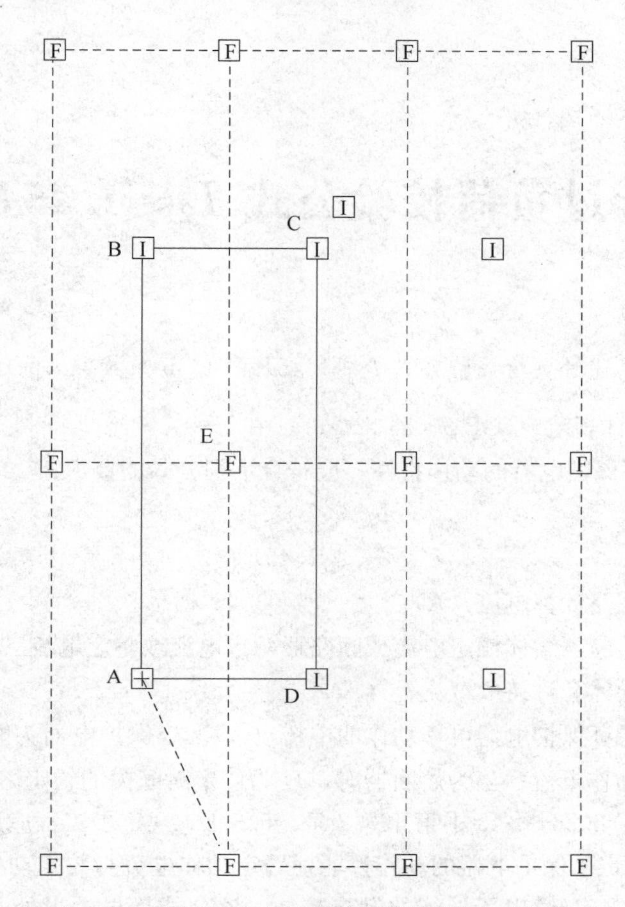

图 13-3　最大保护半径不变时探测器的布局变化

只探测器探测火灾，当着火源不在探测器围成的矩形 ABCD 的中心点时，至少有两只探测器同时探测到火灾。这种探测器布局方式是非常严谨的，能够非常可靠地探测到火灾是否发生。

由这样一个试验来确定探测器布置的间距是合理的，设计人员可以依工程实际情况选择正方形布置或长方形布置。考虑到空间的复杂性，允许在保护半径不变的情况下换算成任意矩形来布置。

GB 50116—2013 一文中关于火灾探测器的数量计算中有一个 K 值，K 为修正系数，容纳人数超过 10000 人的公共场所宜取 0.7～0.8，容纳人数为 2000 人～10000 人的公共场所宜取 0.8～0.9，容纳人数为 500 人～2000 人的公共场所宜取 0.9～1.0，其他场所可取 1.0。K 值在智能探测器中，没有保留的必要。

GB 50116—2013 中表 6.2.2 沿袭了 GBJ 116—88 的规定，表中感温探测器最大保护半径，较 NFPA 的规定小了 4 倍，这是不必要的浪费。

通过对《火灾自动报警系统设计规范》的 3 个版本的条文进行对比，我们发现许多条文并未随着报警探测技术与报警控制技术的变化与发展做出相应的修订，这使得许多规定无法合理指导当前的工程设计与施工，造成不少困扰。

14　关于过负荷校验公式 $I_2 \leqslant 1.45I_Z$ 的探究

阅读提示：论述过负荷校验公式 $I_2 \leqslant 1.45I_z$ 中 1.45 系数得来的过程。

《低压配电设计规范》（GB 50054—2011）中

6.3.3 过负荷保护电器的动作特性，应符合下列公式的要求：

$$I_B \leqslant I_n \leqslant I_Z \quad (6.3.3\text{-}1)$$

$$I_2 \leqslant 1.45I_Z \quad (6.3.3\text{-}2)$$

式中：I_B—回路计算电流（A）；

I_n—熔断器熔体额定电流或断路器额定电流或整定电流（A）；

I_Z—导体允许持续载流量（A）

I_2—保证保护电器可靠动作的电流（A）。当保护电器为断路器时，I_2 为约定时间内的约定动作电流；当为熔断器时，I_2 为约定时间内的约定熔断电流。

本式出自 IEC 60364-4-43 中第 433.2 条，6.3.3-1 规定了工程应用中应满足的基本条件，6.3.3-2 规定了保护电器的动作性能，约定动作电流与约定动作时间，这是保护电器产品特征。$1.45I_Z$给出了导体的发热特征，该公式最早的出处及该公式所蕴含的基本电气原理无从考证。该公式虽然十分简单，但是电气原理却相当深刻有趣。

一、保护电器的动作特性

根据《低压熔断器》（GB 13539.1）与《电气附件 家用及类似场所用过电流保护断路器》（GB 10963.1）相关规定，保护电器的动作特性、约定动作电流与约定动作时间 I_2 取值见表 14-1 及表 14-2

表 14-1　“gG”与“gM”熔断器约定时间与约定电流

“gG”额定电流 I_n “gM”特性电流 I_ch （A）	约定时间（h）	约定电流	
		I_nf	I_f
$I_n<16A$	1	1.25I_n	1.6I_n
$16A \leqslant I_n \leqslant 63A$	1		
$63A<I_n \leqslant 160A$	2		
$160A<I_n \leqslant 400A$	3		
$I_n>400A$	4		

表 14-2　断路器时间电流动作特性

试验	型式	试验电流	起始状态	脱扣或不脱扣时间极限	预期结果	附　注
a	B,C,D	$1.13I_n$	冷态	$t \leqslant 1$ h(对 $I_n \leqslant 63$A) $t \leqslant 2$ h(对 $I_n > 63$A)	不脱扣	
b	B,C,D	$1.45I_n$	紧接着试验	$t \leqslant 1$ h(对 $I_n \leqslant 63$A) $t \leqslant 2$ h(对 $I_n > 63$A)	脱扣	电流在5s内稳定地增加
c	B,C,D	$2.55I_n$	冷态	$1\ s < t < 60\ s$(对 $I_n \leqslant 32$A) $1\ s < t < 120\ s$(对 $I_n > 32$A)	脱扣	
d	B C D	$3I_n$ $5I_n$ $10I_n$	冷态	$t \leqslant 0.1$s	不脱扣	通过闭合辅助开关接通电流
e	B C D	$5I_n$ $10I_n$ $20I_n$	冷态	$t < 0.1$s	脱扣	通过闭合辅助开关接通电流

注：正在考虑对D型断路器，在c和d的中间增加试验。

a　术语"冷态"指在基准校准温度下，试验前不带负数。

b　特定场合为 $50I_n$。

1. 约定动作时间的意义

根据《电线电缆用软聚氯乙烯塑料》（GB/T 8815—2008）PVC电缆的型号及用途见表14-3

表 14-3　聚氯乙烯电缆料各品种的主要用途

型号	导体线芯最高允许工作温度/℃	主要用途
J-70	70	仪表通讯电缆、0.6/1 kV及以下电缆的绝缘层
JR-70	70	450/750 V及以下柔软电线电缆的绝缘层
H-70	70	450/750 V及以下电线电缆的护层
	80	26/35 kV及以下电力电缆的护层
HR-70	70	450/750 V及以下柔软电线电缆的护层
JGD-70	70	3.6/6 kV及以下电力电缆的绝缘层
HⅠ-90	90	35kV及以下电力电缆及其他类似电缆护层
HⅡ-70	90	450/750 V及以下电线电缆的护层
J-90	90	450/750 V及以下耐热电线电缆的绝缘层

低压系统用BV导线PVC材料的型号通常是J-70与JR-70，即70℃聚氯乙烯绝缘电线与电缆。该标准规定了热稳定试验方法，其中J-70型导线是在100℃±2℃情况下，恒温168小时不失效。苏朝化先生在《70℃环保型聚氯乙烯电缆绝缘料研究》中，给出产品的试验特性表：

表 14-4　钙锌复合稳定对热稳定时间的影响

配方号	3#	8#	12#
DOP，份	20	20	25
DOTP，份	18	18	20
环保复合稳定剂	5	8	10
200℃热稳定时间，min	50	75	94
断裂伸长变化率,%	9.6	9.0	12.0

其中12#配方，J-70型导线在200℃下，热稳定时间为94分钟。

表14-1与表14-2给出的约定动作时间是导体绝缘允许的时间，该时间仅仅由导体的热稳定时间来决定。

2. 保护电器采用断路器与熔断器的区别

当采用断路器作为过负荷保护电器时，因约定动作电流倍数为1.45，6.3.3-1与6.3.3-2是等价的，“gG”熔断器与“gM”熔断器不可以作过载保护电器使用。“gG”熔断器与“gM”熔断器作为过负荷保护电器时，由于约定动作电流倍数不是1.45，6.3.3-1与6.3.3-2不等价，满足$I_B=I_n=I_Z$的条件，但是不满足$I_2 \leqslant 1.45I_Z$。然而就工程应用来看，采用熔断器作为线路的过载保护，在满足$I_B=I_n=I_Z$，不满足$I2 \leqslant 1.45I_Z$时，线路保护仍然可靠。

证明6.3.3-1与6.3.3-2具有普遍适用性，需要从两个方面进行论述：

1. 导体通以$1.45I_Z$电流后，导体的稳定温度是多少。
2. 约定动作时间与导体的发热时间常数的关系是什么。

三、导体通以$1.45I_Z$电流后的发热特征

在电器学原理中，导体的温升与导体内的电流、导体敷设方式、导体敷设环境及环境温度直接相关。导体敷设方式、导体敷设环境及环境温度作为固定量值以后，导体内的电流大小取决于导体的温升限值，导体温升限值由导体与绝缘材料决定，导体温升限值国家标准，见表14-5：

表14-5　导体芯线的工作温度与最高允许温度

	聚氯乙烯	普通橡胶	乙丙橡胶	油浸纸
Q_i（℃）	70	75	90	80
Q_f（℃）	160	200	250	160

其中Q_i为导体的工作温度，当做导体短路热稳定校验计算时，又称为导体短路的起始温度。Q_f为导体的最高允许温度，当做导体短路热稳定校验计算时，又称为导体短路的终了温度。

根据电器学原理，导体载流计算公式为：

$$\tau_w=\frac{I^2R}{\alpha_w F}$$

τ_w：环境温度一定，导体长期通过恒定电流时导体的稳定温升。（℃）

I：导体内通过的恒定电流。（A）

R：导体的运行温度下的单位长度电阻。（Ω）

α_w：导体总的换热系数。[$W/m^2 \cdot ℃$]

F：单位长度导体的换热面积。[m^2/m]

设定环境温度为20℃，聚氯乙烯绝缘，导体工作温度为70℃时，导体内的恒定电流为I_{Z20}（即导体的持续载流量）。问聚氯乙烯绝缘导线，环境温度为20℃，导体工作

温度为160℃时，导体内的恒定电流为 I_W 为多少？依上式有：

$$\begin{cases} 70-20=I_{Z20}^2 R_{70}/\alpha_w/F \\ 160-20=I_W^2 R_{160}/\alpha_w/F \end{cases}$$

导体温度160℃时单位长度电阻与导体温度70℃时单位长度电阻的换算：

$R_{70}=R_{20}\times[1+\alpha 20(t-20)]=R_{20}\times[1+0.00393\times(70-20)]=1.20R_{20}$

$R_{160}=R_{20}\times[1+\alpha 20(t-20)]=R_{20}\times[1+0.00393\times(160-20)]=1.6R_{20}$

两者相除，得

$I_W=1.449$，$I_{Z20}=1.45I_{Z20}$

即环境温度为20℃，PVC导体内长期通以恒定 $1.45I_{Z20}$ 电流时，导体温度稳定在160℃，即导体稳定温升达140℃。

环境温度为30℃时，改写为：

$$\begin{cases} 70-30=I_{Z30}^2 R_{70}/\alpha_w/F \\ 160-30=I_W^2 R_{160}/\alpha_w/F \end{cases}$$

得 $I_w=1.56I_{Z30}$

即环境温度为30℃时，如果欲使导体温度为160℃，导体内应长期通以 $1.56I_{Z30}$ 恒定电流（I_{Z30} 表示环境温度为30℃时，导体的允许持续载流量）。

IEC 60364-5-523第2节导体的载流量计算环境温度确定，对于空气中的电缆，不论敷设方式，环境温度均为30℃；对于土壤中的电缆，不论直埋或穿管敷设方式，环境温度均为20℃。

由于工程中常用到环境温度20℃、30℃、35℃、40℃的工程数据，因此应全盘考虑各环境温度下，使PVC导线温度达160℃所需的恒定电流值与该温度下载流量的倍数。计算表格如表14-6：

表14-6　使PVC导线温度达160℃所需的恒定电流值与该温度下载流量的倍数

环境温度	20℃	30℃	35℃	40℃
I_w	$1.45I_{Z20}$	$1.56I_{Z30}$	$1.64I_{Z35}$	$1.73I_{Z40}$

由于常用电缆型号较多，因此应全面考虑各种常用型号的电缆在其温度达到最大允许温度所需的恒定电流值与该温度时下载流量的倍数。计算表格如表14-7、表14-8。

表14-7　普通橡胶电缆温度达最大允许温度200℃所需的恒定电流值与该温度下载流量的倍数

环境温度	20℃	30℃	35℃	40℃
I_W	$1.57I_{Z20}$	$1.68I_{Z30}$	$1.75I_{Z35}$	$1.85I_{Z40}$

表14-8　乙丙橡胶电缆温度达最大允许温度250℃所需的恒定电流值与该温度下载流量的倍数

环境温度	20℃	30℃	35℃	40℃
I_W	$1.57I_{Z20}$	$1.66I_{Z30}$	$1.71I_{Z35}$	$1.77I_{Z40}$

纸绝缘电缆为淘汰产品，不列写计算。

从表 14-6、表 14-7、表 14-8 可以看出，导体内长期通以 $1.45I_Z$ 恒定电流的情况下，只有 PVC 绝缘导体在环境温度为 20℃时，才可能达到导体的最高允许温度，其他所有情况，导体均不可能达到最高允许温度。

因此该规定完全满足电缆保护的要求。除环境温度设计取值 20℃以外，其他任何情况，都满足导体内长期通以 $1.6I_Z$ 恒定电流，导体温度不超过其最高允许温度的要求。

熔断器熔化系数为 0.9，熔断器熔断电流 $=0.9\times1.6I_Z=1.44I_Z$，即在导体内通以 $1.44I_Z$ 恒定电流，均应熔断或分断，两者对线路的保护，理论上不存在差别。

以上为 $1.45I_Z$ 电流能给导体提供完整保护的证明过程。

四、约定动作时间与热时间常数的讨论

额定载流量下，导体发热时间常数的计算：

发热时间常数的定义：由于电缆热容的存在，当施加阶跃电流时，电缆温度随时间逐渐变化，经一段时间后达到热稳态，导体温度变化的速度一般用热时间常数来反应。即导体长时间通以一个恒定的电流，导体芯线温度稳定不变后，施加另一个电流值，导体再次达到芯线温度稳定所需的时间（3～4）tr。见图 14-1：

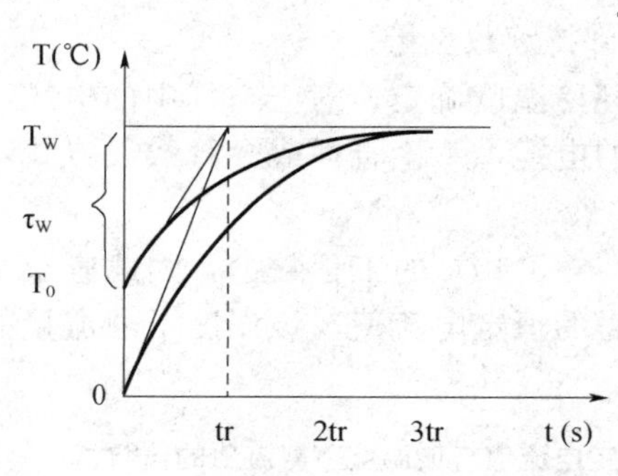

T_W：线芯工作温度。
当通以Iz电流时，T_W=70℃，
当通以1.45Iz电流时，70℃ < T_W ≤ 160℃。
T_0：导体工作环境温度。
通常取30℃、35℃、40℃
τ_W：线芯温度相对导体工作环境温度的稳定温升。
$\tau_W=T_W-T_0$
tr：导体的热时间常数。
反应导体的吸热、散热能力，该值与导体内的电流大小无关。通常导体通以一个阶跃电流后，在 (3–4)tr时间后，导体芯线达到稳定工作温度Tw。

图 14-1　导体的温升变化曲线

由于导体发热时间常数较难求解，作为工程校验手段，我们采用反求法，假定国家的导线载流量数据完全正确，我们查表得，环境温度 30℃时 BV-16 导线在空气中敷设载流量 $I_{Z30}=99A$，$\rho_{20}=0.01752\Omega\cdot mm^2/m$

已知：

$\tau_w=70\text{-}30=40℃$，

$I_{Z30}=99A$，

$R_{70}=0.001\times[1+0.00393\times(70-20)]=0.0012\Omega$

$F=1.42\times10^{-3}m^2/m$，代入公式 $\tau_w=\dfrac{I^2R}{\alpha_wF}$

$70\text{-}30=99^2\times0.0012/\alpha_w/(1.42\times10^{-3})$

解得 $\alpha_w=207.06W/m^2\cdot℃$，

导体规格一定，导体敷设方式一定时，α_w 值就一定。

根据下式（电器学原理常用公式），求发热时间常数 T_r：

$$T_r = \frac{mc}{\alpha_w F}$$

m：单位长度质量（kg）　$16 \times 10^{-6} \times 8.92 \times 10^3 = 0.143\text{kg}$

c：铜的比热容　$0.39 \times 10^3 \text{J/(kg} \cdot ℃)$，

$$T_r = \frac{m \cdot c}{\alpha_w \cdot F} = \frac{0.143 \times 0.39 \times 10^3}{207.06 \times 1.42 \times 10^{-3}} \approx 189.7\text{秒} \approx 3.2\text{分钟。}$$

即在环境温度 30℃时，通以额定载流量电流，BV-16 导线在 4×3.2 分钟≈13 分钟后，导体温度达到 70℃。

因为 m、c、α_w、F 均与电流无关，是导体因素与环境因素相作用的结果。所以发热时间常数 Tr 与导体的吸热能力成正比，与导体的散热能力成反比，与导体内通过的电流及初始温度无关。即当通以 $1.45I_z$ 恒定电流，13 分钟后，导体温度达到稳定温度 130℃。

表 14-9 引自《工业与民用配电设计手册》表 9-28（a）

表 14-9　450/750V 型聚氯乙烯绝缘电线穿管载流量及管径　$\theta_n = 70℃$

敷设方式 B1		每管二线靠墙										每管三线靠墙									
线芯截面（mm²）		不同环境温度的载流量(A)				管径 1(mm)			管径 2(mm)			不同环境温度的载流量(A)				管径 1(mm)			管径 2(mm)		
		25℃	30℃	35℃	40℃	SC	MT	PC	SC	MT	PC	25℃	30℃	35℃	40℃	SC	MT	PC	SC	MT	PC
铜芯	1.0					15	16	16	15	16	16					15	16	16	15	16	16
	1.5	19	18	17	16	15	16	16	15	16	16	17	16	15	14	15	16	16	15	16	16
	2.5	25	24	23	21	15	16	16	15	16	16	22	21	20	18	15	16	16	15	16	16
	4	34	32	30	28	15	19	16	15	16	16	30	28	26	24	15	19	20	15	19	20
	6	43	41	39	36	20	25	20	15	16	20	38	36	34	31	20	25	20	15	19	20
	10	60	57	54	50	20	25	25	20	25	25	53	50	47	44	25	32	25	25	32	32
	16	81	76	71	66	25	32	25	20	32	32	72	68	64	59	25	32	32	25	32	32
	25	107	101	95	88	32	38	32	25	32	32	94	89	84	77	32	38	40	32	38	40
	35	133	125	118	109	32	38	40	32	38	40	117	110	103	96	32	(51)	40	40	51	50
	50	160	151	142	131	40	(51)	50	40	51	50	142	134	126	117	40	(51)	50	50	51	50
	70	204	192	180	167	50	(51)	50	50	51	63	181	171	161	149	50	(51)	63	70		63
	95	246	232	218	202	50		63	50	(51)	63	219	207	195	180	65		63	70		
	120	285	269	253	234	65		63	70		63	253	239	225	208	65			80		
	150	(325)	(306)	(288)	(266)	65			70		(63)	(293)	(276)	(259)	(240)	65			80		
		(374)	(353)	(331)	(307)	65			80			(331)	(313)	(294)	(272)	80		63	100		

计算导线的热时间常数 Tr，并计算环境温度 30℃每管二线靠墙情况下，长期通以 $1.45I_Z$ 电流下导体的稳定温度，计算结果见表 14-10：

表 14-10 环境温度 30℃时，450/750 型聚氯乙烯绝缘电线的热时间常数与稳定温度

截面	I_{Z30}	$1.45I_{Z30}$稳定温度	Aw	Tr_1（S）	$4Tr_1$（min）
4	32	130℃	19.0	104	7.0
6	41	130℃	16.9	142	9.5
10	57	130℃	15.2	204	13.6
16	76	130℃	13.3	294	19.6
25	101	130℃	12.0	406	27.1
35	125	130℃	11.2	520	34.7
50	151	130℃	9.5	728	48.5
70	192	130℃	9.3	882	58.8
95	232	130℃	8.6	1113	74.2
120	269	130℃	8.1	1320	88.0

即在任何起始电流下，突加 $1.45I_{Z30}$ 电流，$4mm^2$ 导线，在 7 分钟后，温度达到并稳定在 130℃不变。$120mm^2$ 导线，在 88 分钟后，温度达到并稳定在 130℃不变。这个时间虽然小于表 14-1 与表 14-2 的约定时间，但是，前文已讨论过了，约定动作时间是由导线的绝缘热稳定时间决定的，与导线的热时间常数无关。

表 14-11 环境温度 40℃时，450/750 型聚氯乙烯绝缘电线的热时间常数与稳定温度

截面	I_{Z40}	$1.45I_{Z40}$稳定温度	Aw	Tr_1（S）	$4Tr_1$（min）
4	28	111.5℃	19.3	101	6.77
6	36	111.5℃	17.4	138	9.21
10	50	111.5℃	15.6	199	13.3
16	66	111.5℃	13.4	292	19.5
25	88	111.5℃	12.2	401	26.8
35	109	111.5℃	11.3	513	34.2
50	131	111.5℃	9.57	725	48.35
70	167	111.5℃	9.39	874	58.3
95	202	111.5℃	8.69	1101	73.4
120	234	111.5℃	8.21	1309	7.3

因此，低压配电设计规范（GB 50054—2011）中

6.3.3 过负荷保护电器的动作特性，应符合下列公式的要求：

$I_B \leqslant I_n \leqslant I_Z$ （6.3.3-1）

$I_2 \leqslant 1.45I_Z$ （6.3.3-2）

五、结论

李允中先生在《论配电线路的过负荷保护》一文中指出：“IEC 60364—4—43 中的过负荷保护不出问题是建立在负荷计算不准确的基础上的，它可以说是一种一般可行

的办法，但很难保证任何情况下的安全。因而过负荷保护既然称为‘保护’，并按 IEC 60364—4—43 的过负荷保护条文订入标准中，是否适当是值得怀疑的。”。李允中先生的这个观点并不准确。

对过负荷保护公式的正确理解，必须建立在导体载流量计算和绝缘材料的热稳定时间基础之上，本文仅以 PVC 绝缘材料为例，证明 IEC 60364—4 —43 第 433.2 条中过负荷保护的公式，是科学的计算结果，执行这两个公式能完成对线路完整的正确的保护，且该公式具有普遍适用性。

15 《火灾自动报警系统设计规范》条文分析

阅读提示：讨论其编制手法，推证条文来历，指出 GB 50116—2013 中第 3.1.6 条存在的一些问题。

GB 50116—2013 体系结构、关键技术要求、实质性条文内容源自 GB 50116—98，GB 50116—98 的章节划分与体系结构源自 GBJ 116—88，GB 50116—2013 中有 50%以上的文字完全出自 GBJ 116—88。

GB 50116—98 没有按编码传输总线制火灾探测报警系统技术的要求编制。如果依此编制，则“区域报警系统”、“集中报警系统”、“控制中心报警系统”三个术语不应存在。这三个术语，是非编码报警技术时代的产物。当前，各国的报警系统设计规范中已不再使用这三个术语。

GB 50116—2013 第 2 章，术语中没有给出“区域报警系统”、“集中报警系统”、“控制中心报警系统”的定义，第 3 章给出了相关规定，就目前市售产品而言，任何一台火灾报警控制器（联动型），功能均与“控制中心报警控制器”相同，只有控制的点数多少不同，没有功能上的差别。因此，以编码传输总线制火灾探测报警系统技术观点来看，这一规定不切合实际（目前是人工智能报警技术，人工智能报警控制技术是指报警控制器的动作逻辑已经能够模拟人类的思维逻辑并做出相应的动作）。

GB 50116—2013 删除了 GB 50116—98 中对系统保护对象分级的相关规定。GB 50116—98 为了防止设计的随意性，不得不保留“区域报警系统”、“集中报警系统”、“控制中心报警系统”三个术语，并因此制定保护对象分级的相关规定，不同的保护级别，对应不同的报警系统。

制定规范的目的，就是为实现设计上的统一，GB 50116—2013 缺少保护对象分级标准，执行 GB 50116—2013 无法防止设计的随意性，即同一个工程由甲、乙、丙三人设计，甲可能按“控制中心报警系统”设计，乙可能按“集中报警系统”设计，丙可能按“区域报警系统”设计。

GB 50116—2013 没有论述工程规模与报警系统之间的适配关系。因其术语及条文问题，致使工程设计中存在不论工程规模大小，都必须设计成“控制中心报警系统”的情况。“区域报警系统”、“集中报警系统”，在工程应用中可能性不大。

GB 50116—98 第 5.3.2 条消防水泵、防烟和排烟风机的控制设备当采用总线编码模块控制时，还应在消防控制室设置手动直接控制装置。

该条文发布时，直接控制盘已经出现。2000 年前后，出现了许多直接控制盘的专利，工程无论大小“手动直接控制装置”均指“直接控制盘”。当时“直接控制盘”需要消防人员手动操作启、停设备（手动操作为主，自动操作为辅），手动操作常有错误发生。如消防泵控制柜上的SAC选择按钮，消防控制室内的人员无从分辨。2010年以后，直接控制盘升级为智能直接控制盘，事先做好起泵逻辑，输入到直接控制CPU卡上，火灾发生时，通过智能直接控制卡智能启动设备，无差错。只有在报警控制器完全损坏的情况下，才需要在火灾现场工作人员的指挥下，由消防控制室内的人员手动启停设备。因人的识别能力有限，适用于人员直接手动操作的设备通常不超过6～8台，如此少量的设备，也很难保证不按错按钮。若被控设备多于这一数字，操作错误率更高。

GB 50116—2013第4.3.2条手动控制方式，应将消火栓泵控制箱（柜）的启动、停止按钮用专用线路直接连接至设置在消防控制室内的消防联动控制器的手动控制盘，并应直接手动控制消火栓泵的启动、停止。

1. 无法把“消火栓泵控制箱（柜）的启动、停止按钮”用“专用线路直接连接”至“设置在消防控制室内的消防联动控制器的手动控制盘上”。

2. “消防控制室内的消防联动控制器的手动控制盘”是什么？2013年以前，广泛使用“智能直接控制盘”，是先进的可靠的直接控制方式。2013年以后，16D303—2中“消防控制室内的消防联动控制器的手动控制盘”实际上是一个非标按钮盘。这一问题，前文已指出。

4.6.4 非疏散通道上设置的防火卷帘的联动控制设计，应符合下列规定：

1 联动控制方式，应由防火卷帘所在防火分区内任两只独立的火灾探测器的报警信号，作为防火卷帘下降的联动触发信号，并应联动控制防火卷帘直接下降到楼板面。

2 手动控制方式，应由防火卷帘两侧设置的手动控制按钮控制防火卷帘的升降，并应能在消防控制室内的消防联动控制器上手动控制防火卷帘的降落。

为什么要两只火灾探测器报警才能够确认？一只探测器报警就足以确认发生火灾。任一只探测器报警时，如果不存在其他探测器报警，报警控制器会发出复位命令，对该探测器进行复位，重新探测，如果再次报警，即确认发生火灾。如果不报警，即认为是误报。

虽然两只及以上探测器报警，可以确认火灾发生，但是不能依此作为火灾确认的条件。在不足60平方米的客房、办公室、娱乐室、酒店包间内，通常只设置一只探测器，该探测器两次报警就必须确认为已经发生火灾，不以任两只独立的火灾探测器的报警信号作为火灾确认的信号。否则没有烧坏房间门窗之前，无从获得另一只探测器的报警信号，坐失灭火的时机，规范中的类似条文都不准确。

该规范还存在“消防联动控制器上手动控制防火卷帘的降落”的问题，为什么要在消防联动控制器上手动控制防火卷帘的降落？“消防联动控制器”又是指什么？是指联动控制盘或智能直接控制盘，还是指非标按钮盘？

细读规范不难发现，一些术语已不再使用，一些技术已经落后，这部规范所述产品技术特征已不符合当今报警产品的技术特征。

GB 50116—2013的条文说明

5.2.1是参考德国（Vds）《火灾自动报警装置设计与安装规范》制定的。

6.2.4是参考德国标准制定的。

6.2.5是参考德国标准和英国规范制定的。

德国（Vds）《火灾自动报警装置设计与安装规范》已经不复存在，规范组如何参考制订？

6.3.1 主要参考英国规范制定，英国规范《建筑物火灾检测及报警系统》（BS 5839—2002）规定“手动报警按钮的位置，应使场所内任何人去报警均不需走 30m 以上距离”。

BS 5839-1—2002 第 20 章 Manual call points 中，对手动报警按钮的设置要求是：位置明显，数量足够。建筑最终完成后，建筑内的人员，自房间内任意一点到最近手动报警按钮的距离不大于 45m。在设计阶段，在未知房间如何分隔的情况下，要求建筑内任意一点到手动报警按钮的直线距离不大于 30m，这样在房间分隔完成后，仍然满足自房间内任意一点到最近手动报警按钮的距离不大于 45m。这是因为 30 米直径的半圆，弧长约为 45 米，无论房间如何分隔，人行走的路径折线只要成直角，两直角边的和都小于半圆的弧长。

《火灾自动报警系统设计规范》6.3.1 每个防火分区应至少设置一只手动火灾报警按钮。从一个防火分区内的任何位置到最邻近的手动火灾报警按钮的步行距离不应大于 30m。

显然，在房间分隔前，从一个防火分区内的任何位置到最邻近的手动火灾报警按钮的直线距离不应大于 30m，这样才与 BS5839 规定一致。如果是指分隔以后，那么在房间分隔前，条文应为：在房间分隔前，从一个防火分区内的任何位置到最邻近的手动火灾报警按钮的直线距离不应大于 20m。这样才能保证从一个防火分区内的任何位置到最邻近的手动火灾报警按钮的步行距离不大于 30m。

德国与英国的火灾报警规范，在欧盟成立以后，规范体系相同。均为 EN54 系列标准 Fire detection and fire alarm systems.

EN 54 part1　Introduction

EN 54 part2　Control and indicating equipment

EN 54 part3　Fire alarm devices. Sounders

EN 54 part4　Power supply equipment

EN 54 part5　Heat detectors. Point detectors

EN 54 part 6　a Fire detection and fire alarm systems heat detectors; Rate-of-Rise point detectors without a static element {WITHDRAWN 撤回}

EN 54 part7　Smoke detector. Point detectors using scattered light, transmitted light or ionization

EN 54part 8　Components of automatic fire detection systems. Specification for high temperature heat detectors {WITHDRAWN 撤回}

EN 54part 9　Components of automatic fire detection systems. Methods of test of sensitivity to fire {WITHDRAWN 撤回}

EN 54part 10　Flame detector. Point detectors

EN 54 part11　Manual call point

EN 54 part12　Smoke detectors. Line detectors using an optical light beam

EN 54 part13　Compatibility assessment of system components

EN 54 part14　Planning, design, installation, commissioning, use and maintenance.

EN 54 part16 Components for fire alarm voice alarm systems. Voice alarm control and indicating equipment

EN 54 part17 Short circuit isolators

EN 54 part18 Input/output devices

EN 54 part20 Aspirating smoke detector

EN 54 part21 Alarm transmission and fault warning routing equipment

EN 54 part22 Line type heat detectors

EN 54 part23 Fire alarm devices. Visual alarms

EN 54 part24 Components of voice alarms-Loudspeakers

EN 54 part25 Components using radio links and system requirements

EN 54 part 26 Point fire detectors using Carbon Monoxide sensors {WITHDRAWN 撤回}

EN 54 part 27 Duct smoke detectors {WITHDRAWN 撤回}

前面冠以 DIN 如：DIN EN 54-＊即为德国规范。

前面冠以 BS 如：BS EN 54-·即为英国规范。BS5839 系列与 BS EN 54 系列规范仅是章节整合上的差异，内容却是相同。规范因对上述规范了解不多。

《火灾自动报警系统设计规范》3.1.6 系统总线上应设置总线短路隔离器，每只总线短路隔离器保护的火灾探测器、手动火灾报警按钮和模块等消防设备的总数不应超过 32 点；总线穿越防火分区时，应在穿越处设置总线短路隔离器。

查 EN 54 part 17 Short circuit isolators

This is normally achieved by connecting the transmission path in a loopconfiguration, separating sections of the loop with short-circuit isolators and introducing a means of detecting the presence of a fault, if its consequences (e. g. reduction in the line voltage) jeopardizes the correct operation of components on the transmission path. The faulty section of the loop can then be switched out, between a pair of short- circuit isolators, allowing the rest of the loop to continue to function correctly.

在环形总线拓扑布线方式中要设置短路隔离器（相当于 NFPA72 中的 A 级总线布线方式），环形总线短路隔离器的作用是，当线路任意一点发生短路故障时，该点两侧的隔离器动作，隔离开故障点，保证环形总线拓扑布线上其他节点的正常工作。断开以后，线路仍然是总线拓扑结构，如下图所示：

图 15-1 引自 BS5839-1—2002 第 12 章 Monitoring, integrity and reliability of circuits external to control equipment。与 EN 标准要求完全一致，该部分内容在 BS5839-1—2013 中，亦没有作更改。这是环形总线拓扑布线方式，总线拓扑不允许有分支，所有的设备都必须手拉手连接，隔离器只使用在该种布线方式之下。非环形布线，不需要采用隔离器（没有工程价值），这是总线传输技术决定的。

《火灾自动报警系统设计规范》3.1.6 恰恰与此相反，该规范要求：环形布线不得使用隔离器，称探测器自身带隔离器，不用设置隔离器，而树干式布线，则必须按 32 个节点设置一个隔离器，这是对报警系统设计的一种误导。

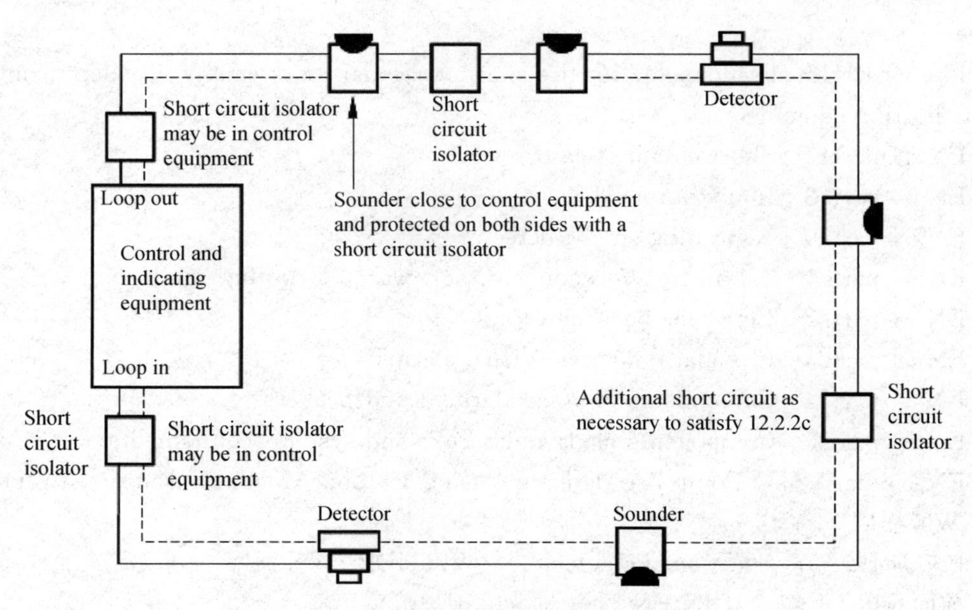

图 15-1　可寻址循环探测电路图

16　间接接触防护措施中电器切断故障回路时间的探究

阅读提示：通过对比《低压配电设计规范》GB 50054—2011 中间接接触防护措施中电器切断故障回路时间的规定，与 IEC 60364—2005 中规定的不同，深入研究分析 IEC 60364—2005 规定的技术原理，阐述《低压配电设计规范》规定的不合理性。

IEC 60364—2005 第 411. 3. 2. 3 条 In TN systems，a disconnection time not exceeding 5 second is permitted for distribution circuits，and for circuits not covered by 411. 3. 2. 2.

允许 TN 系统中的配电线路（发生接地故障时）最大切断时间不超过 5s。并且此处所讲配电线路不包括 411. 3. 2. 2 表中列出的线路。

411. 3. 2. 2. EC 60364—2005 第 411. 3. 2. 2 条 The maximum disconnection time stated in Table 41. 1 shall be applied to final circuits not exceeding 32A.

411. 3. 2. 2 电流不超过 32A 的末端回路，接地故障时切断电路的时间不超过表 41. 1.

表 16-1　电流不超过 32A 的末端回路，接地故障时切断电路的时间
（引自 IEC 60364—2005 表 41. 1. ）

Stystem	$50V<U_0\leqslant120V$ s		$120V<U_0\leqslant230V$ s		$230V<U_0\leqslant400V$ s		$U_0>400V$ s	
	a. c.	d. c.	a. c.	d. c.	a. c.	d. c.	a. c.	d. c.
TN	0. 8	Note 1	0. 4	5	0. 2	0. 4	0. 1	0. 1
TT	0. 3	Note 1	0. 2	0. 4	0. 07	0. 2	0. 04	0. 1

显然，TT 系统发生接地故障时，电击风险比 TN 系统大许多。风险大是因为 TT 系统的接触电压比 TN 系统高。

《低压配电设计规范》GB 50054—2011 第 5. 2. 9 条 TN 系统中配电线路的间接接触防护电器切断故障回路的时间，应符合下列规定：

（1）配电线路或仅供给固定式电气设备用电的末端线路，不宜大于 5s；

（2）供给手持式电气设备和移动式电气设备用电的末端线路或插座回路，TN 系统的最长切断时间不应大于表 5. 2. 9 的规定。

表 16-2　TN 系统的最长切断时间（引自 GB 50054—2011 表 5.2.9）

相导体对地标称电压（V）	切断时间（s）
220	0.4
380	0.2
＞380	0.1

GB 50054—2011 条文说明：

5.2.9 固定式电气设备发生接地故障时，人体触及它时通常易于摆脱，并综合考虑其他因素，如避免发生线路绝缘烧损、电气火灾、线路在接地故障时的热承受能力、躲开电动机启动电流的影响和保护电器在小故障电流下的动作灵敏度以及线路的合理截面等，IEC 标准将所有接地系统切断固定式电气设备和配电干线的允许最长时间规定为 5s。

供电给手持式和移动式电气设备的末端配电线路，其情况则不同。手持式和移动式电气设备因经常挪动，较易发生接地故障。当发生接地故障时，人的手掌肌肉对电流的反应是紧握不放，不能摆脱带故障电压的设备而使人体持续并接触承受电压。为此，依据 IEC 标准的相应规定，作了切断供给手持式电气设备和移动式电气设备的末端线路或插座回路的时间规定。

该条文说明与 IEC 条文是不相符的。

（1）IEC 条文中没有区分固定式设备、末端手持设备与便携设备，IEC 标准规定 32A 以下末端配电线路，无论什么设备发生接地故障时，切断时间都相同；

（2）IEC 标准没有规定 TN 接地系统，切断固定式电气设备允许最长时间规定为 5s；

（3）条文解释中，因果关系不能成立。

为此需要研究，IEC 中的切断时间的计算求解过程。

一、间接接触防护措施中设备环境的分类

GB/T 3805—2008《特低电压（ELV）限值》如表 16-3 所示：

表 16-3　不同环境类型与安全电压限值

环境状况	电压限值/V					
	正常（无故障）		单故障		双故障	
	交流	直流	交流	直流	交流	直流
1	0	0	0	0	16	35
2	16	35	33	70	不适用	
3	33[a]	70[b]	55[a]	140[b]	不适用	
4	特殊应用					

a　对接触面积小于 $1cm^2$ 的不可握紧部件，电压限值分别为 66V 和 80V。

b　在电流充电时，电压限值分别为 75V 和 150V。

该表不准确，且不易理解，修改为表 16-4 的样式：

表 16-4　不同环境类型下，配电系统允许相地电压稳态限值

<table>
<tr><th rowspan="3">环境类型</th><th colspan="6">相（地）间电压限值</th></tr>
<tr><th colspan="2">正常（无故障）</th><th colspan="2">单处接地故障</th><th colspan="2">两处同时接地故障</th></tr>
<tr><th>交流</th><th>直流</th><th>交流</th><th>直流</th><th>交流</th><th>直流</th></tr>
<tr><td>1</td><td>单相 16
三相 9.2</td><td>35</td><td>0</td><td>0</td><td>单相 16
三相 16</td><td>35</td></tr>
<tr><td>2</td><td>33</td><td>70</td><td>16</td><td>70</td><td colspan="2">不适用</td></tr>
<tr><td>3</td><td>66</td><td>140</td><td>33</td><td>140</td><td colspan="2">不适用</td></tr>
<tr><td>4</td><td colspan="6">特殊应用</td></tr>
</table>

原因如下：

环境类型 1：指水中（此时人体自身电阻取 500Ω，人体与大地接触部位电阻值取 0Ω，人有溺毙风险），此环境下，只允许采用 IT 系统供电，交流供电电压为 16V。（1）两处接地故障均为碰壳故障，即采用钢管布线时，钢管与设备外壳电气连接，此时发生两处接地故障，对人不存在电击风险。（2）两处接地故障，第一处为碰壳故障，第二处为悬浮水中故障，此时两故障点间距如果在 0.5m～4.0m 范围内，人处在两故障点之间，有电击溺毙风险。（3）其他情况均为安全情况。

环境类型 2：指潮湿场所（人体自身电阻取 500Ω，人体与大地接触部位电阻取 0Ω，人没有溺毙风险），此环境下，应采用 TN—S 系统，接地故障时，接地点处对大地零点的电位为相电压一半。16V/500Ω＝0.032A＝32mA。这一电流对人体的影响将在后文讨论。

环境类型 3：指干燥场所（人体自身电阻取 1500Ω，人体与大地接触部位电阻受手掌或脚掌面积与土壤电阻率确定，设双脚与大地接触，单脚等效为半径 8cm 的圆盘，无论什么类型的土壤，土壤电阻率均取 100Ω·m，人体与大地接触部位电阻计算取值 300Ω。），此环境下，应采用 TN—S 系统，接地故障时，33V/（1500＋300）Ω＝0.018A＝18mA。

依表 16-4 修改以后，IEC 的规定就准确了。

表 16-5　允许电压限值（引自 IEC 61201—2007 表 1）

<table>
<tr><th>Moisture condition</th><th>No fault V a. c.</th><th>Single fault V a. c.</th></tr>
<tr><td>Water-wet condition</td><td>16
35</td><td>33
70</td></tr>
<tr><td>Dry condition</td><td>33[a]
70[b]</td><td>55[a]
140[b]</td></tr>
</table>

a　For a non-gripable part with a contacl area less than 1 cm^2, limits are 66V and 80V respectively.

b　For charging a battery, limits are 75V and 150V.

表 16-5 是不准确的，原因如下：

（1）取消了直流电压限值。

（2）水中允许采用 TN 系统配电。

（3）无故障栏与单个故障栏数值弄反了。TN 系统无故障相地电压为 140V，发生接地故障时，外壳对地电压为 70V（相线、保护线等截面）。

(4) 干燥环境下不允许采用 220V 相地电压配电。

安全电压是基于电流的人体效应与人体电阻两项指标确立的。在安全电压下供电，也不能保证绝对的安全，如果电击时间足够长，仍然存在人身电击死亡风险。

二、跨步电压与接触电压的计算

每个接地装置，都存在均压性与最大跨步电势的问题。均压性由接地装置的形状、尺寸、埋深、土壤电阻率决定。不同的接地装置，即使接地电阻值相同，由于均压性不同，表现出的最大跨步电势也不同，接地装置上流过相同的接地故障电流时，人的触电风险也不相同。改变接地装置的形状、尺寸、埋深、土壤电阻率可以改变接地装置的均压性与最大跨步电势，从而改变最大跨步电压的大小。

跨步电压的计算条件：

人赤裸双脚按一跨步站立，双脚等效为两个半径 8cm 的圆盘接地装置，单只脚等效接地电阻值为 $R_0 \approx 3\rho$（ρ 为人站立处的土壤电阻率，ρ 越大，R_0 越大，同样的跨步电压下，人体内通过的电流越小，人越安全）。两只脚并联，等效接地电阻值为 $R_0 \approx 1.5\rho$。在计算切断时间时，

当 $\rho < 100\Omega \cdot m$，ρ 均取值为 $0\Omega \cdot m$。当 $\rho \geqslant 100\Omega \cdot m$，$\rho$ 均取值为 $100\Omega \cdot m$。

人体电阻，通常情况下取值为 1500Ω，人在潮湿环境与水中情况下取值为 500Ω。

配电干线线路的终端处，人体电阻取值为 1500Ω，土壤电阻率取值为 100Ω · m。

末端箱体引出的分支处，人体电阻取值为 500Ω，土壤电阻率取值为 0Ω · m。

配电干线的终端，末端箱体引出的分支处，TN 系统接触电压取 PE 线上的电压降 115V。

TT 系统最大跨步电势，取设备接地装置上的压降，当设备接地装置上的压降取 180V 时（变配电室接地装置上的压降取安全电压 50V），TT 系统最大跨步电势取值为 $0.909 \times 180V = 164V$。

三、间接接触防护措施中电器切断故障回路时间的规定之计算过程

表 16-6 为人体的电流效应与极限接触时间。

表 16-6　人体的电流效应与不至于死亡的极限接触时间 t

电流（mA）50Hz 交流电	人体感觉	时间（s）
0.6～1.5	手指有麻感	6000
2～3	手指有强烈的麻感	1500
5～7	手指肌肉感觉痉挛	280
8～10	手指手掌有痛感，部分人已经无法摆脱电源	135
20～25	手指手掌痛感强烈，几乎没有人能摆脱电源	22
50～80	呼吸麻痹，开始心颤	2.0
90～100	呼吸麻痹，开始心颤	1.3

从表 16-6 中可以得出：(1) 电流持续期间，会出现呼吸困难，肌肉收缩，血压升高等症状。(2) 电流持续期间不超过该表中说明的时间，人不至于死亡。

有些资料认为，剩余电流动作断路器选定 30mA，是用 50mA 除以 1.67 求得的，这个说法难以成立。从表 16-6 看，人体通过 30mA 的电流，手指手掌痛感强烈，几乎没有人能摆脱电源，而持续时间超过半分钟，即存在电击死亡风险。用于人身电击防护时，剩余电流动作断路器选定 30mA 是合理的，选定 50mA 是不合理的。

1946 年，美国加州大学塔歇尔教授（Dalziel）提出摆脱电流的推算值。如图 16-1 所示

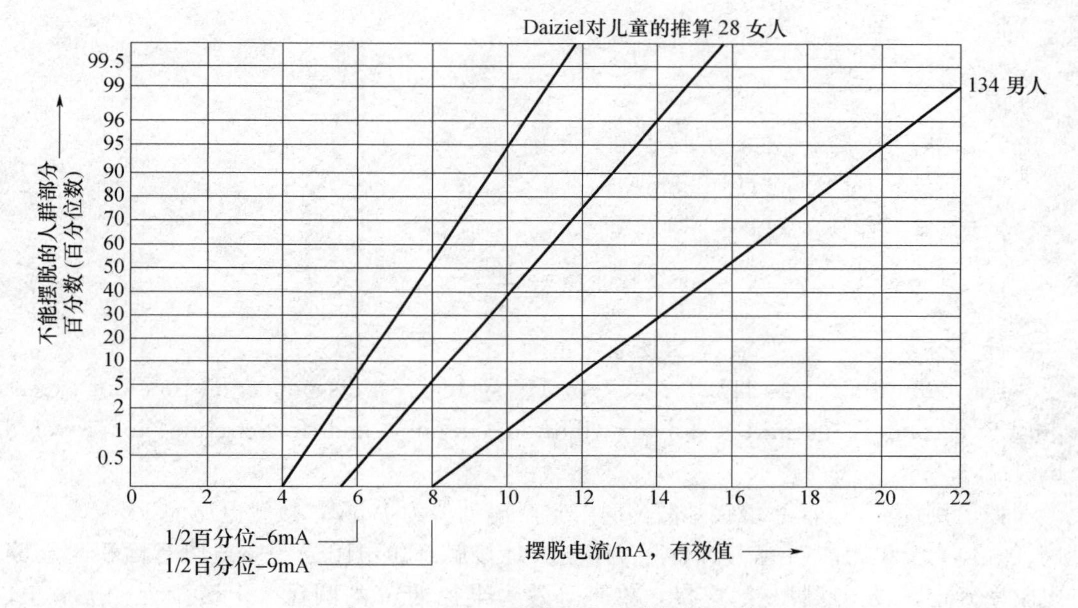

图 16-1　60Hz 正弦交流电流的摆脱电流

该图引自 GB/T 13870.1—2008，本图认为，人触电电流为 10mA、60Hz 正弦交流电流时，至少有 1%的成年男子不能够摆脱，至少有 40%的成年女子不能够摆脱，至少有 95%的儿童不能够摆脱。

塔歇尔教授（Dalziel）同时给出了体重 57kg 的羊，死亡概率为 0.5%时，触电电流有效值与触电时间的关系为：

$$I_k = \frac{155}{\sqrt{t}} \tag{1}$$

式中：I_k——通过人体电流的有效值，mA；

t——电击持续时间，s。

以此式为基础，塔歇尔教授推算出体重为 70kg 的人，死亡概率为 0.5%时，触电电流有效值与触电时间的关系为：

$$I_k = \frac{165}{\sqrt{t}} \tag{2}$$

1984 年 IEC 柏林会议，将触电电流安全临界值修正为：

$$I_k = \frac{116}{\sqrt{t}} \tag{3}$$

该触电电流安全临界值的意义是，不至于死亡，但是会出现呼吸困难、肌肉收缩、血压升高等症状。IEC 60364-2005 第 411.3.2.2、411.3.2.3、411.3.2.4 条，并没有采用式（3）计算，仍然采用式（2）。

以表 16-1 中第二列为例计算。表 16-1 中 120V$<U_0\leqslant$230V，计算中电压取值统一为 230V，以保证该范围内的普适性。

TN 系统：115V/500Ω=0.023A=230mA

依式（2）有

$$230 = \frac{165}{\sqrt{t}}$$

计算得 t=0.52s，要求 0.4s 切断，正确。

TT 系统：164V/500Ω=328mA

依式（3）有

$$328 = \frac{165}{\sqrt{t}}$$

计算得 t=0.25s，要求 0.2s 切断，正确。

IEC 60364—2005 第 411.3.2.3 条 In TN systems，a disconnection time not exceeding 5 second is permitted for distribution circuits，and for circuits not covered by 411.3.2.2.

依上例计算，TN 系统接地故障时，接触电动势为 115V，接触电压为 115V。

人体自身电阻取值为 1500Ω，人体与大地接触部位电阻受手掌或脚掌面积与土壤电阻率确定，设为双脚与地连接，单脚等效为半径 8cm 的圆盘，土壤设为一般黄土，土壤电阻率为 100Ω·m，单脚计算后取值为 300Ω。双脚为并联关系，计算取值为 150Ω。

TN 系统接地故障时，接触电动势为 115V，最大接触电压为 115V。

$I_k=\dfrac{115\text{V}}{(1500+150)\ \Omega}$=70mA，依式（3）

$$70 = \frac{155}{\sqrt{t}}$$

计算得 t=5.56s。411.3.2.3 条规定 5.0s 内分断线路，条文正确。

IEC 60364—2005 第 411.3.2.3 条 In TT systems，a disconnection time not exceeding 1 second is permitted for distribution circuits，and for circuits not covered by 411.3.2.2.

TT 系统接地故障时，最大接触电动势 180V，最大接触电压为 164V（中性点电阻分压 40V）。

人体自身电阻取值为 1500Ω，人体与大地接触部位电阻取值为 300Ω。

$I_k=\dfrac{164\text{V}}{(1500+150)\ \Omega}$=0.1A=100mA

$$100 = \frac{165}{\sqrt{t}}$$

t=2.72s。411.3.2.3 条规定不大于 1s，正确。

IEC 条文对末端配电装置的接地装置要求非常低，对接地故障时，切断回路的时间要求非常高。

这一点与我国的低压配电设计规范，规定有很大的不同。

四、结论

《低压配电设计规范》GB 50054—2011 第 5.2.9 条文解释中，对间接接触防护措施中电器切断故障回路时间的解释不够准确。与摆脱无关，与其他因素无关，只与现象有关。潮湿环境下，TN 系统接地故障，110V 接触电压，人接触时间超过 0.4s 有死亡风险，这一原因决定了 0.4s 必须断电。

IEC 对间接接触防护措施中电器切断故障回路时间的规定，并非杜撰，而是有其扎实的理论基础。虽然 IEC 规定的时间，相较于 TN 系统发生接地故障时，实际切断时间要长很多，相较于 TT 系统采用剩余保护断路器，发生接地故障时，切断故障回路的时间要长很多，但是该计算结果作为安全标准，注写在条文中，仍然具有重大的工程指导意义。

即在设计配电系统时，实际切断时间小于标准规定时间，即认为该设计为安全设计。

17　接地问题的相关研究

阅读提示： 分析共用接地、联合接地的概念及应用原则。对跨步电压、接地电阻的测量、接地装置的设计做简单讨论，提出防雷系统应设置独立接地装置的设计原则。

电力系统的接地装置在大地表面上的电压分布，分析如下：以接地装置为球心，依次向外分割成许多微厚度的球壳，通过接地电阻的球壳理论，对分割出的许多微厚度的球壳，采用积分运算求得土壤电阻，然后用接地电流乘以每个球壳上的电阻，求得每个微厚度球壳上的电压值，这种计算是基于一种理想的数学模型建立起来的。由于：

（1）土壤电阻率真实分布数据难以测定；

（2）接地故障电流流通界面具有无限性；

（3）接地故障电流汇端与源端对电荷具有约束效应，接地故障电流途径并非沿球面散射，导致电流散流机理无法准确地用数学模型来表达。因此，计算结果与实际情况有差异，只能是一种概略的估算。

采用数学分析的方法描述跨步电压的方法如图 17-1 所示：

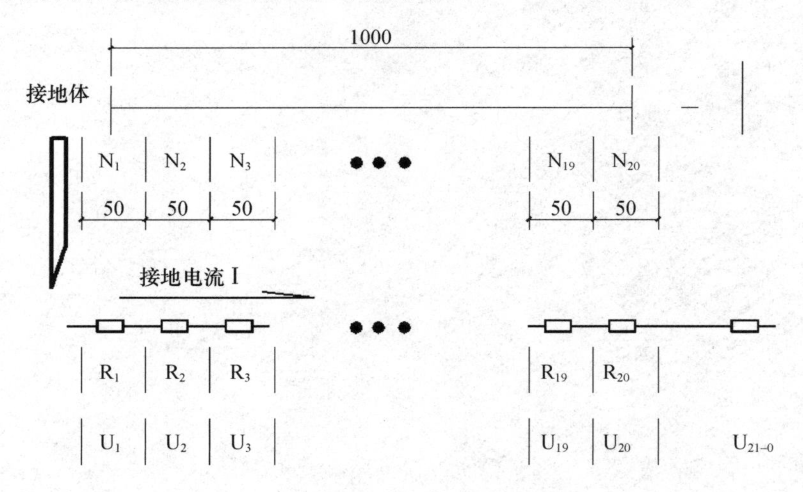

图 17-1　跨步电压的数学分析法

本图表示，由接地装置起至距接地装置 1m 距离内，以 5cm 作为一个跨步，分析每个跨步间距内的跨步电压数值。图中因为球壳电阻是串联电路，所以流过所有球壳的电流都相等。

跨步电压为零 V 点，$U_{21\text{-}0}$值越接近 0V，估算结果越接近真实的跨步电压值。由于工程中，接地故障电流存在一个完整的电气回路，跨步电压为零 V 点无法选择在无穷远处，根据自然法则的对称性原理，选取在距接地装置和变配电所电源接地装置都足够远处，且以两者中间处为妥当。

接地电阻球壳理论的简单近似画法如图 17-2 所示。

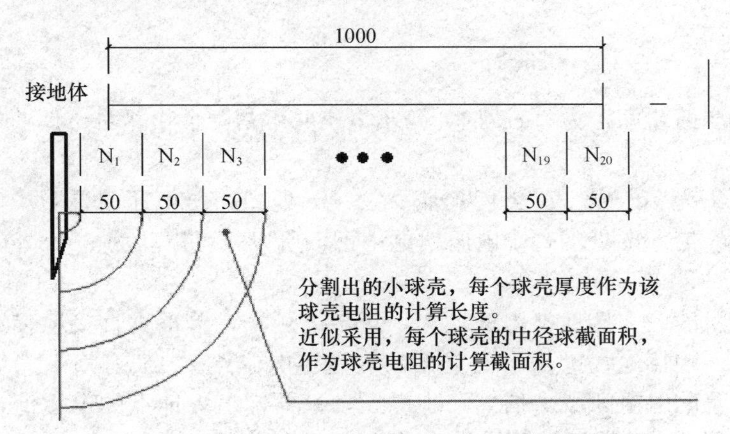

图 17-2　接地电阻球壳理论的近似画法

根据：电阻率计算电阻公式 $R=\frac{\rho L}{S}$ 及欧姆定律公式，易得：

$R_{20}=\frac{R_1}{20\times 20}$　　$U_{20}=\frac{U_1}{20\times 20}$

$R_{19}=\frac{R_1}{19\times 19}$　　$U_{19}=\frac{U_1}{19\times 19}$

……

$R_3=\frac{R_1}{3\times 3}$　　$U_3=\frac{U_1}{3\times 3}$

$R_2=\frac{R_1}{2\times 2}$　　$U_2=\frac{U_1}{2\times 2}$

由于，接地点接地故障电压 U 为定值，接地故障电流也是定值。因此有：

$U=U_1+U_2+U_3+\cdots+U_{20}+U_{21\text{-}0}=I\times(R_1+R_2+R_3+\cdots+R_{20})+U_{21\text{-}0}$

$=I\times R_1\times(1+1/2\times 2+1/3\times 3+\cdots+1/20\times 20)+U_{21\text{-}0}$

因为 $U_{21\text{-}0}>0$

所以 $U>I\times R_1\times(1+1/2\times 2+1/3\times 3+\cdots+1/20\times 20)=1.614U_1$

对于高压系统的接地故障，由于高压系统供电的接地设备中串有阻抗，对于 10kV 的线缆为了限制接地故障电流不大于 20A，需要串入一个大约 600Ω 的电阻（该电阻是独立于接地电阻单独存在的）。而高压线路因接地点不同，其接地故障电阻值也无法给出一个确定值，本文假定高压线路的接地点处接地故障电阻值是 600Ω，对于 10kV 线路，线路阻抗忽略不计，则有接地点接地故障电压 U=5kV。于是，$5000\text{V}>1.614U_1$

$U_1<3000\text{V}$

$U_{20}<\frac{U_1}{20\times 20}=\frac{3000}{20\times 20}=7.5\text{V}$

$$U_{19} < \frac{U_1}{19 \times 19} = \frac{3000}{19 \times 19} = 17.5\text{V}$$

……

$$U_3 < \frac{U_1}{3 \times 3} = \frac{3000}{3 \times 3} = 333\text{V}$$

$$U_2 < \frac{U_1}{2 \times 2} = \frac{3000}{2 \times 2} = 750\text{V}$$

本例中，当跨步间距为 10cm 时，跨步电压并不是两个相邻 5cm 跨步间距内跨步电压的和。

当跨步距离为 1m 时，依以上步骤，在 20m 处的跨步电压，是 $U_{20} < 7.5$V。当跨步为 0.8m 时，在 20m 处的跨步电压就更小了，所以，可以认为 20m 处的跨步电压不大于安全电压。

接地装置尺寸大，接地电阻区域大，跨步电压小，单根垂直接地装置，接地电阻区域约数十米，距接地装置 20m 远处即为大地零电位点。在低压 TT 系统中，我们根据垂直接地装置的电阻区域来估算跨步电压，只要知道入地点的电压值，应用本方法能估算跨步电压的大小，于工程设计已足够。

例如，入地点的电压值为 110V，设备处以 0.8m 为跨步时，跨步电压值约为 68V，且长期存在，因此在 TT 配电系统设备发生接故障时，设备处的跨步电压大于安全电压。这也是 NEC 法规禁止户外设备采用 TT 系统的原因。

这一分析方法说明，人体的跨步一般按 0.8m 考虑，跨步电压数值和人体与电流入地点的距离以及跨步大小有关这一基本现象。人体与电流入地点的距离越远，跨步电压数值越小，当人体距离电流入地点 20m 以外时，跨步电压接近于 0。人体越接近电流入地点，跨步电压则越大。显然，我们无法保证接近电流入地点处的跨步电压小于安全电压值。

但是，作为故障的完整回路，我们必须保证变配电所处电流汇聚端的跨步电压始终小于安全电压值，这一点通过做接地网格与铺设绝缘垫是能够实现的。原理如下：

如果大地是优良的导电体，比如导电性能和铜一样，在一个跨步内的电阻，就有 $R_1 = R_2 = R_3 = \cdots = R_{20} = 0\Omega$，由欧姆定律公式可知，跨步电压为 0。

如果大地是绝缘体，在每一个跨步内的电阻都足够大，就有故障电流 $I = 0$A，欧姆定律公式可知，故跨步电压亦为 0V。

以上两种方法，都是通过人为改变配电场所大地表面的导电性能，来实现跨步电压始终小于安全电压值的目标，这是变配电室内的通例做法。

以上对跨步电压的分析，能够帮助我们更好地理解，为什么多电极之间会存在电压。如图 17-3 所示为不同电极之间存在电压。

本图中，不同电极间有电压存在的电气原理，以及四电极测量土壤电阻率的测试原理，与跨步电压所遵从的电气理论完全相同。

二、土壤电阻率数值问题探讨

四电极测量土壤电阻率方法如图 17-4 所示：

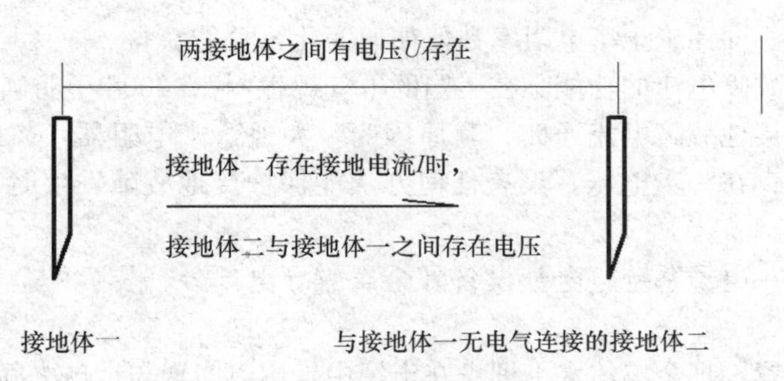

图 17-3　不同电极之间存在电压

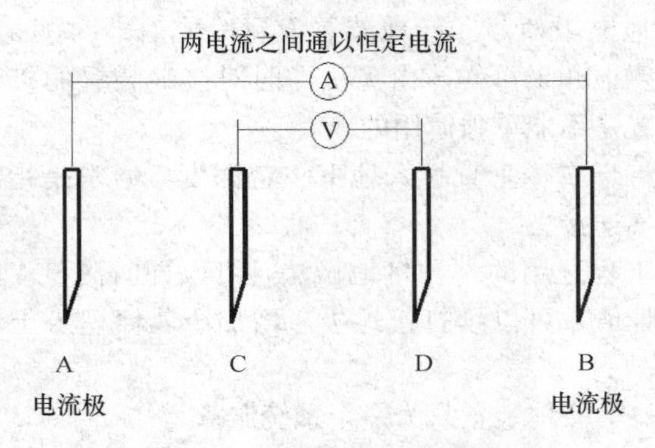

图 17-4 四电极测量土壤电阻率

在电流极 AB 间通以恒定电流，在电压极 CD 上能够检测到电压。CD 之间的电压，与 CD 所处的位置有关，通常的测量间距是，$ABCD$ 以 10m 等距布置。

但是有一点需要明确的是：由测量电阻值导算土壤电阻率的三种方法中，温纳四电极法和斯伦伯格法都假想接地电阻值为一圆柱体土壤内的电阻值，只是圆柱体的假想截面与长度不同。

第三种导算的方法：是基于单根电极的散流效应，这种导算在理论上是不成立的。因为土壤电阻率是土壤自身的电气特性，与测量电极的形状和大小是无关的。

既然土壤电阻率的测定与导算，并不是唯一确定数值，那么，各种手册所记载供我们使用的土壤电阻率，这个值并不是土壤电阻率的真实值，土壤电阻率数值与导体的电阻率数值是有区分的。土壤电阻率数值只有相对性意义：通过比较不同土壤的导电性能的差别，比如在采矿业中用来判断矿石种类，在土壤化学成分分析中用来判断土壤的腐蚀性强弱等。

土壤电阻率数值没有绝对性价值。这一点在做接地装置设计时务必要理论清楚。

三、有关的接地概念

目前，由于我国从业人员对接地相关的概念理解，千差万别，我国建筑电气工程接地做法甚是混乱。

与接地相关的概念如下：

地：即地球。即无论土壤电阻率数值如何变化，总能获得一个无限制的导电截面，以完成传输接地故障电流的功能。在美国的电气规程NEC 2008中明确规定，大地不得作为唯一有效的接地故障电流通路，其原因为，大地这个电阻器，长度很长，截面很大，长度长就会存在跨步电压，没有任何办法能保护接地故障发生时，跨步电压不大于安全电压。

接地：电力、电子系统、电气设备外金属露导电部分、装置外金属构件与地球之间发生的连接。

水平接地装置：把金属体水平埋设在土壤中，用以实现与地球之间的电气连接

本类接地装置不适合独立使用。①填埋土壤的电阻率是未知量。②土壤与金属体间的紧密程度影响接地电阻值。③接地装置设置完成后即时测量值无法满足设计值。将来是否能满足设计要求亦未可知。由无法即时对接地装置的接地性能进行必要的确认，因此水平接地装置是不能单独使用的。

垂直接地装置：将金属棒垂直打入地下一定深度，通常是指深达土壤湿润层，以实现与地球之间的电气连接。

这是最适合建筑工程选用的一种接地做法，可以即时测量。如满足设计值，就认定合格；如不满足设计值，可以续打接地极，增加金属棒埋入土壤的深度可以轻松获得较低的接地电阻值。

独立接地装置：一套接地装置只为一个系统服务。

共用接地装置：多个系统采用同一套接地装置时，该接地装置称作这几个系统的共用接地装置。比如，配电系统的电气接地、电话系统、网络系统、电视系统的参考地或屏蔽地（但不能包括防雷系统的接地）等，规范允许这些系统使用同一个接地极，当然，规范是安全最低要求。

联合接地装置：一套接地装置只为一个系统服务。作为电话系统、网络系统、电视系统的运营商，从本系统运营角度考虑，需要设置自己专用接地装置时，他们完全有权力拒绝与配电系统共用同一套接地装置，这时在工程实际中就会出现同一个建筑，会有多个接装置，根据前面的分析，当一个接地装置对大地散放电流时，就会在其他接地装置上产生不同的电压，这些接地装置有导体引到建筑内同一场所时，不同接地装置上的电压就反应在这些导体上，从而导致对人员的电击，或对电子信息设备的破坏。因此，NEC法规中，对此种情况做了严格的规定，所有的接地装置必须使用导线全部连接在一起，这就是我们所说的联合接地装置。

防雷接地装置：该装置应独立设置垂直接地体，且应与其他所有接地装置连接在一起。发生雷击防雷装置时，雷电流沿最短的入地路径向大地泄放，$\frac{di}{dt}$陡度巨大，雷电流击穿接地装置附近土壤，通过电弧向周围土壤放电，击穿土壤意即短接地土壤高电阻部分，因此雷击冲击接地电阻小于工频接地电阻。（通过以上分析可以知道，越靠近接地装置，球壳截面越小，球壳电阻越大）。电弧熔化土壤，土壤冷却后形成焦化物附着在接地体上，接地装置接地电阻会增大，这是对接地装置进行定期测量与检修的一个原因，另一个原因是腐蚀。

四、建筑物接地装置系统的构成

现代建筑功能各异，建筑物设备功能复杂，新型建筑材料与建筑工艺层出不穷，这些都会影响到建筑物接地装置系统构成。接地极共有以下几种类型：

1. 金属水管做接地电极

给水金属水管，当它埋深足够深，比如深达土壤稳定含潮层时，可做为接地电极使用，在 NEC 250 中，对地下金属水管做接地电极做法有详细的规定。采暖金属管因外包保温层，不能作为接地电极使用。但是，采暖金属水管应与接地装置系统相互连接。

2. 建筑物、构筑物金属结构埋地部分做接地电极

建筑物桩基内的钢筋笼，因桩基深度远远大于地下水层，桩基外筒壁为钢筒壳，钢筒壳内混凝土浸在水中．，具有良好导电性，因此，桩基内的钢筋笼应做为接地电极使用。

无防水层阀板基础内的钢筋，同样属于混凝土封装电极，也同样应做为接地电极使用。

当埋地部分被覆有防水层时，建筑物、构筑物埋地部分内金属结构，不可作为接地电极使用，但是，应与接地装置系统相互连接。

3. 垂直接地极

当建筑物采用了埋地给水金属水管或建筑物、构筑物金属结构埋地部分做接地电极时，垂直接地极作为辅助接地极使用，其接地阻值，NEC 规定不大于 25Ω，即满足安全要求。

当垂直接地极作为接地系统的主接地极使用时，其接地电阻值应满足 4Ω，10Ω 的要求。在日本把配电系统接地极设置称为接地工事，日本把所有的接地情况细分 A、B、C、D 四种接地工事。接地电阻分别规定不大于 10Ω、5Ω、10Ω、100Ω。其中，B 种接地工事，相当于我国的变配电室接地。

日本规定避雷设备应设专用接地棒，单根引下线接地电阻 10Ω 以下，每个引下线均需和一个以上接地棒连接。

工程接地，涉及接地电阻值大小、接地导体的连续性、杂散电流路径控制、施工费用等问题。应遵循接地的基本理论，选择合理的接地方式，不应追求过小的接地电阻值。

18　论消防类电动机负荷过载保护在工程实践中存在的问题

阅读提示：讨论《通用用电设备配电设计规范》GB 50055—2011 第 2.3.7 条与《民用建筑电气设计规范》JGJ 16—2008 第 9.2.4 条文的规定，阐述消防类电动机负荷过载保护动作于信号的工程做法。

《民用建筑电气设计规范》（JGJ 16—2008）第 7.6.4 条

7.6.4 配电线路的过负荷保护，应在过负荷电流引起的导体温升对导体的绝缘、接头、端子或导体周围的物质造成损害前切断负荷电流。对于突然断电比过负荷造成的损失更大的线路，该线路的过负荷保护应作用于信号而不应切断电路。

该条文与《低压配电设计规范》（GB 50054—2011 6.3.6）相比，虽然意义相同，但尽显语言繁杂。

《低压配电设计规范》6.3.6 过负荷断电将引起严重后果的线路，其过负荷保护不应切断线路，可作用于信号。

条文说明 6.3.6 线路短时间的过负荷并不立即引起灾害，在某些情况下可让导体超过允许温度运行，即使牺牲一些使用寿命也应保证对重要负荷的不间断供电，例如消防水泵、旋转电机的励磁回路、起重电磁铁的供电回路、电流互感器的二次回路等，这时保护可作用于信号。

显见，该条文正文要求：消防类负荷配电线路不应设置过负荷保护断电装置。过负荷作用信号，具有该功能的塑壳断路器，自身不提供信号灯和警报喇叭。用户需要另设信号灯盘与喇叭盘，目前绝然没有任何一个工程这样设计安装过，因为电气施工图设计仅用文字说明“消防类负荷配电线路不应设置过负荷保护断电装置。”并没有人设计过信号灯盘与喇叭盘。因为无法对微断做任何改装，所以微断不存在过载只作用于信号而不断电的产品。《低压配电设计规范》6.3.6 是不能被执行的条文。

当消防类负荷线路不设置过负荷保护装置，而电动机设置过载保护与过流保护装置时，下面的条文是成立的。

《民用建筑电气设计规范》9.2.4 低压交流电动机的主回路设计应符合下列规定：

4 短路保护电器应与其负荷侧的控制电器和过负荷保护电器相配合，并应符合下列要求：

1）非重要的电动机负荷宜采用 1 类配合，重要的电动机负荷应采用 2 类配合；

该条条文说明：短路保护电器应与其负荷侧的控制电器和过载保护电器相配合，这些要求引自 IEC 标准。一般设备由于供电可靠性要求较低可以用 1 类配合，而 2 类配合强调供电的可靠性和连续性，因此重要负荷如消防类负荷应满足 2 类配合。据有关资料介绍，IEC 正在制定要求更高的 3 类配合标准。

当消防类负荷线路不设置过负荷保护装置，而电动机控制箱内也不设置过载保护与过流保护装置时，《民用建筑电气设计规范》9.2.4 同样是不可能实施的条文。

《通用用电设备配电设计规范》（GB 50055—2011）

2.3.7 交流电动机的过载保护应符合下列规定：

1 运行中容易过载的电动机、启动或自启动条件困难而要求限制启动时间的电动机，应装设过载保护。连续运行的电动机宜装设过载保护，过载保护应动作于断开电源。但断电比过载造成的损失更大时，应使过载保护动作于信号。

条文说明中：如没有备用机组的消防水泵，应在过载情况下坚持工作，应使过载保护动作于信号。

显然，当消防水泵有备用机组，控制电路应设置过载保护。

《常用水泵控制电路图》16D303-3 中，二次回路过负荷保护没有作用于信号，而是作用于切断电源，投入备用泵。

风机没有备用电动机，控制电路不应设置过载保护。《常用风机控制电路图》16D303-2 中，二次回路消防风机高速运行时，过负荷保护作用于信号，满足《通用用电设备配电设计规范》GB 50055—2011 第 2.3.7 条。但是，主电路无法满足《民用建筑电气设计规范》9.2.4 条的规定。

一、主电路中保护电器的 I^2t 值与控制电器的 I^2t 值问题

电动机二次控制电路中的控制电器指主令开关、从令开关、继电器、热继触点等，这些设备不受主电路电流的影响，无需讨论。

电动机主电路中的控制电器指接触器，保护电器指断路器和热继电器。依据电气技术与工程经济相协调的原则，每个规格的接触器，都有短时最大耐受电流指标，表示在接触器接通的电路中，通以一个足够大的电流，通以足够长的时间后，如果接触器不损坏，则采用该电流与该时间作为接触器的短时最大耐受电流，容易求得，接触器允许通过的最大 I^2t 值，记为 $Q_{接触器}$。

保护电器中，断路器有一个安秒曲线，该曲线的任意一点读取的 I 与 t 值，计算求解的 I^2t 值，记为 $Q_{断路器}$。

保护电器中，热继电器有一个安秒曲线，该曲线的任意一点读取的 I 与 t 值，计算求得的 I^2t 值，记为 $Q_{热继电器}$。

如果存在：

$Q_{断路器} < Q_{接触器}$

则主电路可采用断路器＋电动机方式，主电路中不必设置热继电器。

（由于断路器的电气寿命较接触器小很多，对于频繁操作的电动机，仍不建议断路器＋电动机的方式。消防泵虽然属于非频繁操作的电动机，但是，由于存在联动控制与直接控制环节，因此，也不应采用断路器＋电动机的方式）

通常情况下，$Q_{接触器}$、$Q_{断路器}$、$Q_{热继电器}$ 三者的大小关系如下：

预期短路电流在 0～7 倍接触器额定电流范围以内：

$Q_{热继电器} < Q_{接触器}$

$Q_{热继电器} < Q_{断路器}$

$Q_{接触器} < Q_{断路器}$

预期短路电流大于 7 倍接触器额定电流范围时，

$Q_{热继电器} > Q_{断路器}$

$Q_{接触器} > Q_{断路器}$

所谓保护电器与控制电器之间配合问题，就是指以上三值的大小配合问题。当以上条件恒成立时，则认为保护电器与控制电器之间配合是 2 类配合。否则，为 1 类配合。

二、消防负荷过载保护动作用于信号的电器学意义

过负荷保护作用于信号，指过负荷情况下，不切断主电路，此时，通过接触器触头的电流为过载电流为 $I_{过载电流}$，通过的时间 t 长短没有限制。

$I_{过载电流}{}^2 t$ 趋于无穷大。

$I_{过载电流}{}^2 t > Q_{接触器}$。

接触器因过热而损坏，此时，无法满足《民用建筑电气设计规范》9.2.4 之 4 款的规定。

因此，《民用建筑电气设计规范》应设置例条款，应允许风机及无备用机组消防设备，其主电路中的保护电器与控制电器不满足 2 类配合。

19　论消防水池液位监控系统设置的不足与改进

阅读提示： 阐述消防水池液位监控系统设置存在的问题，探究消防水池液位监控系统设置的目的与作用，给出合乎大众常识的电路改进方案。

2017年春季，枣庄市审查中心专业技术人员参与了枣庄市消防设施的普查工作，发现消防水池液位监控系统设置存在的问题较为普遍。

（1）在消防水池满水状态下，液位监控仪报警，简述为“正常时报警”。

（2）在消防水池缺水状态下，液位监控仪不报警，简述为“故障时不报警”。

这两个问题不符合普通大众的常识，大众的常识是：

（1）消防水池满水（且中断补水）时，液位监控仪不应报警。

（2）消防水池不满水（且持续补水）时，液位监控仪不应报警。

（3）消防水池满水（且持续补水）时，液位监控仪应报警（有溢水风险）。

（4）消防水池不满水（且中断补水）时，液位监控仪应报警（有缺水风险）。

（5）消防水池干涸状态液位监控仪应报警。（作为消防是否人员撤离火场的依据）

消防水池液位位置信号，作为单一信号源，水位位置不变化，液位显示监控仪的报警状态不变化，水位一旦超过报警水位，报警行为持续存在，消防人员察看到水池没有溢流，给水管没有给水后，就会关闭液位监控器，液位显示监控仪不适用于消防水池的监控。

消防水池液位监控，应引入注水管注水信号。监控信号应经报警总线传输到火灾报警控制器上去，这样才能满足新《消防给水及消火栓系统技术规范》11.0.7条的要求。

11.0.7 消防控制室或值班室，应具有下列控制和显示功能：

3　消防控制柜或控制盘应能显示防水池、高位消防水箱等水源的高水位、低水位报警信号，以及正常水位。

此处“消防控制柜或控制盘”应指“火灾报警控制器”。

一、问题原因分析

“消防控制中心设置显示消防水池水位的装置，同时应有最高和最低报警水位”的规定，出自《消防给水及消火栓系统技术规范》（GB 50974—2014），显示装置和报警装置的设计则由电气专业负责，两者之间缺少沟通和理解。GB 50974—2014以前，两者的共识如图19-1所示：

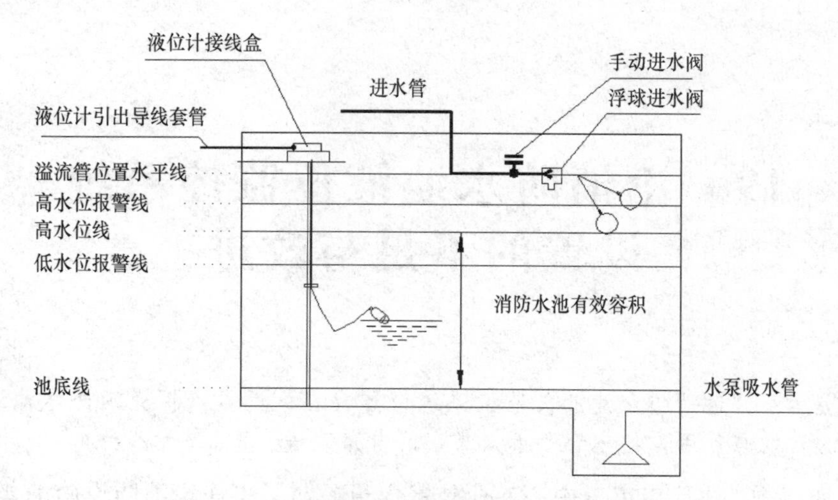

图19-1 2014年以前消防水池中各水平线的概念

工作原理：水位线在低水位报警线以下时，无论是否向水池补水，液位显示监控仪均报警。对水池进行补水后，水位线在低水位报警线以上时，停止报警，水位继续上升，水位在高水位线以上时，无论是否向水池补水，液位仪均持续报警，消防水池水位长期保持在高水位线以上，液位显示监控仪就长期报警，因此形成了“正常时报警”的问题。

执行新《消规》以后，把池底线设置为低水位报警线时，在没有消防的状态下，水位线长期保持在池底线之上，当进水系统故障时，水池虽然长期缺水，但是，水位线仍然在池底线以上，液位显示监控仪就长期不报警，因此形成了“故障时不报警”的问题。即进水系统故障时液位显示监控仪不报警问题。

图19-1这种设计还存在另一个隐性问题，在消防时，水位一旦低于低水位报警线，液位监控仪就发出声光警报，这是不正确的，消防用水导致水位低于该水位，不应报警，报警会干扰到正常的消防工作。《消防给水及消火栓系统技术规范》（GB 50974—2014）新规定，更正了这个错误。

当消防水池水位在高水位报警线以上时液位监控仪始终报警。此时，水池为满水状态，且进水系统中断补水，水池管理人员怎么样处理这种报警信号呢？

有三种处置方法：

（1）去消防水池泄放水，使水位保持在高水位报警线以下。这是错误的做法，并且在自动补水系统中，这是不现实的做法。

（2）满水状态报警，听之任之。不作任何处置。

（3）关闭液位监控仪，弃置使用，作为敷衍消防检查使用的道具。

这是单一监控消防水池液位信号，不同时监控注水信号导致的结果。这三种做法都是错误的。

二、《消防给水及消火栓系统技术规范》条文的存疑及斟定

《消防给水及消火栓系统技术规范》（GB 50974—2014）

4.3.9 消防水池的出水、排水和水位应符合下列规定：

2 消防水池应设置就地水位显示装置，并应在消防控制中心或值班室等地点设置显示消防水池水位的装置，同时应有最高和最低报警水位；

4.3.9 本条为强制性条文，必须严格执行。消防水池的技术要求。

消防水池出水管的设计能满足有效容积被全部利用是提高消防水池有效利用率，减少死水区，实现节地的要求。

消防水池（箱）的有效水深是设计最高水位至消防水池（箱）最低有效水位之间的距离。

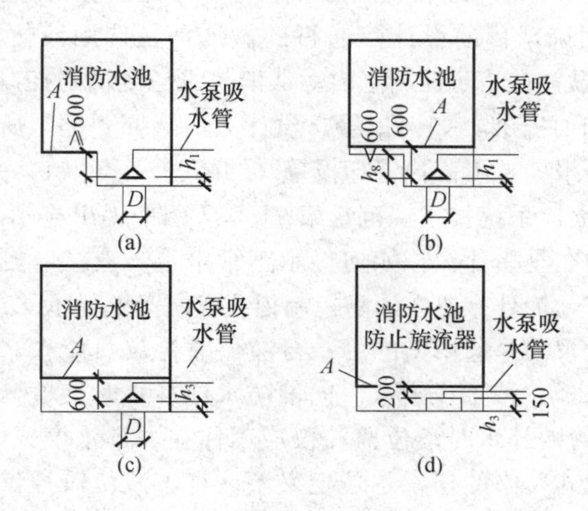

图 19-2　消防水池最低水位

注：A——消防水池最低水位线，即“设计消防水池（箱）最低有效水位”，也即“设计最低报警水位”；

D——吸水管喇叭口直径；

h_1——喇叭口底到吸水井底的距离；

h_3——喇叭口底到池底的距离

4.3.9 条，要求就地和远程设置最高和最低水位显示装置，显示装置应有水位最高和最低水位报警装置。这是容易实现的，但是，因水专业与电气专业存在理解上的不同，电气专业一直没有设计出完善的电路装置。目前所见《液位测量装置安装图集》11D703-2 没有配套给出液位监控系统电路图，颇有疏失之处。

该规范第 11.0.7 条消防控制室或值班室，应具有下列控制和显示功能：

3 消防控制柜或控制盘应能显示消防水池、高位消防水箱等水源的高水位、低水位报警信号，以及正常水位。

如果设计选型为液位监控仪表（电子仪表类），液位监控仪是独立的设备，无法和其他设备组装在一起，那么液位监控仪的报警信号如何在消防控制柜或控制盘上显示呢？液位监控仪的报警信号不在消防控制柜或控制盘上显示，是否违反规范呢？

如果设计选型不是液位监控仪，是普通的液位计，仅设有无源常开触点，那么又如何在消防控制柜或控制盘上显示？

规范中的“消防控制柜或控制盘”是指什么？这是规范需要明确的地方。

目前，在消防控制室内，只有消防报警控制器（联动型），不存在“消防控制柜或控制盘”，液位计上的无源常开触点信号究竟应如何在其上显示？

如果“消防控制柜或控制盘”即指“消防报警控制器”，那么，液位计上的无源常开触点通过输入信号模块接入报警总线，液位计动作信号可以显示在消防报警控制器上，并能够联动发出声光警报信号。这样做，应采用就液位计之近接入，液位计上的无源常开触点不应采用专线引入到消防控制室。这才是正确的做法，也才是合理的做法。如果修改为火灾报警控制器应能显示消防水池，这就更为准确了。

因规范条文不明确，目前设计院通行的做法，是选用液位监控仪表（电子仪表类），液位监控仪表设置在消防控制室内。从消防水池到消防控制室采用专线连接。这样画图简便，现场如何安装，如何报警，设计人员不闻不问，所以，工程应用上难以避免出现“该报警不报警，不该报警却报警”的问题。

《消防给水及消火栓系统技术规范》第11.0.7条中提出显示“正常水位”的要求，规范中的“正常水位”是指什么？如何显示正常水位？液位监控仪不报警的状态，就应视为正常水位状态，为什么要在消防控制柜或控制盘上显示“正常水位”？

目前，液位监控仪表是通用型的，一台液位监控仪只能在“注水模式”与“排水模式”两种模式中选择一种工作模式。向消防水池补水时液位监控仪应工作在“注水模式”；消防水池向管网补水时液位监控仪应工作在“排水模式”。液位监控仪在“注水模式”与“排水模式”中的正常水位定义不一样，液位监控仪不能随着水池工作方式变化切换工作模式，就不能正确指示消防水池的水位。

因为规范没有详细明确“最高水位和最低水位报警模式”，设计师对“最高水位和最低水位报警模式”的理解也不一致，有人认为，“最高水位报警”是指水位低于消防水池最高水位线应报警（持及时补水的观点佐之）；有人认为，“水位最高报警”是指水位高于消防水池最高水位线应报警（持避免过量补水淹没损坏设备的观点佐之），真是各有道理。

甚至有一些给水专业工程师与电气专业的工程师认为，规范是错误的，典型的说法如：“最低水位报警，不能及时补水，若是消防有效容积最低水位。平时水位到此才报警，是严重失职。”此说法当然错误，规范的目的是在非消防状态下，保证储水量大于有效容积。消防水池管理工作要求：水位下降，但是已经在补水，不报警；水位高于有效容积，但是已经中断补水，不报警；消防造成的水位下降，不应报警。水位低于最低水位停泵。

三、消防水池水位线的问题

消防水池水位线之间的高低关系，众说纷纭，各说各是。我们认为，消防水池水位线从下至上应包括水位最低报警水平线、水位最高报警水平线、进水截止阀动作终止水平线、溢流管位置水平线、进水管位置水平线。这种排列与大众常识相符合，如图19-3所示。

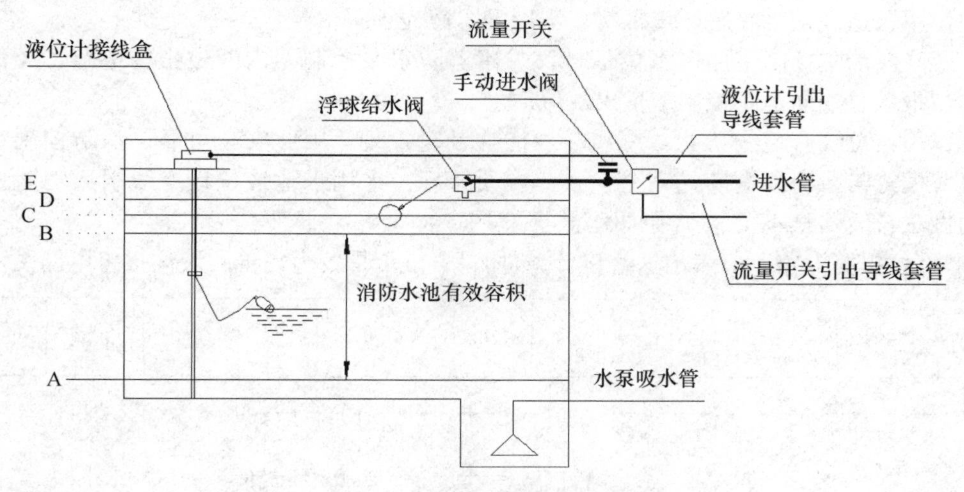

图 19-3　消防水池几种水平线

注：A——消防水池最低水位线；B——消防水池最高水位线（相对于有效容积而言）；C——进水截止阀动作终止补水时的水位线；D——溢流管位置水平线；E——进水管位置水平线。

四、“液位报警电路”的设计

水位报警电路设计应满足：

（1）水位低于 A 线应停泵，且发出声光警报信号。

作用：告知消防指挥人员消防水用尽，应视现场火灾情况酌情发出是否撤离火灾现场的指示。该功能非常重要，不可缺省。

另外，消防水泵多采用切线泵和离心泵两种类型的泵，泵内若吸入空气，空气泡在高速叶轮碰撞下，发生汽蚀现象，这是危险的不允许发生的现象。无论切线泵，还是离心泵，都不可以在工作状态下，所以水位低于 A 线，必须停泵。

（2）水位高于 B 线且进水管向水池补水时，应延时报警。延时时间应略大于消防泵停泵状态下，水位由 B 线补至 C 线所需要的时间（允许短暂的报警）。

作用：水位由 B 线补至 C 线所需要的时间是必要时间，该时间内不应报警。一旦报警，即表示自动补水装置失效，再持续向水池补水，将发生水位上涨外溢，淹没损坏现场设备、设施的重大事故。因此，听到报警应尽快赶赴泵房观察，若发现异常，应即时关闭手动进水阀，及时维修浮球开关并做好工作记录备查。

（3）水位高于 B 线且进水管中断补水时，不应发出声光警报信号。

作用：水位允许在中断补水情况下长期高于 B 线，该状态为正常状态，正常状态下不应发出报警信号。

（4）水位低于 B 线且中断补水时，应发出声光警报信号。

作用：听到报警，应尽快赶赴泵房观察，若听不到补水声，应报修进水系统故障，并做好工作记录备查。

（5）消防水池水位低于 B 线且持续补水时，不应发出声光警报信号。

作用：这是正常状态，正常状态不应发出声光警报信号。

（6）向消防控制室传送水位信号，采用消防水泵控制柜内液位报警电路，经信号模块与报警总线向消防控制室发出液位信号。

作用：总线有检线功能，总线断线能够及时发现，因此安全可靠。消防控制室内的报警模式与泵房报警模式完全一致，方便管理。采用水池液位计专线引入消防控制室的做法，线路长不可靠，维护困难。

“液位报警电路”应满足这些设计条件，图19-4是较为完善的液位报警电路图。

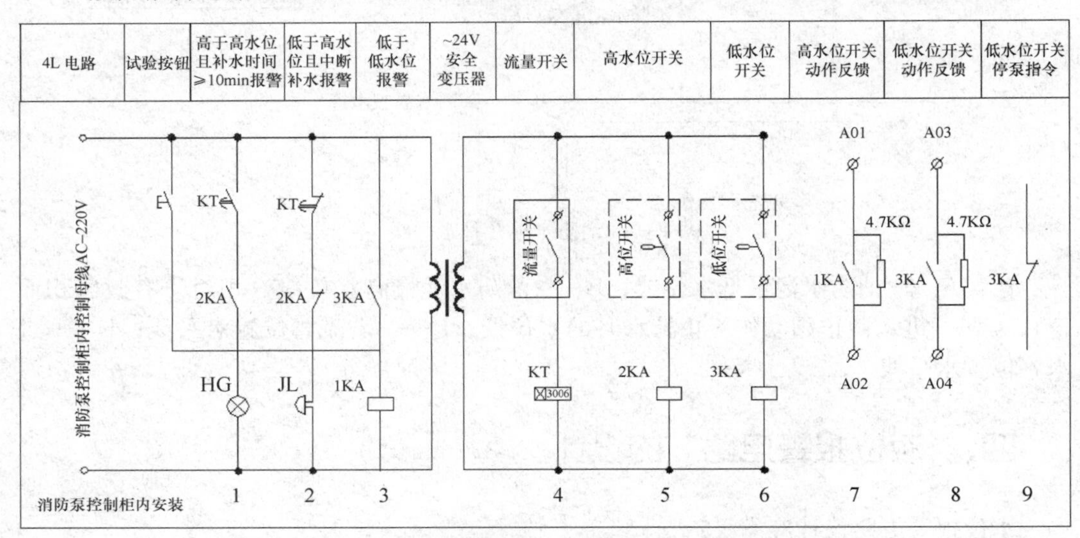

图19-4　消防水池液位显示与报警电路

图中，KT为得电延时动作时间继电器，延时动作时间本图确定为10min（实际应用时，应略大于水位由B线补至C线所需要的时间）。1KA、2KA、3KA为继电器，1KA实现消防控制室与水泵房同步报警。

动作原理：

（1）试验按钮按下，消防控制室与水泵房同步报警。

（2）1支路，KT、2KA常开触点完成与逻辑，只要满足高水位开关动作（水位高于B线）、水流开关动作（持续补水时间超过10min），就报警。消防人员应赶赴水泵房观察、处理故障（手动关闭进水阀，关闭之后报警信号自然取消，维修浮球阀）。

（3）2支路，KT、2KA常闭触点完成与逻辑，只要满足高水位开关没有动作（水位低于B线）、水流开关没有动作（中断补水），就报警。消防人员应赶赴水泵房观察、处理故障（检查水源供水问题，恢复供水后，报警信号自然取消。）

（4）6支路3KA动作时，7支路、8支路均向消防控制室发出报警信号，这是重要的信号，只有消防时，才可能出现。此信号是消防指挥人员做出消防决策的依据。9支路完成停泵动作，以避免出现次生灾害。

该电路采用较少的元件，简易、简单、可靠，合乎常识、成本廉价、维护方便，功能完备。

向消防控制室传送水位信号的电路如图19-5所示。

当1KA闭合时，消防控制室通过总线得到一个报警信号，该信号与水泵房报警同

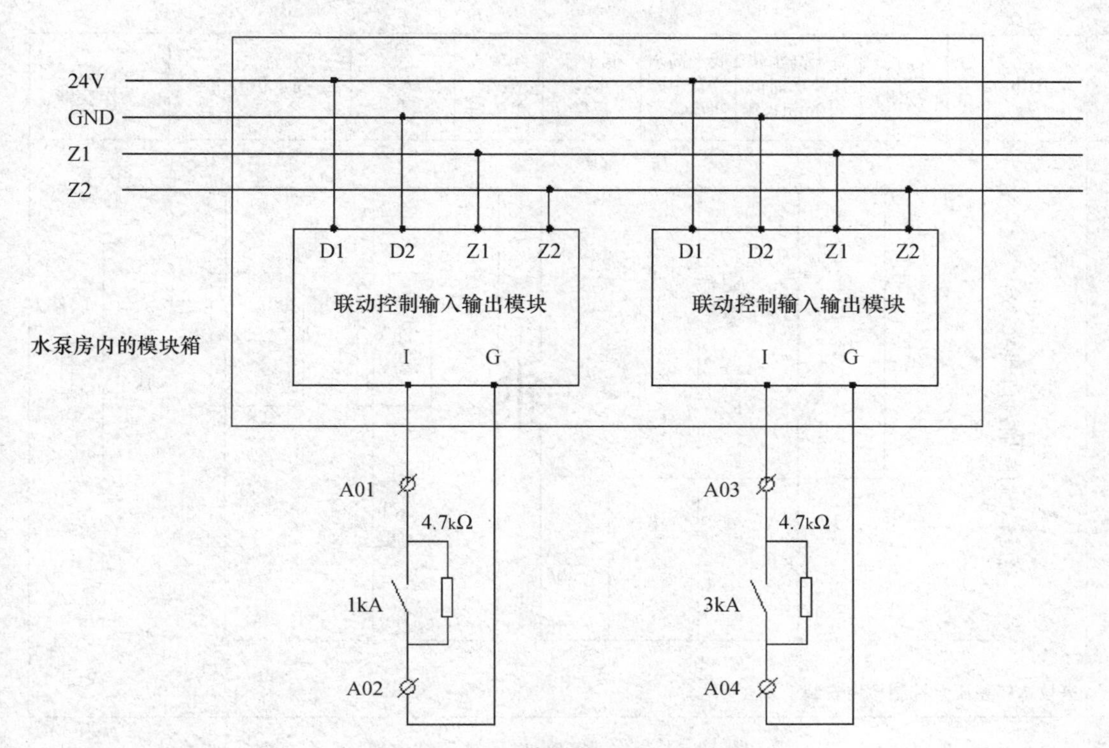

图 19-5　消防水池液位信号反馈电路

步，任何时候报警，都应赶赴水泵房。

3KA 闭合时，1KA 也一定是闭合状态，消防控制室得到两个报警信号，表示水池内没有水可继续取用。消防控制室得到两个报警信号时，必须立即报警给现场消防指挥人员，以作为新的消防决策依据。

五、消防水池与高位水箱液位显示监控的区别

消防水池是保证消防安全的重要设备，作用比高位水箱大，而且两者具有本质的区别：

（1）消防水泵扬程大，不允许吸入空气。高位水箱稳压泵扬程小，允许缺水空转。

（2）消防水池水位低于最低水位信号，是消防指挥的重要信号，是决定撤离现场与继续灭火的重要依据。高位水箱低液位监控没有用途。

（3）消防泵房溢流后，有淹没损坏设备的危险。高位消防水箱溢流后，没有淹没损坏设备的危险。

这些特点决定了对高位水箱水位的监控管理不应与消防水池相同。液位报警电路廉价、可靠、功能完备，因此只需要把液位报警电路略作改动即可应用到高位水箱水位监控中，如图 19-6 所示。

控制电路功能，当且仅当补水系统损坏，发生溢流故障或者缺水故障时，该电路才发出报警信号。其他情况下，不报警。

一旦出现报警信号，消防人员必须尽快赶赴水箱间察看，发现故障应报修，并做好察看记录备查。高位水箱不应当设置低水位报警装置，消防状态下，高位水箱的水

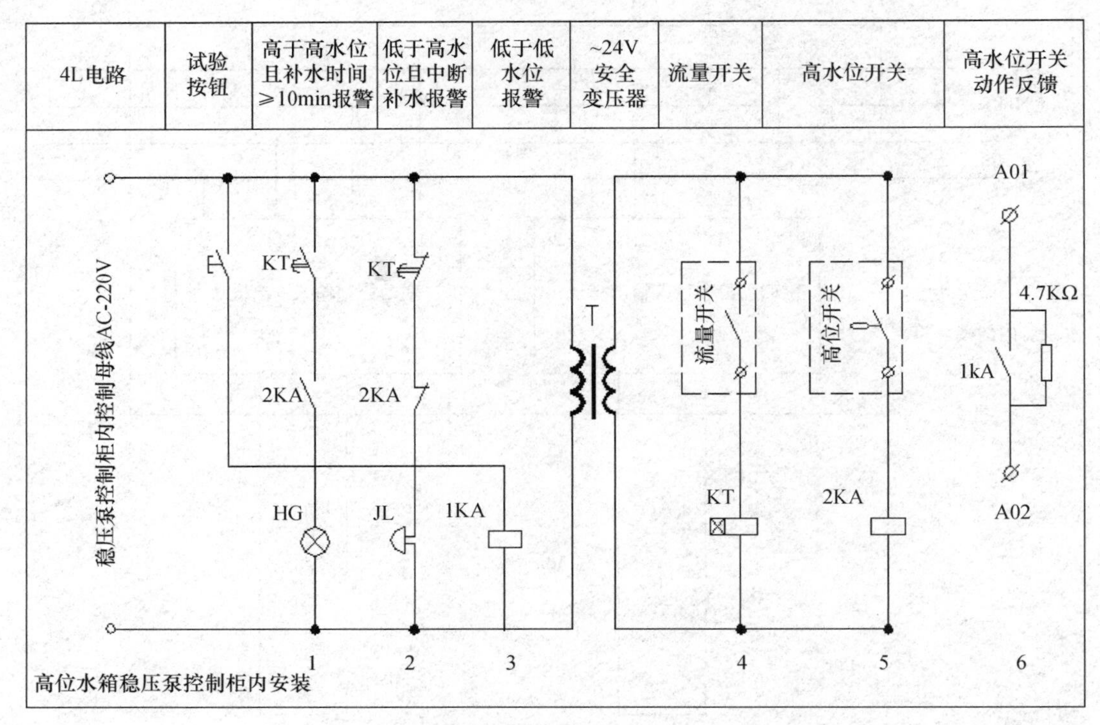

图 19-6　高位水箱液位信号反馈电路

位会很快下降到低水位以下，此时液位监控电路如发出报警信号，将会干扰到正在进行的消防工作。而稳压泵空转，没有危险后果。因此，高位水箱不应设低水位报警装置。

当水位保持在报警线时，无论注水或不注水，液位监控器都报警，这种监控方式不正确。工程后果就是消防人员关闭报警功能，让液位监控设备成为摆设。

因规范中，液位监控设置水位在最高水位线以下，在最低水位线以上时，液位监控不报警，其他情况报警。常有因水压变化而注水过量而报警的情况发生，消防人员检查发现水没外益，认为液位监控器坏了，随意将其关闭的事情不在少数。

新规范中，液位监控不能再按旧有方式设置，国家应当纠正这一设计选型的不准确做法。

20　线路电压降计算方法详解

阅读提示：讨论《工业与民用配电手册》第四版中，电压降计算公式推导过程中的错误，指出该书表 9.4-19 中存在的数据错误。介绍电压降计算中涉及到的计算原理与计算方法。

电压降计算是配电系统设计重要的一个环节，计算过程并不复杂，在过去的工程设计中，大多数设计人员根据设备的额定功率或额定电流，直接引用《工业与民用配电手册》第三版中表 9-78 给出的功率矩或电流矩，进行电压降计算，由于该表格给出了错误的数据，因此计算结果不正确。

2016 年出版了《工业与民用配电手册》（第四版），其中电压降计算的相关内容没有修订，因此有必要对线路电压降计算中涉及到的计算原理与计算方法进行简单的讨论。

一、《工业与民用配电手册》（第四版）计算方法中的错误

图 20-1 引自《工业与民用配电手册》（第四版）第 458 页。

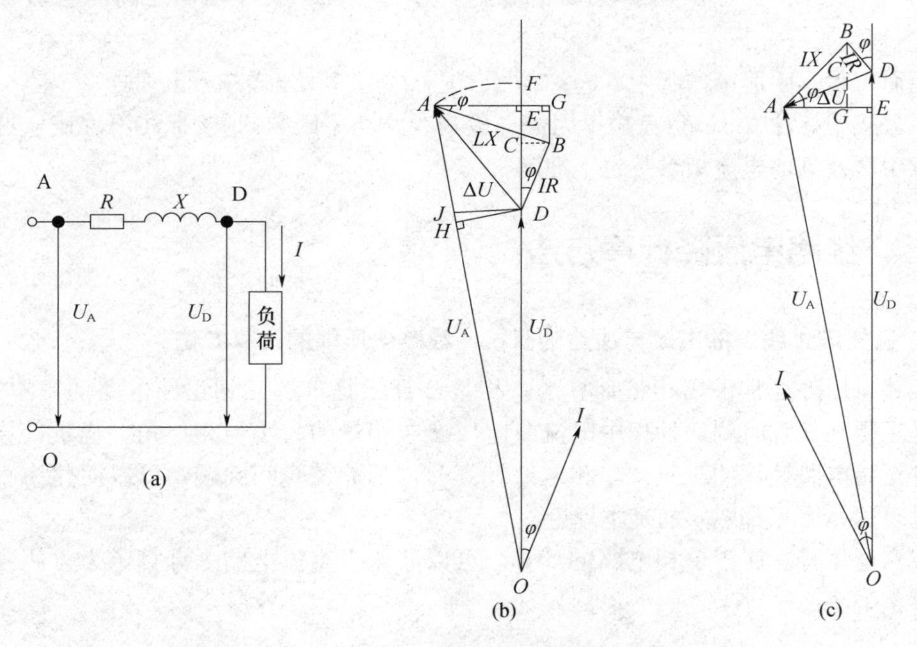

图 20-1　阻抗串联电路与相量分析图

图 20-1 中引入△*ABD* 是错误的，没有引入的道理。负载的电感电压相量，与线路的电抗电压相量必须共线，负载的电阻电压相量，与线路的电阻电压相量必须共线，电抗电压相量与电组电压相量必须垂直，而△*ABD* 是特定三角形，不可随意绘制，因此证明方法不够准确。就图 20-1（b）相量的等价变换见图 20-2 所示。

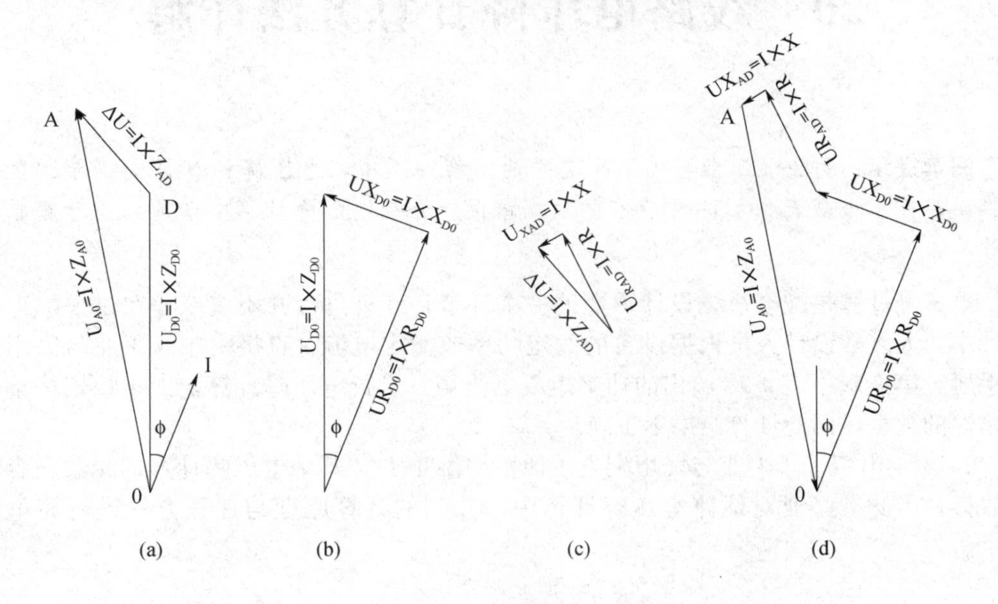

图 20-2　相量的等价变换

图 20-2 中，（a）与（d）是等价变换，（d）与图 20-1 中的（b）是不等价相量图。图 20-1 中△*ABD* 引入不准确。*AB* 相量不是图 20-1（a）图中 *AD* 之间的电感 X 上的压降。

因而可得本手册第四版中（6.2-3）公式与（6.2-4）公式亦不正确。

该公式中标注 Cosφ-负荷功率因数（应为线路功率因数），该标注不准确，这导致第 9 章中涉及到的电流矩参数也不准确。

二、线路电压降计算方法

1. 已知流过线路的电流与线路的阻抗，线路电压降的计算方法

线路电压降通常采用相量计算法，相量计算法是求解三相正弦电路的基本方法，目的是求得在任意时刻，各相中电流或电压参数相量的大小与相位角，相量计算仅仅是一种正弦电路计算的工具。单相电路计算时，不涉及时间问题，可以简化为直流电路计算，这是大家都熟知的基本理论。

线路电压降，属于单相电路的计算，可以简化为直流电路来计算。为方便读者阅读，举例如图 20-3 所示。

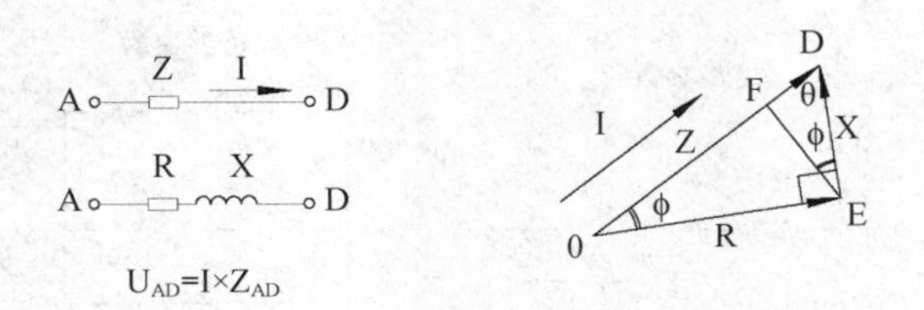

(a) 线路AD两点间等效电路　　(b) 线路AD两点间阻抗三角形

图 20-3　线路等效电路与线路阻抗三角形

注：A——为线路起点；D——为线路终点；I——线路中的电流有效值；R——线路自身电阻；X——线路自身电抗；φ——线路自身的功率角，不是《配四》中推导出的负载的功率角。

由于 Z 的大小 $=OD$ 的长度 $=OF$ 的长度 $+FD$ 的长度 $=R\times \mathrm{Cos}\varphi+X\times \mathrm{Sin}\varphi$，所以

$$U_{AD}=I\times Z=I\times \sqrt{(R^2+X^2)} \tag{1}$$

$$U_{AD}=I\times R\,\mathrm{Cos}\varphi+I\times X\,\mathrm{Sin}\varphi \tag{2}$$

采用相量来计算时，基本计算原则是：

电抗三角形时刻跟随电流相量旋转，即把电抗 Z 与电流 I 均看作相量时（相量用粗体字母表示），两个相量的夹角始终为 0。

AD 两点间的电压大小是电流与电抗相量的点乘：

$$\begin{aligned}U_{AD}&=I\cdot Z=I\cdot(R+X)=I\cdot R+I\cdot X\\&=I\times R\times \mathrm{Cos}\varphi+I\times X\,\mathrm{Sin}\varphi\end{aligned} \tag{3}$$

相量的计算是基于阻抗三角形基础上演化出的一种简便的计算方法，但是式（2）与式（3）不仅没有简化压降计算，反而使计算更加复杂化。采用式（1）计算是正确的做法。

但是，式（1）必须先行计算线路流过的电流。由于 20 世纪计算机发展水平较低，在工程设计过程中，存在着一定不方便。当前可以根据负载额定参数与线路参数，进行完整的电压降计算。

2. 已知线路阻抗参数，与负载额定参数，求解线路电压降的问题

工程中，通常是线路参数为知，负载的额定参数为已知，如图 20-4 所示：

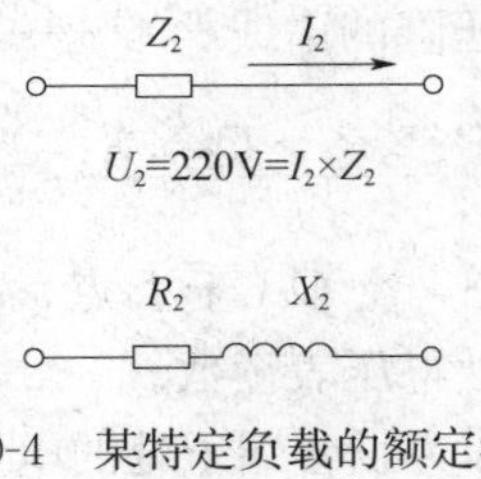

Z_2　I_2

U_2=220V=$I_2\times Z_2$

R_2　X_2

图 20-4　某特定负载的额定参数

把该负载挂接地特定线路中，如图 20-5 所示：

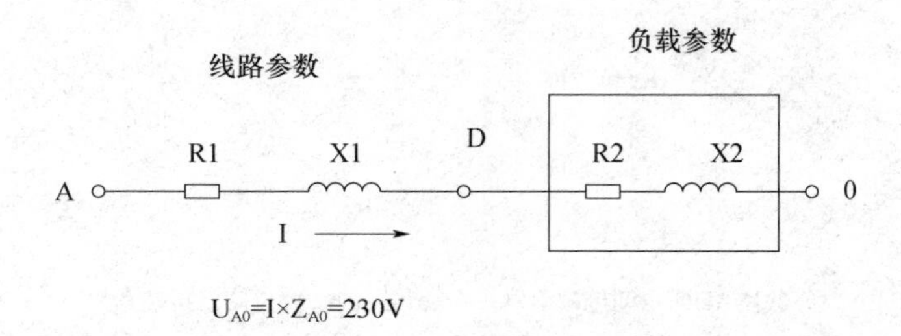

图 20-5　把特定负载连接到特定线路中等效电路图

具体推导，分析如下：

设回路电流 $I=\frac{P}{U}-j\cdot\frac{Q}{U}=I\cdot\cos\varphi-j\cdot I\cdot\sin\varphi$

U 为电流标称电压。

电线电抗＝（R_1+jX_1）

导线上的电压降＝（$\frac{P}{U}-j\cdot\frac{Q}{U}$）×（$R_1+jX_1$）

$$=\frac{P\times R_1+Q\times X_1}{U}+j\left(\frac{P\times X_1-Q\times R_1}{U}\right)$$

P 为线路与负载的总有功功率，为未知量，求解困难。计算线路压降，忽略线路耗损功率时，采用负载的额定有功功率 P_2 代替 P，即 $P\approx P_2$。

Q 为线路与负载的总无功功率，为未知量，求解困难。计算线路压降，忽略线路耗损功率时，采用负载的额定无功功率 Q_2 代替 Q，即 $Q\approx Q_2$。

因此，导线上的电压率$\approx\frac{P_2\times R_1+Q_2\times X_1}{U}+j\left(\frac{P_2\times X_1-Q_2\times R_1}{U}\right)$

当线路耗损功率不能忽略时，计算过程相当复杂。

《工业与民用配电手册》（第四版）证明方法中，导线电抗为 0 时，AB 线段不存在。负载 COS 等于 1，功率角为 0 时，BD 线段不存在。该证明不属于电工学理论推导方式方法。

$\triangle OAD$ 中各线段的电工学意义：

OA 为电源电压相量，电压偏差计算中，采用电源标称电压。

AD 为导线上压降的相量。

OD 为设备端子处电压的相量。

$DH\perp OA$，DH 为导线上电压降的虚线 $j\left(\frac{P_2\times X_1-Q_2\times R_1}{U}\right)$。

AH 为导线上电压降的实部 $\frac{P_2\times R_1+Q_2\times X_1}{U}$

以 O 为圆心，OD 为半径画圆，交 OA 于 J 点，AJ 为设备端子上的电压偏差它等于电源处电压表读数－设备端子处电压表读数。

因为 $AH>AJ$，所以用 AH 作为设备端子处的电压偏差，能保证实测偏差值恒小于计算值。因此，工程上取 $AJ\approx AH=\frac{P_2\times R_1+Q_2\times X_1}{U}$作为设备端子电压偏差的校验值。

21 《火灾自动报警系统设计规范》解读及消防泵远程控制现状

阅读提示：《火灾自动报警系统设计规范》（GB 50116—2013）第 4.2.1 条中涉及的“联动控制”与“手动控制”的概念错误，且有歧义之虞。本文结合海湾安全技术公司生产的 JB-QG/QT-GST 5000 联动型火灾报警控制器，讨论消防泵的联动控制问题。

《火灾自动报警系统设计规范》自 2014 年 5 月 1 日实施起始，即在业界引起了热烈的讨论。由于建筑电气同行在电气控制、数位电路方面基础理论相对薄弱，联动控制又是以报警信号启动消防设施、停动非消防设施的操作过程，讨论见解参差，支持意见与反对意见交织。第 4.2.1 条涉及的“联动控制”与“手动控制”概念错误，所以如何做直接控制设计是设计师面临的一个大问题。

一、规范编撰形式的讨论

《火灾自动报警系统设计规范》（GB 50116—1998）是一部性能式规范，其中对自动报警系统与联动控制系统应具有的特性和功能给出了具体的规定，特性方面如线路的耐火特性、设备的动作时间特性等；功能方面如报功能、显示功能、联动控制、手动控制功能等。《火灾自动报警系统设计规范》（GB 50116—1998）在工程实施细节上的规定非常少，设计人员需要参照报警控制器产品手册来做报警系统的设计。惟因如此，长期以来，火灾自动报警系统与消防联动控制系统的施工图设计通常只停留在布设探测器、布设控制设备、点位、线管层面上，设备的安装与调试均由厂家自行负责。设计人员对火灾自动报警系统与消防联动控制系统的技术的学习不够深入，难免存在失误。比如不经意标注错误控制器型号，多数厂家会予以更正，只有极少数厂家为了争取利益最大化，会将错就错。某工程，一百多个节点，由于施工图上标注了琴台式火灾报警控制器型号，厂家配套了琴台式火灾报警控制器，这种情况不普遍，或许也不是厂家故意而为之。

自动报警系统与联动控制系统的设计分工：设计院为报警系统提供安装的基础条件，厂家深化确定产品选型。至于系统运行的效果，以及自动报警与联动控制的功能是否能够实现，均由厂家承担。当然也有不少施工图，其设计深度足可以与厂家深化过的图纸相媲美。

而《火灾自动报警系统设计规范》则是一部处方式规范，对设计的细节做出了非常详细的规定。由于执行处方式规范不需要高深的专业知识，设计人员、审查人员几乎无需了解火灾自动报警系统与消防联动控制系统的技术细节，甚至不必了解一般报警技术知识，就可以从事报警系统设计与审查工作。

由于报警产品厂家的产品都已经是高度成熟、高度通用性、高度标准化的产品，报警系统的设计型式也均已经形成固定的设计模式，新规范的条文规定与业已形成的设计模式有很大的差别。厂家不变，设计模式一时很难转变。而厂家是否会削足适履，为满足规范而进行设备降级，尚待观察。

二、总线隔离器设置问题讨论

《火灾自动报警系统设计规范》3.1.6 总结为系统上应设置总线短路隔离器，每支总线短路隔离器保护的火灾探测器、手动火灾报警按钮和模块等消防设备的总数不应超过 32 个节点；穿越防火分区时，应在穿越处设置总结短路隔离器。

3.1.6 条规定了总线上设置短路隔离器的要求，规定每个短路隔离器保护的现场部件的数量不应超过 32 点，是考虑一旦某个现场部件出现故障，短路隔离器在对故障部件进行隔离时，可以最大限度地保障系统的整体功能不受故障部件的影响。

本条是保证火灾自动报警系统整体运行稳定性的基本技术要求，短路隔离器是最大限度地保证系统整体功能不受故障部件影响的关键，所以将本条确定为强制性条文。

总线短路隔离器，世界各国的要求如下：

(1) 非环形总线接线方式发生短路时，一个防火分区内的报警与联动设备均被屏蔽。

(2) 环形总线接线方式发生短路时，一个防火分区内的部分报警与联动设备被屏蔽。

(3) 总线短路是指总线上任意一点，总线导线之间、总线与其他导线之间发生短路。

各国均不存在 3.1.6 条中每只隔离器连接点数不超过 32 个节点的要求。

在新规范宣贯中，多次提到“环形”拓扑问题。

所谓“环形”是由报警控制器引出再返回报警控制器的一种总线布线方式。这是世界各国普遍采用的方式。环形总线上设置隔离器与否，完全是设计师自行决定，不是强制性实施的安全内容。

总线接线方式（图 21-1）是分支导线引出长度非常短布线方式。依 CAN 总线来讲，智能火灾报警控制器，探测器布线要求手拉手布线方式，以方便挂接终端电阻。工程设计中有时很难做到手拉手总线布线方式，也存在部分设计人员不明就里，工程设计任意分支，甚至有节外生枝的工程设计。当分支线长度较长，分支上的节点数过多时，就背离了总线布线原则，使挂接有终端电阻的总线电流，不能流通到分支上去，从而使分支上的信号无法实现直流载波传输。不挂接终端电阻的分支线路对 24V 电源来讲是开路，仅有信号电流流通，分支上挂接终端电阻会破坏总线上的载波电流幅值，因此应限制引出分支的长度。

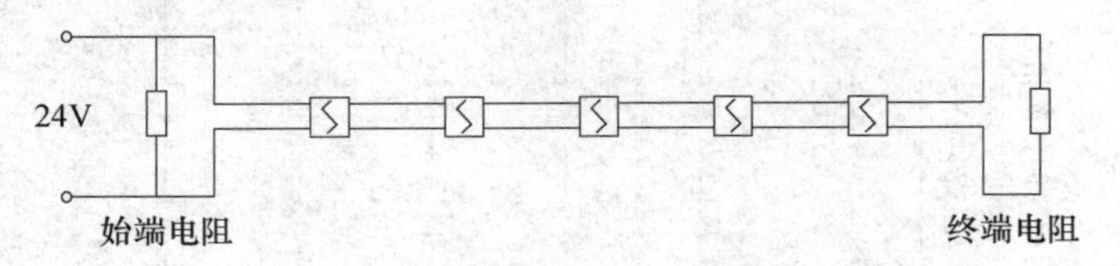

图 21-1 总线接线方式

探测器信号能够稳定地在线间传输，始端电阻与终端电阻形成直流载波电流，总线上挂接 200 个节点设备，始端电阻与终端电阻之间总线上不应设置信号隔离器，也没有设置短路隔离器的必要性。

图 21-2 为树干式布线，可能导致分支上探测器信号无法稳定地在总线上传输，分支上只有信号电流，没有直流载波电流，分支上的节点及总线均可能无法正常运行。

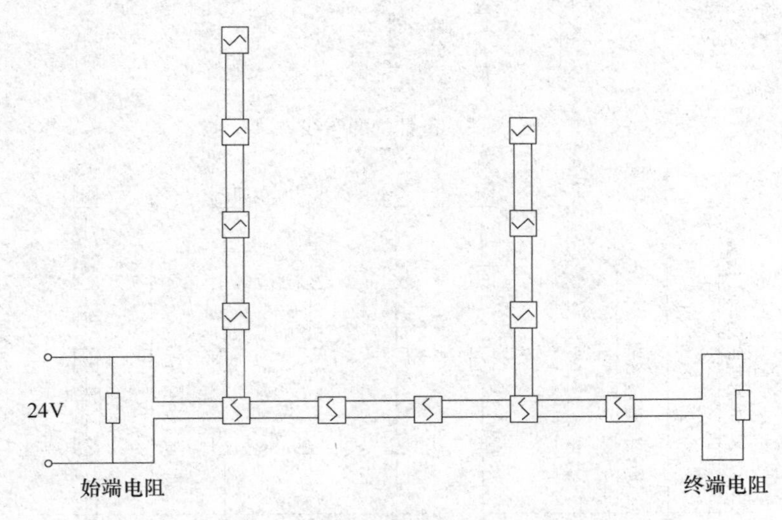

图 21-2 树干式布线

报警控制器厂家为方便施工，报警控制器通常都支持鱼骨状布线方式（图 21-3），该方式的总线破口连接处过多，系统可靠性差，任意一点发生断路、短路事故，都会导致整条总线瘫痪。

图 21-4 为加装了信号隔离器的鱼骨状布线方式。总线短路隔离器前面的总线发生接地、短路故障，会导致整条总线瘫痪，因此没有设置短路隔离器的必要性。

图 21-5 为正确的总线布线方式。始端电阻与终端电阻形成直流载波电流，总线上挂接 200 个节点设备，始端电阻与终端电阻之间总线上不应设置信号隔离器，也没有设置短路隔离器的必要性。消防线槽盒用以布设广播导线，电话导线，24V 电源导线，多线控制导线。这是正确的设计方式。

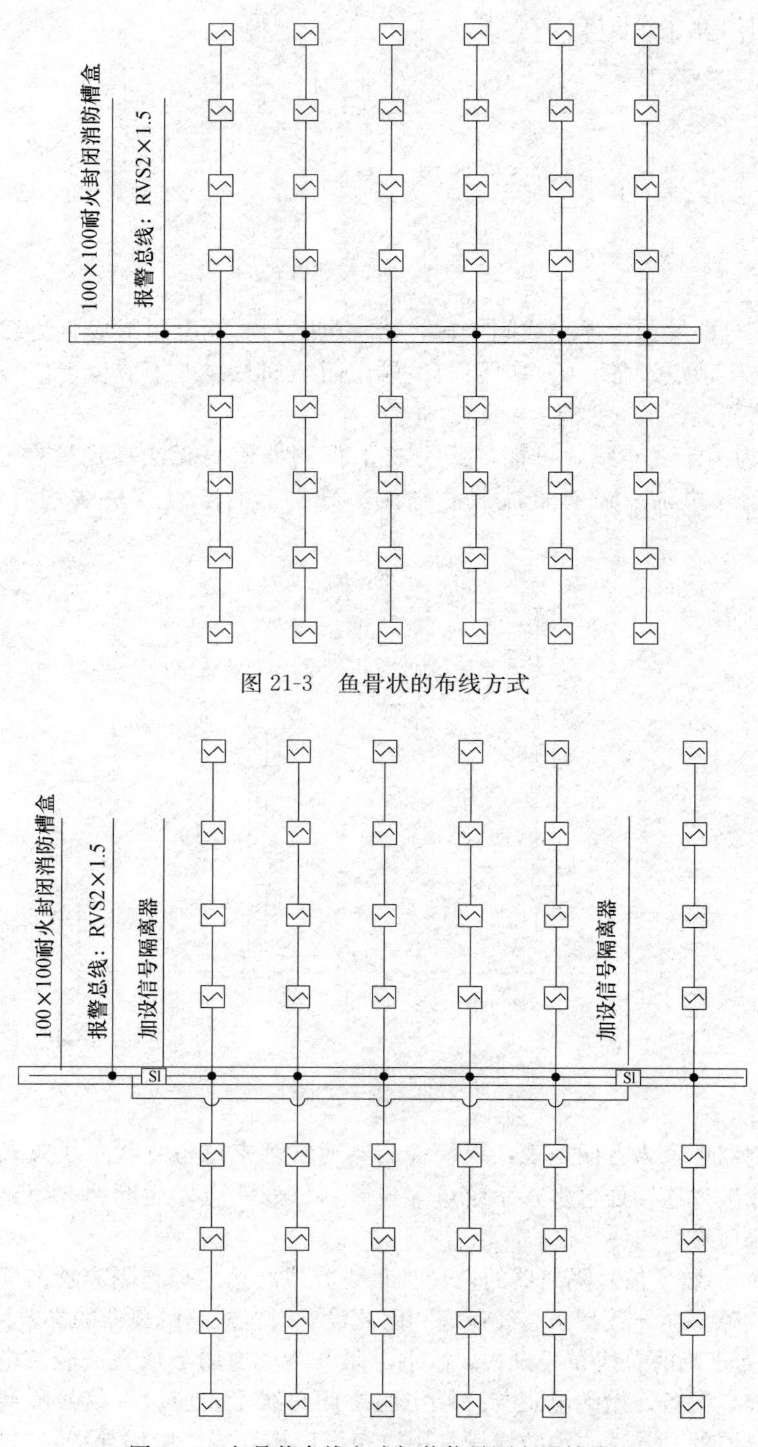

图 21-3　鱼骨状的布线方式

图 21-4　鱼骨状布线方式加装信号隔离器结线图

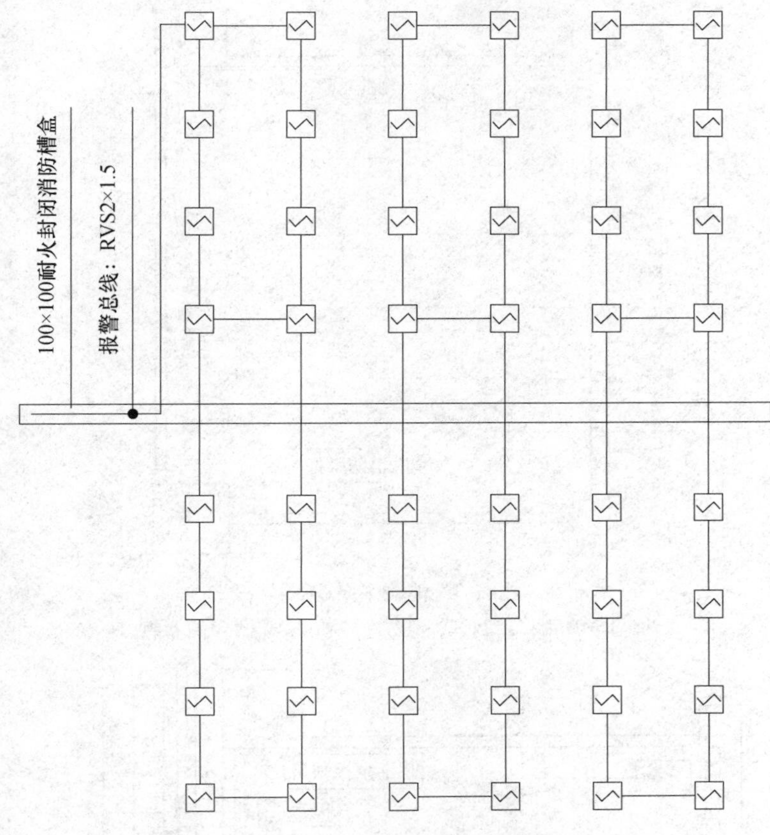

图 21-5 正确的总线布线方式

三、新规范对泵房设计的影响

1. 工程案例

2013 年设计完成的某消防泵房工程，报警控制器，选用 JB-QG/QT-GST 5000 联动型火灾报警控制器，依据《火灾自动报警系统设计规范》GB 50116—1998 设计，施工图如图 21-6 所示。

图 21-7 为报警及联动布置平面。设计说明：JXX 为消防接线箱，箱内设置 4 只 ZD-01 终端器，两只用于消防栓泵的启/停控制，另外两只用于喷洒泵的启/停控制。设置 8301 总线模块两只，其中一只用于消防栓泵启动控制，另外一只用于喷洒泵启动控制。终端器上端通过 NHKVV-5x1. 5 中的三根导线与手动控制盘内的 OUT、IN、COM 端子连接，下端通过 4 根导引入消防泵控制柜中的中间继电器，接线端子柱上。各泵组中的两只 ZD-01 终端器中，一只司掌停动控制，一只司掌启动控制。直流 24V 及报警总线接入 8301 总线模块，采用 4 根导线引入引消防泵控制柜中，仅仅用于泵的启动控制。无论是通过终端器，还是总线模块起泵，泵启动正常运行后，接线箱至控制室的线路，无论短路还是断路都不能够改变泵的运行状态。

控制电路如图 21-8 所示。

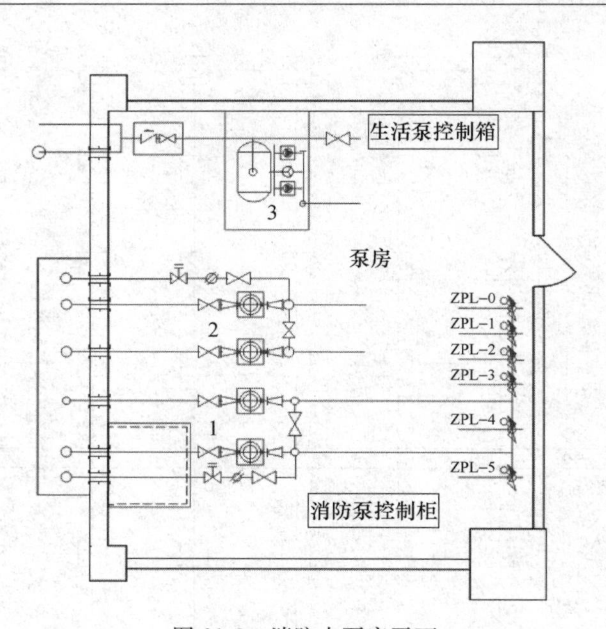

图 21-6　消防水泵房平面

注：1—喷洒泵泵组；2—消防栓泵泵组；3—生活泵泵组。

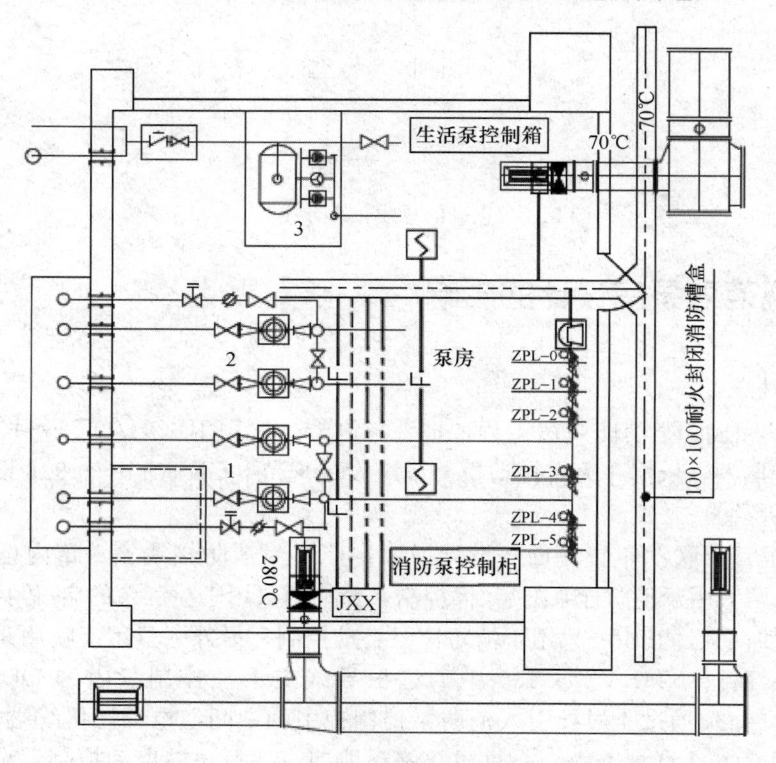

图 21-7　报警及联动布置平面

注：—·—·—手动控制盘线管：2（NHKVV-7×1.5-SC20）-CE/WS；

- - - - - 直流 24V 线管：NHKVV-2×2.5-SC20-CE/WS；

——F—— 报警线管：ZRRVS-2×1.5-SC20-SC20-CE/WS；

JXX 接线箱与消防泵控制箱之间的导线连接，均应采用镀锌钢管保护。

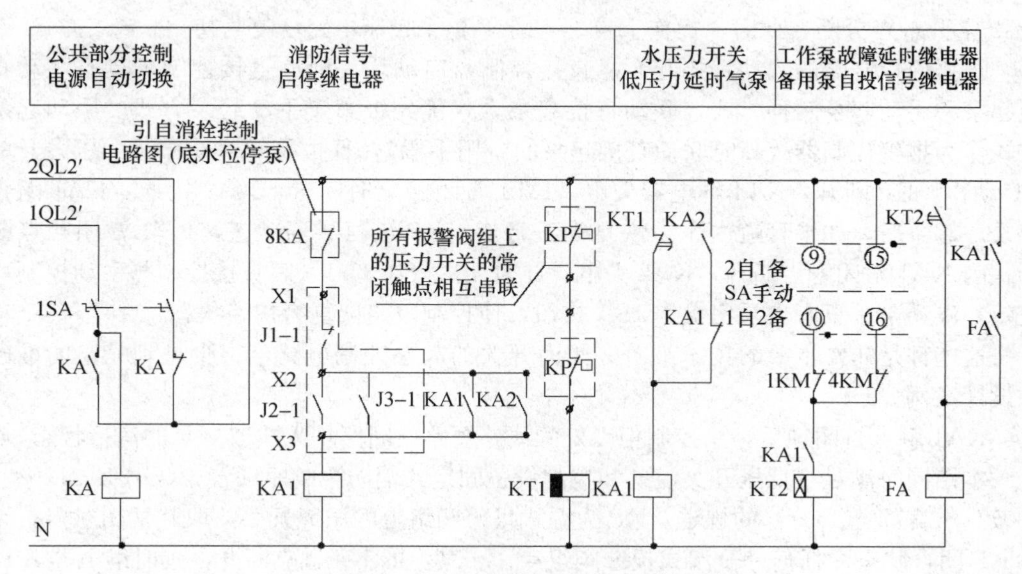

图 21-8 喷洒泵完整的启动电路

图 21-8 说明，KA1 为喷洒泵的启动、停动继电器，KT1 为断电延时继电器，KT1 触点为断电延时闭合常闭触点。

在控制柜上，转换按钮 SA 置于 1 自 2 备位置，KA1 通电完成启动操作，失电完成停动操作。完成启动是泵运转的必要条件，不是充分条件；KA1 失电，是泵停动的充分条件，不是必要条件。因此消防控制室的手动控制盘上的反馈信号均取自主电路上的主接触器常开触点。X1、X2、X3 为接线端子，通过导线连接图 21-9 至图 21-11 中的 J1-1、J2-1、J3-1 触点。

控制柜电路接线安装就位后，上电前，转换开关 SA 置于手动位置，手动启动泵，管道内压力正常后，手动停泵。停泵后，报警阀组不动作，报警阀组上的压力开关 KP 为导通状态。按下 1SA，给自动起泵电路上电。转换开关 SA 置于 1 自 2 备位置，KT1 为断电延时继电器、KT2 为通电延时继电器。

压力开关的起泵地位。

《建筑设计防火规范》（GB 50016—2006）第 8.6.9 消防水泵应保证在火警后 30s 内启动。该条为强制性条文。压力开关显然无法满足本条规定，起泵的重要手段应当为直接控制盘的直接起泵功能和总线联动起泵功能。因此，压力开关仅仅作为上述两种起泵的备用手段，即当上述两种直接起泵方式都失败时，压力开关作为起泵可靠性的冗余环节。起泵原理如下：

当联动直接起泵或直接盘直接起泵先于压力开关起泵时。

（1）如果报警阀组不动作，压力开关 KP 不做起泵动作。

（2）如果报警阀组动作，压力开关 KP 分断，KT1 断电，KT1 常闭触点延时闭合，KA2 得电，接通 KA1。因 KA1 已经闭合为闭合状态，所以，KP 仅作为启动可靠性的冗余环节而存在。

（3）如果报警阀组动作以后，管道压力恢复到设定值，报警阀组复位，压力开关 KP 恢复导通状态，KT1 常闭触点断开，因 KA1 常闭触点为断开状态，KA2 失电，

KA2常开触点分断，此时，操作J1-1停动泵，整个控制电路恢复为初始状态。

当报警控制器的联动直接起泵、直接控制盘启动均失败（直接控制盘具有联动直接起泵和手动起泵两种方式。联动直接起泵方式优先级高于手动起泵方式。手动起泵方式作为报警控制器故障时联动直接起泵的备用手段），且报警阀组动作时，压力开关KP动作，KP断开，KT1继电器失电，KT1常闭触延时闭合，KA2接通，KA1闭合起泵。起泵后，如果管道内压力恢复为正常值，KP恢复导通状态，KT1常闭触点断开，因KA1常闭触点断开，KA2失电，此时无法操作J1-1（因直接控制与手动控制均失效）停动泵，只有去泵房操作1SA按钮，使控制电路恢复为初始状态。

这些都是非常重要的技术细节，压力开关的起泵控制电路，很少见到完整的准确的设计案例。

KA1触点自闭锁后，泵控制柜以外的线路短路或断路均无法改变泵的运行状态。

本图同时满足《低压开关设备和控制设备固定式消防泵的驱动器》（GB/T 21208—2007）引言部分1）e）的规定，KP为湿式报警阀组上的压力开关，取其常闭触点，平时KP闭合状态。任何一个湿式报警阀组动作，其上的KP触点断开，延时继电器KT1失电，KT1的常闭断电延时闭合触点，在失电延时后闭合，接通KA1，起泵。当线路上任意一点折断时，均视同报警阀组动作，启动喷洒泵，提高了起泵的可靠性。

压力开关取自干管上的电压力接点时，应取电压力接点的常开触点，多个电压力接点的常开触点应相互串联。平时管道内压力正常时闭合，压力低时，断开起泵。线路折断时，视同压力降低。

14X505-1火灾自动报警系统设计规范图示（送审图）、10D303-3第41页一用一备喷洒泵启动控制电路原理不满足《低压开关设备和控制设备固定式消防泵的驱动器》（GB/T 21208—2007）引言部分1）e）的规定。在役消防泵控制柜其控制原理也基本上都不满足该规定。

消防控制室直接控制盘上用于停动喷洒泵的手动按钮不接受报警信号联动控制联动接通。在调试过程定义按钮时，系统自动赋予按钮不受联动控制，按钮不会联动接通。在报警状态下，系统起泵是无条件的，自动联动启动，停泵是有权限的，必须是消防人员手动停泵。当确认是误启动时，需要把禁止手动锁，转在允许手动位置，手动停动喷洒泵。

图21-9中的J1-1继电器的触点与图21-8中的J1-1触点是同一个触点。J1-2继电器的闭合操作交流220V电源，由电动机主接触器常开触点接通，J1-2接通后，触点断开，手动盘上的反馈灯熄灭，表示泵在转动状态。正常情况下J1-2为失电状态，触点闭合，手动盘上的反馈灯点亮状态，表示泵为停动状态。

消防控制室直接控制盘上用于启动喷洒泵的手动按钮受报警信号联动控制而联动接通。在调试过程定义按钮时，系统自动赋予按钮接受联动控制，按钮会联动接通。无论禁止手动锁状态是否是禁止状态，只要报警控制器接收到火灾报警信号，报警控制器立即通过手动盘启动消防泵。本盘设置的目的是，当报警系统起泵失败，用户已经确认火灾时，本盘手动启动泵。

图21-10中的J2-1继电器的触点与图21-8中的J2-1触点是同一个触点。J2-2继电器的闭合操作交流220V电源，由电动机主接触器常开触点接通，J2-2接通后，触点闭

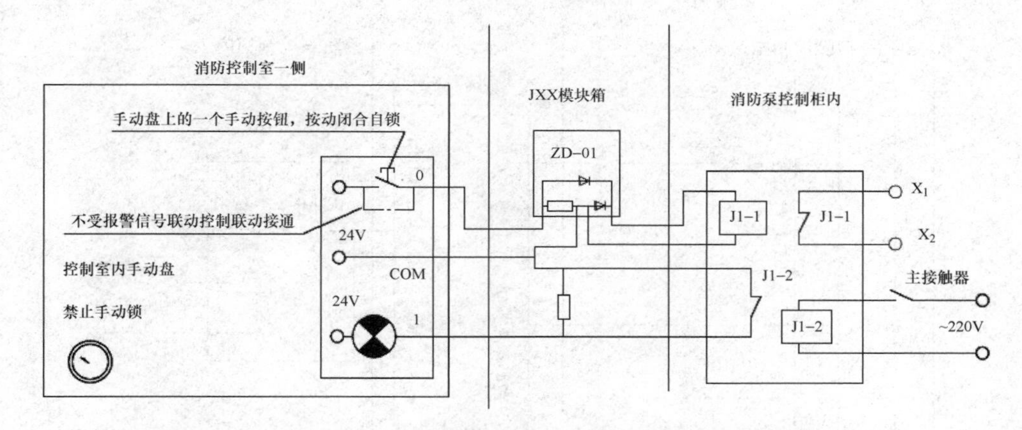

图 21-9 在消防控制室直接控制盘上通过手动按钮停动喷洒泵的电路原理

合，手动盘上的反馈灯点亮，表示泵在转动状态。正常情况下 J2-2 为失电状态，触点断开，手动盘上的反馈灯点熄灭状态，表示泵为停动状态。

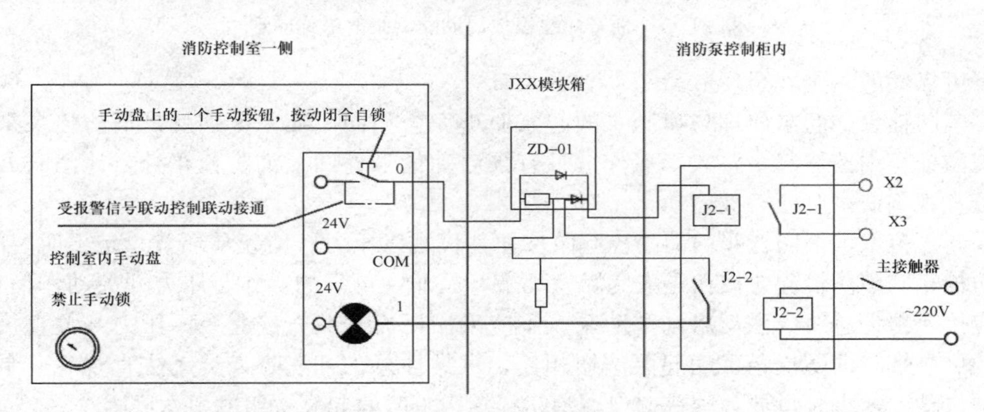

图 21-10 在消防控制室直接控制盘上通过手动按钮启动喷洒泵的电路原理

只要探测器发出火灾报警信号，总线模块即行启动喷洒泵。

图 21-11 中的 J3-1 继电器的触点与图 21-8 中的 J3-1 触点是同一个触点。J3-2 继电器的闭合操作交流 220V 电源，由电动机主接触器常开触点接通，J3-2 接通后，触点分断，把起泵信号反馈给报警控制器。

在非消防状态下，消防泵被启动，因为是闭阀运行状态，没有水流，叶轮摩擦静止的水产生大量的热，导致泵体发热。因此必须设置超压减压阀，来实现泵的闭阀运行保护。即零流量或低流量时，管道压力为泵的最大扬程，这个压力大于消防状态时的压力，把超压减压阀动作压力设置在大于消防状态的需要压力，小于泵最大扬程一个合适的压力值上。超压时，超压减压阀动作，有小流量的水泄放回水池，保证泵体温度在一个安全的范围内，从而实现了闭阀运行保护。所以消防泵允许任意启动，消防泵作为消防的重要设备，宁可误动，也不可拒动。因此凡是有火灾警报发出，都必须自动启动。任何环节上的手动起泵，均作为自动起泵失败时的一种备用手段。就安全设计而言，备用手段是必须的。

喷洒泵组是因为没有人为触发环节，所以必须加设一个压力开关起泵环节，作为

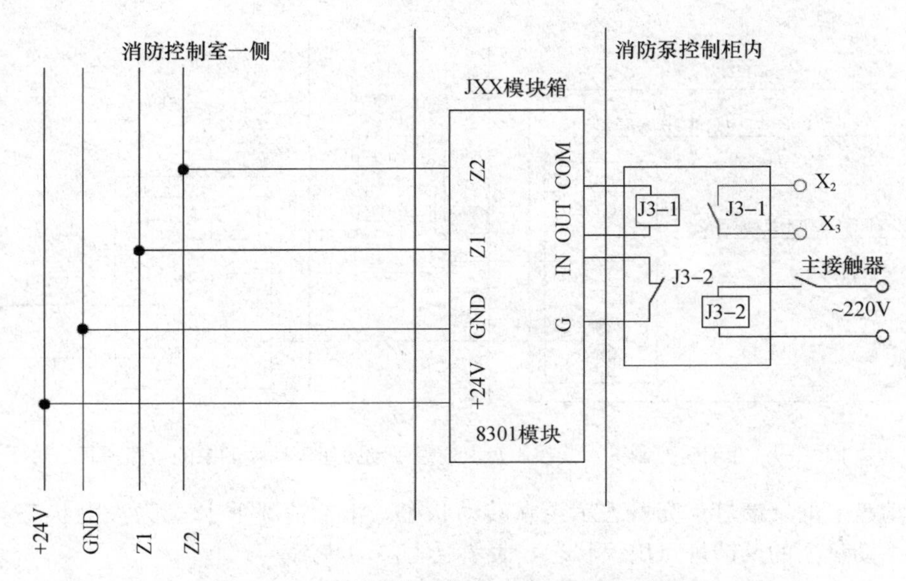

图 21-11　通过总线模块启动喷洒泵的电路原理

起泵可靠性的一个冗余环节。

消防栓泵的起泵原理与喷洒泵的起泵原理完全相同。唯一区别就是消防栓泵采用了消防栓箱内按钮起泵，人工操作，且有泵启动信号返回至消防栓箱处，让消防人员可以直观确认，泵已经被启动。

新规范取消消防栓箱内消防栓起泵按钮，代之以压力开关起泵环节，是不明智的。消防栓箱内消防栓起泵按钮是人为触发环节，是非常可靠的操作，压力开关动作信号，只应接入报警总线，联动启动消防泵。不应采用压力开关直接起泵，压力开关直接起泵的可靠性与消防栓箱手动起泵按钮相比，可靠性差，且消防人员无法直观观察泵是否被启动，这也是世界各国普遍保留消防栓箱内消防栓起泵按钮的根本原因。

2. 消防泵控制柜的现状

图 21-12 为某品牌消防泵厂家配套的电器控制柜的外接端子。

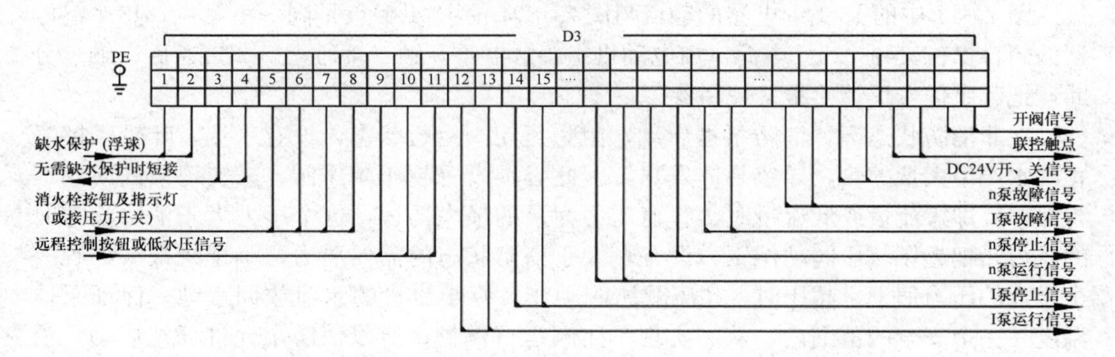

图 21-12　某品牌消防泵厂家配套的电器控制柜的外接端子

联动控制触点给出两根线，是依图 21-11，还是依图 21-12 接线呢？本图联动控制的意图显见是依从 DCS 自动控制的做法，外接无源触点闭合则起泵，外接无源触点分断则停泵。这种控制与10D303-3第41页起泵电路是相同的，但是却完全不满足消防泵控制柜标准。《低压开关设备和控制设备固定式消防泵的驱动器》（GB/T 21208—2007）引言部分的规定。

消防泵控制器和其他控制器结构及安装应用的几种示例如下：

1）所有消防泵控制器：

a）在试图起动一个有故障的电动机/消防泵并使其持续运行时，可以“牺牲”主电路导体及元件（即允许暂时性或永久性的损坏）。

b）消防泵控制器应具有高度可靠性。在检测到喷淋管道中压力下降时或由其他自动火灾探测设备自动启动消防泵驱动器以抑制火灾。

c）外部控制电路的故障不应阻碍由其他内部或外部方式操作消防泵。

d）应将外部控制电路设置成为，任何外部电路的故障（开路或短路）均不会阻碍由其他内部或外部方式操作消防泵。这些电路的损坏、断开、短接或失电能引起消防泵的持续运行，但不因为外部控制电路以外原因而阻止控制器起动消防泵。

e）外部自动起动方式应通过断开外部装置中一个常闭触点实现控制器中正常通电的控制电路断电。

f）当允许有外部起动按钮或其他启动装置时，控制器不应配备用于远程关闭的装置（远程关闭按钮不应使用）。

g）当控制元件的损坏可能引起电动机启动，这种不正常的启动是允许的。

10D303-3第41页起泵电路如图21-13所示。

图21-13中，多个报警阀组上的压力开关常开接点接于220V线路上，该导线发生短路、接地故障时，控制电路保护用熔断器熔断，这是错误的做法。本图多个压力开关常开接点并联起泵，线路折断时，人员无法发现，在消防时无法起泵。压力开关起泵后，KA4闭锁，误启动状态下，如需停泵，需要消防人员去消防泵控制柜处停泵。消防起泵节点K，应并联连接KA6常开触点，自锁，使起泵一旦启动，不受外电路断路的短路的影响。触点自锁，如欲远程停泵，需要依图21-8串接停动触点。这样修改仍然是不完善的，不能在消防控制室内简便地停动消防泵。

我国现行的消防泵的启动控制柜很少有正确的电路，既无法满足报警厂家的配置，也无法满足GB/T 21208—2007引言部分的规定。自动起泵后，是不允许自动停泵的（不包括断电缺水情况），必须人工手动停泵。规范强制要求消防泵控制柜必须适配手动盘手动控制（16D303发布后，这个手动盘变成了许多个CJK-22按钮组成的一个非标按钮盘，这是错误的）。新规范条文内容，表达及绘制不准确。

10D303-3第42页起泵电路如图21-14所示。

结合图21-10、图21-12、图21-13来看，X1：9；X1：10端子间接线，或者K断开，KA6失电停泵。从图21-10来看，从消防控制室到消防泵房，任何一处导线断开，J1-1失电，K就断开，KA6就失电停泵。因此启动环节是错误的。消防控制室手动紧急起泵环节也是错误的，根本就不能这样设计，应当依本文图21-10做手动起泵设计。当然这个图的热过载保护也是错误的，图21-13中1＃泵过载，2＃泵被投入，因1＃泵热继自复而强行断开2＃泵，存在1＃泵故障停动，1＃热继自复后，又抢动的错误逻辑。

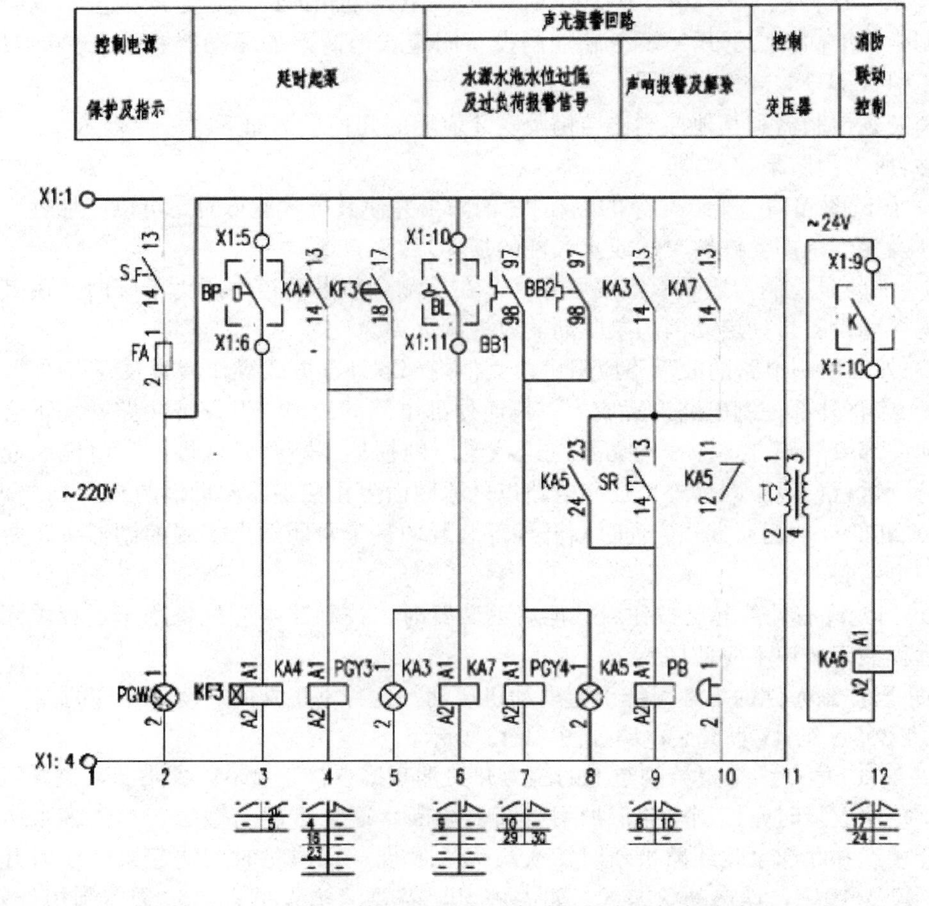

图 21-13　10D303-3 第 41 页一用一备喷洒泵启动控制电路原理

3. 联动问题讨论

无关人员操作的启动控制与停动控制，都是自动控制。有关人员操作的，都叫手动（自动控制模式下的手动操作）。

在报警规范中，对自动控制又细分了一层，通过报警总线控制的自动操作，为联动控制。不通过报警总线的自动控制，称直接控制。

消防报警控制器对消防设备的控制可分为两类。一类由总线联动控制启动，启动之后，不允许自动控制停动。包括火灾时一切需要改变运行状态的设备，如卷帘门、声光警报器、空调、电梯迫降、各种阀门、广播切换、切非、应急灯点亮、各类泵、各类风机。控制功能通过总线、现场模块来实现，探测器一旦动作，这些设备就被启动。

联动控制盘上设有手动按钮，在报警状态与非报警状态下，手动按钮都可以人工操作启动现场设备，却不能停止现场设备的运转。按钮通过报警控制器编程授权，报警控制器不授权，无论报警状态与非报警状态都不能通过联动控制盘，手动控制现场设备，如果报警控制器故障，该联动控制功能就完全丧失，无论自动或者手动，都无法操作现场设备。

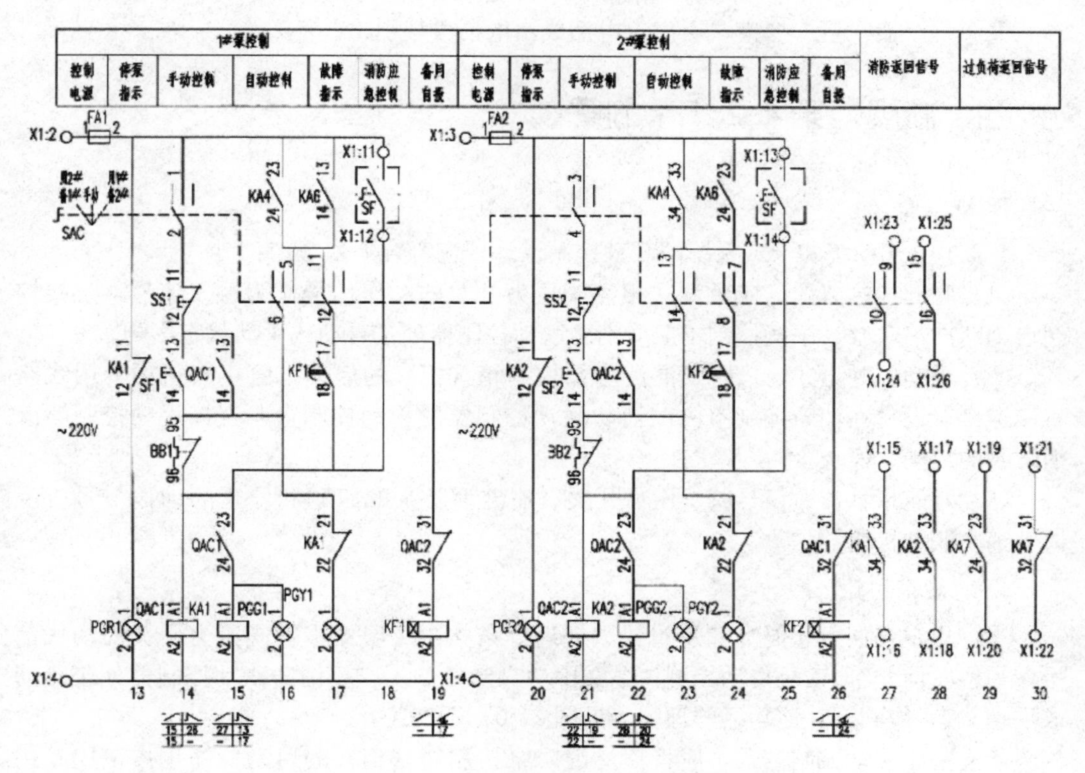

图 21-14　10D303-3 第 42 页起泵电路

另一类由直接控制盘启动，如风机、消防泵等类设备。控制功能通过多线（多线名称为区别于总线而引入）、终端器模块来实现。探测器一旦动作，这些设备就自动启动。直接控制盘上设有手动按钮，在报警状态与非报警状态下都可以人工操作启动、停止现场设备，如果报警控制器故障，与探测器的联动功能丧失，但是该手动控制功能仍然存在。

4. 报警控制器主要结构介绍

目前，智能报警控制器多为 CAN 总线报警控制器。其内部结构由主板、报警控制回路板、485 通信板、232 通信板、电源板、手动控制盘、直接控制盘组成，产品手册均有详尽的介绍。

板与板之间的电源是公共的，任何板都必与电源连接。由主板备有若干回路板插槽，一个为 485 通信板插槽、一个为 232 通信板插槽。

直接控制盘通过 16P（16 个插脚）或 10P 的排线与回路板连接以外，没有任何导线与其他设备有连接，经由报警二总线对各个现场设备进行启动控制。报警控制器故障，直接控制功能丧失。

手动控制盘通过 16P 或 10P 的排线与回路板连接以外，还要布设 3 根直接控制线（也叫多线控制线）到现场对设备进行单一的控制动作，一个泵（互为一用一备的两个泵，视为一个泵）如果需要启动/停动双动作控制，需要布设 6 根线到现场。

从报警控制器引出的导线类型包括报警总线、手动控制线（也叫多线控制线）、

24V电源。广播线由广播模块引出，电话线由电话模块引出。

四、新规范第4.2.1条的解读

1. 规范原文

4.2.1 湿式系统和干式系统的联动控制设计，应符合下列规定：

(1) 联动控制方式，应由湿式报警阀压力开关的动作信号作为触发信号，直接控制启动喷淋消防泵，联动控制不应受消防联动控制器处于自动或手动状态影响。

(2) 手动控制方式，应将喷淋消防泵控制箱（柜）的启动、停止按钮用专用线路直接连接至设置在消防控制室内的消防联动控制器的手动控制盘，直接手动控制喷淋消防泵的启动、停止。

(3) 水流指示器、信号阀、压力开关、喷淋消防泵的启动和停止的动作信号应反馈至消防联动控制器。

2. 对规范讨论

这一规定存在概念混乱和逻辑错误问题。条文中“湿式报警阀压力开关的动作信号作为触发信号”，这是自动控制；条文中“自动控制不应受消防联动控制器处于自动或手动状态影响”，对该句话的理解参见图21-8，不赘述。

条文中“手动控制方式，应将喷淋消防泵控制箱（柜）的启动、停止按钮用专用线路直接连接至设置在消防控制室内的消防联动控制器的手动控制盘，直接手动控制喷淋消防泵的启动、停止。”

该手动控制方式，应当是指直接控制盘上的手动按钮。而不是消防泵控制箱（柜）的启动、停止按钮，这个按钮是不能引出控制柜的，一旦引出，柜外线路发生断路时，导致无法手动起泵，柜外线路发生短路时，将导致无法手动停泵。这是错误的。该手动控制方式，当然也不是10D303-3第42页起泵电路中的那个手动紧急起泵按钮，该设计图是不严谨的。

条文中“水流指示器、信号阀、压力开关的动作信号应反馈至消防联动控制器。”这些都是报警信号，和探测器一样，连接到报警总线上去，独占一个报警地址。水流指示器、信号阀、压力开关的动作信号是报警信号，不是反馈信号，该信号在报警控制器的显示屏上显示，没有办法在联动控制盘上给出一个操作按钮，不可能反馈至消防联动控制盘上”。

条文中“喷淋消防泵的启动和停止的动作信号应反馈至消防联动控制器。”这些必须的。无论联动、自动、手动都必须具有这项功能，反馈信号取自主电路接触器的常开触点或常闭触点。接触器代表运行状态，有两个反馈路径：通过报警总线反馈到消防联动控制盘上；通过直接控制专用导线到直接控制盘上。

新规范对于泵与风机的启动控制，万分小心，生怕误动。NFPA20规定，允许误启动，不允许误停动。非火灾情况下，误启动是被允许的，火灾状态下的误停动是不被接受的。因此，控制电路的设计技术较为复杂。我国在役的风机控制箱、水泵控制箱控制电路设计多有不严谨之处。在我国，火灾后果之所以非常严重，多由于消防风机、消防泵的控制电路存在严重问题。这些问题导致启动过程、运行过程、保护过程不可靠。新规范 4.2.1 的起泵条件，更加加剧了这种种的不可靠性。

消防控制电路设计的基本原则为任何报警信号，即便是虚假的报警信号，也必须启动风机与水泵，且应当严格遵守“自动启动，手动停动”的原则。这样才能够确保在任何情况下，都能立即实施消防。当前，产品技术已十分成熟，能够做到有警必动，且能够非常简便地使消防报警系统与联动系统恢复为报警前的初始状态，并且消防设备的启动不会伤害或损毁人员、物品。从报警设备的联动功能上来看，这种做法应当是普遍的做法。因为报警与联动几乎无时差，所以厂家给出的报警与联动用导线，都是普通导线，既不是阻燃导线，也不是耐火导线。因为有警必动，该动作的都动作了。又因为 RVS 是软结构导线，软结构导线不存在耐火导线种类。

22 以应急照明灯电路原理论建筑电气之乱象

阅读提示：简述应急照明灯的电路原理图，分析14X505图集中的错误，指出我国的应急照明体系中存在的问题。

规范乃技术服务于体系之工具，是对某一体系内部各个对象之间的秩序和联系的规定，并以国家强制手段执行，以实现经济、技术、安全相统一的工程目标。

一、规范中应急照明体系存在的错误

应急照明体系涉及场所、照度、供电、线路、控制、灯具性能等因素。与应急照明相关的规定欧洲、美国等国家和地区几乎无差别。

EN 1838-2013 Lighting applications —Emergency lighting

照明设备-应急照明

3.1 emergency lighting provided for use when the supply to the normal lighting fails [SOURCE：IEC 60050-845]

3.1 应急照明灯：当正常照明供电失败时，使用的照明灯具 [来源：iec60050-845]

AS 2293.1—2005 Emergency escape lighting and exit signs for buildings Part 1：System design，installation and operation

建筑物的紧急出口照明和出口标志、系统设计、安装和运行。

1.4.14 Emergency lighting for use when the supply to the normal lighting fails；it includes emergency escape lighting，illuminated emergency exit signage，high-risk task-area lighting and standby lighting. NOTE：Only emergency escape lighting and illuminated emergency exit signage are addressed in this Standard.

1.4.14 应急照明灯，当正常照明供电失败时，使用的应急照明灯具：它包括紧急逃生照明、照明紧急出口标志、高风险的任务区域照明和备用照明。注：本标准只处理紧急逃生照明和照明紧急出口标志。

NFPA101-2006 Life Safety Code 生命安全规范

7.9.2.3 The emergency lighting system shall be arranged to provide the required illumination automatically in the event of any interruption of normal lighting due to any of the following：

(1) Failure of public utility or other outside electrical power supply.

(2) Opening of a circuit breaker or fuse.

(3) Manual act (s), including accidental opening of a switch controlling normal lighting facilities.

7.9.2.3 应急照明系统应在任何正常照明中断的情况下，自动提供所需的照明，原因如下：

(1) 公用事业或者其他外部电力供应中断时。

(2) 断路器或熔断器的开启时。

(3) 手动操作，包括意外打开控制正常照明设施的开关时。

三个规范中，均为正常照明灯具失去供电时，点燃应急照明灯具。三个规范中点燃的措施均采用断电点亮的方式。

《火灾自动报警系统设计规范》(GB 50116—2013) 第 4.9.1 条：消防应急照明和疏散指示系统的联动控制设计，应符合下列规定：

3 自带电源非集中控制型消防应急照明和疏散指示系统，应由消防联动控制器联动消防应急照明配电箱实现。

该条文中“消防联动控制器”应为“火灾报警控制器（联动型）”该条文中“消防应急照明配电箱”，欧洲、美国等国家和地区规范没有。对于本条第 1 款、第 2 款技术高、投资大的技术要求，有些浪费。

欧洲、美国等国家和地区规范没有要求联动切除普通照明的规定。普通照明是不应当自动切除的。在消防工作实施之前，普通照明的光也是光，且照度高，相较于应急照明更有利于人员疏散，不存在消防联动关闭普通照明及联动启动应急照明的必要性。火灾时，普通照明灯关闭的条件：

(1) 因火灾导致短路，断路器分断，意外被关闭。

(2) 因供电电源故障，意外被关闭

(3) 因消防工作所需不得不人为关闭。

普通照明被关闭，应急照明被启动是同时发生的事情。不关闭普通照明，不需要启动应急照明，关闭普通照明，必须启动应急照明，这是常识。

图 22-1 引自 14X505-1 第 31 页，是建筑电气施工图中必不可缺的内容，该图存在的问题如下：

(1) 图纸标题文不对题，标题应为：自带（应急）电源集中控制型消防应急照明和疏散指示系统图。引出的导线为：控制线、充电线、中性线、PE 线 4 根导线。

(2) 规范第 4.9.1 条：消防应急照明和疏散指示系统的联动控制设计，应符合下列规定：自带电源非集中控制型消防应急照明和疏散指示系统，应由消防联动控制器联动消防应急照明配电箱实现。

(3) KA 两侧应注 V+、V-表示直流电流的正负极，不应标注 N，N 是交流电源，中性线的专称。“消防信号”应为“消防联动模块常开触点”，此处如果采用电平输出，无法关闭应急灯，若采用脉冲输出，应急灯闪亮 10s 就会自行熄灭，意义不大。

(4)“车库照明”应为“车库应急照明”，假定“消防联动模块常开触点”为电平输出，接通 KA 后，KA 持续接通，应急灯持续点亮。

(5) 在控制线、充电线、中性线、PE 线中，控制线与充电线均为相线，充电线与

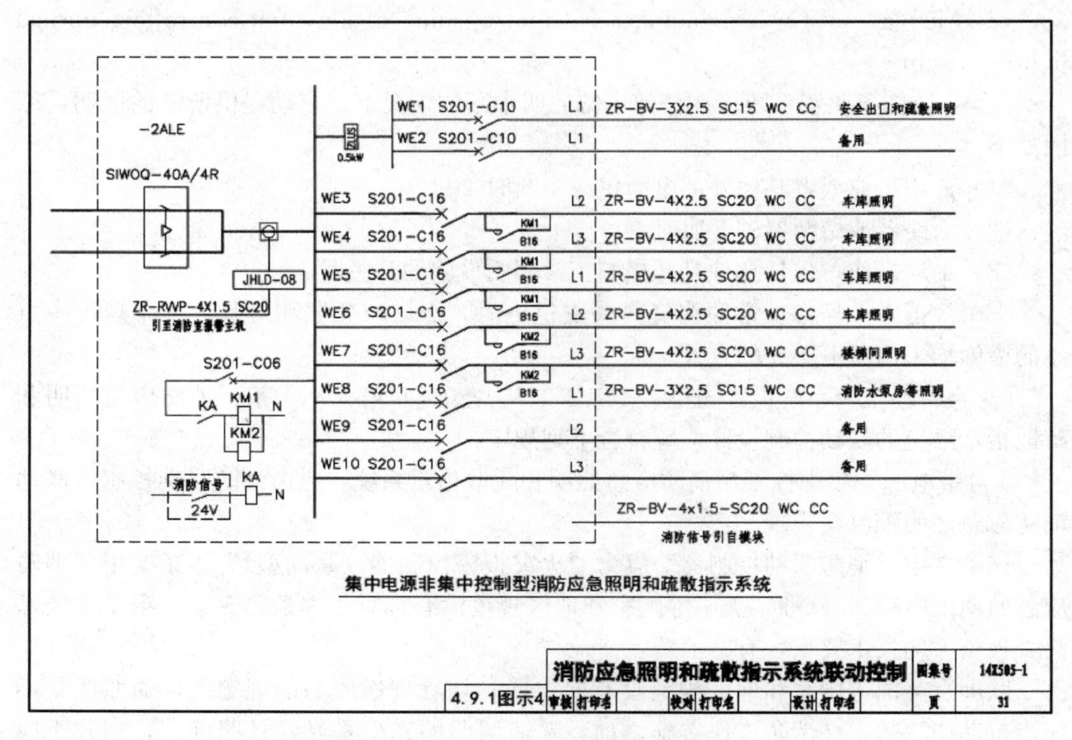

图 22-1　消防应急照明与疏散指示控制箱系统图

中性线引接入灯具的全波整流电路，全波整流器之后的电路为直流电路，控制线不能接入全波整流之后，必须接在整流器之前。

（6）火灾消防时不断电是否可行，如何断电。

（7）应急灯是否需要做定期的充放电试验，如何做。

二、消防应急照明灯电路介绍

消防应急照明灯电路包括整流电路、稳压电路、充电电路、激励电路、显示电路。目前集成度非常高，元件电路较少，电路极为简化。

图 22-2 为某品牌消防应急灯电路图，图 22-1 中的控制线是相线，没有任何办法接入灯具，相线又不可以任意悬空放置，因此有许多厂家，空设一个接线端子用来固定导线。这种灯具通过消防验收的唯一办法，是在图 22-1 中双切开关后面加设断路器，采用消防模块接通分励脱扣电路，使断路器分断，从而实现断电，强制点亮应急灯。应急配电箱内设置的控制线、KA 继电器、KM 接触器、双电源供电装置没有用到。

近年来，带红外线人体感应延时节能开关 LED 消防应急照明吸顶灯、带声光控延时节能开关 LED 消防应急照明吸顶灯逐渐普及，作为普通照明的一部分，这些灯在火灾时可应急使用，这极大地方便了设计人员选型。该类灯具电路如图 22-3 所示。

（注：DC9 伏前整流电路从略）

在整流器后面的电路中，实现红外线感应信号、声光信号控制点亮或熄灭的灯具

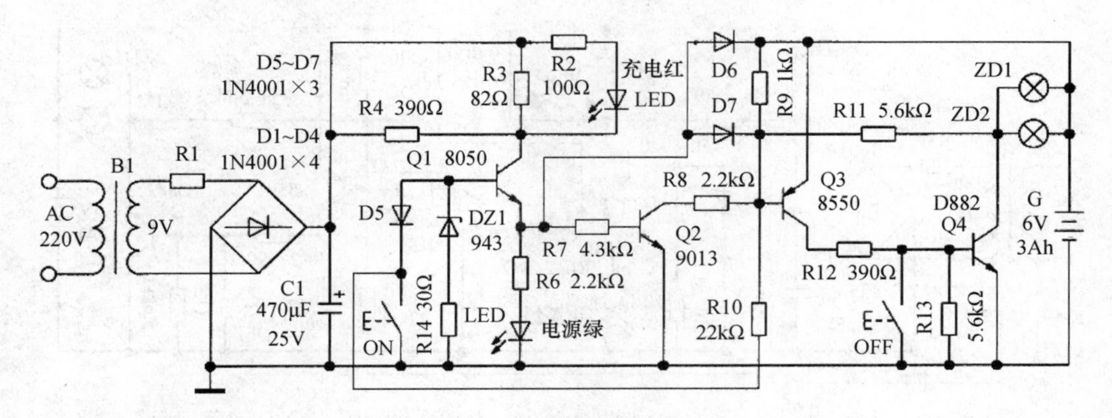

图 22-2　某品牌消防应急灯电路图

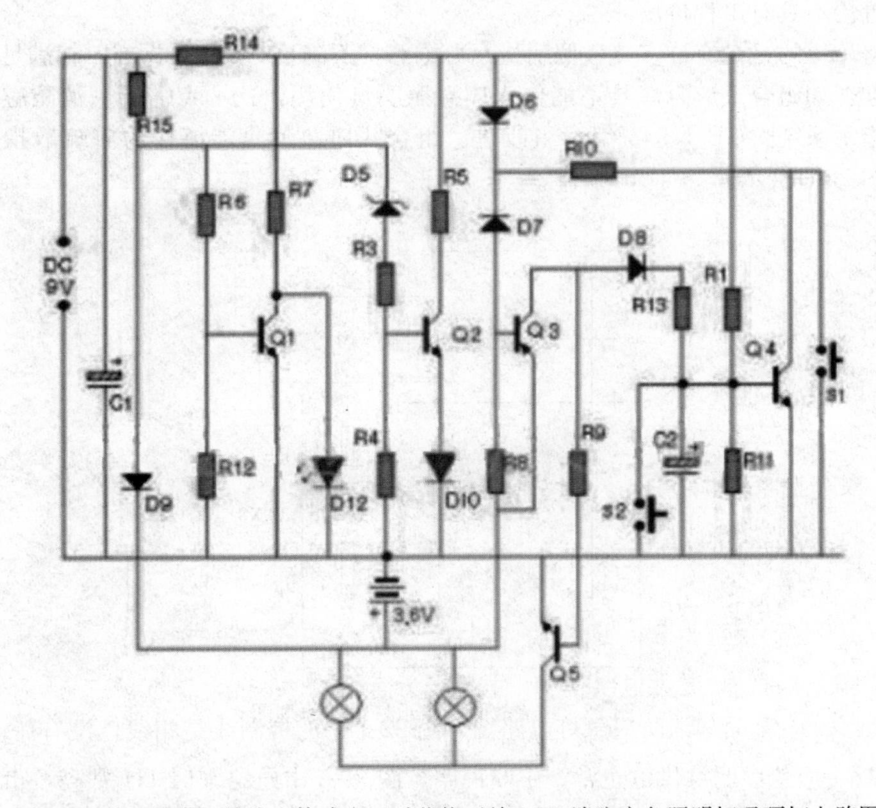

图 22-3　某品牌带红外线人体感应延时节能开关 LED 消防应急照明灯吸顶灯电路图

普遍可见。而能够实现图 22-1 功能的应急灯具，没有实例。在图 22-2 中，增加一个继电器，可以满足图 22-1 中的控制功能，如图 22-4 所示。

图 22-4 为接入消防强启线的唯一方法。当消防强启线接通时，KA 接通，Q1、Q2 截止，Q3、Q4 导通，灯具应急点亮。此时充电线不再向灯具及蓄电池提供电源，仅依靠蓄电池供电，因此图 22-1 中的双电源在应急灯工作于消防模式下无供电功能。由此可见，把消防强启线线勉强接入灯具以后，图 22-1 中的双切开关，双电源设置，消防

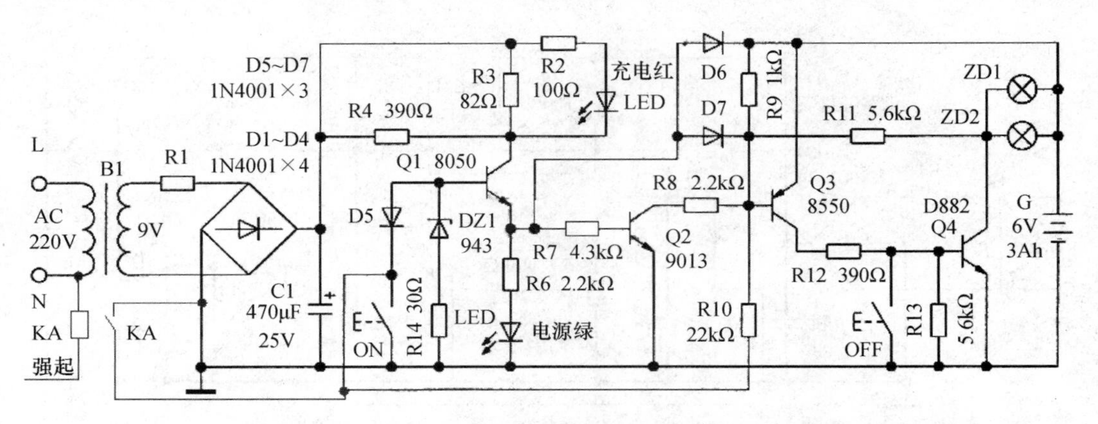

图 22-4　满足图 22-1 消防应急照明与疏散指示控制箱系统的应急灯电路原理图

联动设置均不具有工程价值。

值得一提的是，有许多疏散照明指示灯电路，不满足 AS 灯具标准，却满足我国的国家标准，如组合式应急灯具不能作为应急照明灯使用，这一点需要《消防应急照明和疏散指示系统》GB 17945 编写组改进。组合式应急灯具能够作为应疏散指示灯使用，如图 22-5 所示。

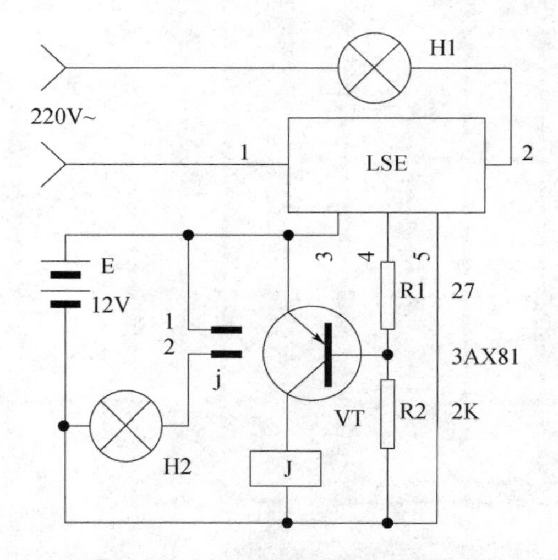

图 22-5　疏散照明指示灯电路原理图

表 22-1 应急照明灯供电正常、中断说明，图 22-5 中电路平时 H1 常亮，市电缺失时，H2 应急点亮。AS 规定如表 22-1 所示。

应急照明灯	市电正常时	市电中断时
非持续点亮型	H1 与 H2 均熄灭	H1 与 H2 均应点亮
持续点亮型	H1 与 H2 均点亮	H1 与 H2 均应点亮
组合式非持续点亮型	H1 与 H2 一灭一亮	亮变为灭，灭变为亮
组合式持续点亮型	H1 与 H2 均应常亮	一灭一亮

图 22-5 中的灯具是组合式非持续点亮型应急灯具，市电正常时，H1 与 H2 一长灭一长亮，市电中断时，亮变为熄灭，灭变为点亮，因此该灯具满足 AS 标准。

三、消防应急照明灯的配电问题

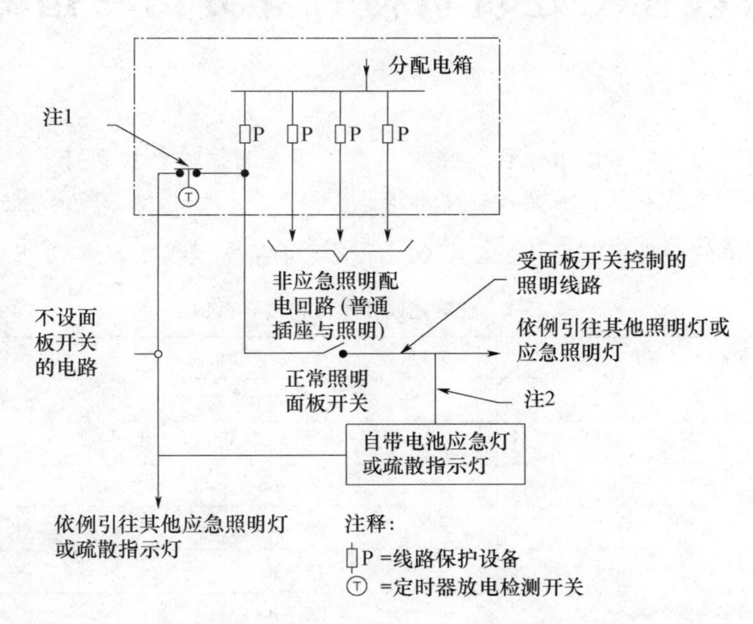

注：1. 当引出多个应急照明回路时，应采用多极延时继电器控制。

2. 该连接不适用于非持续型灯具。

图 22-6 消防应急照明灯、疏散照明指示灯与普通照明同线路设置示例图

图 22-6 摘抄自 AS 2293.1—2005 附录 C，比如持续点亮型的疏散指示照明，允许直接挂接在普通照明线路上，普通照明采用面板开关控制，疏散指示不设置控制开关，即注 2，适用于持续点亮型应急灯。因为缺少放电检测环节，无法知道灯具是否损坏，所以这种混合接线的方式，不适合非持续点亮型的灯具。

对于非持续点亮的灯具，可从普通照明回路保护开关处，并联引出一个应急照明配电回路，并设置放电检测定时器开关。该方法适用于欧洲、美国等国家和地区，限于篇幅不再一一引证。

四、结论

我国规范，就应急照明体系方面来讲，配电要求以 JGJ 16—2008 为准，控制要求以 GB 50116—2013 为准，敷设方式以 GB 50016-2014 为准。欧洲、美国等国家和地区的规范规定简单，实施简便，而我国规范过于复杂且不够准确。

23　再议住宅建筑负荷计算方法与指导意义

阅读提示：通过对枣庄市地区居民用户实际用电量调查，探讨建筑工程电气设计中，负荷计算的方法及指导意义，确立平均负荷作为负荷计算的基本原则。

住宅建筑电气设计规范 JGJ 242—2011 第 3.4.1 条文说明如表 23-1 所示。

表 23-1　住宅建筑用电负荷需要系数

按单相配电计算时所连接的基本户数	按三相配电计算时所连接的基本户数	需要系数
1～3	3～9	0.90～1
4～8	12～24	0.65～0.90
9～12	27～36	0.50～0.65
13～24	39～72	0.45～0.50
25～124	75～300	0.40～0.45
125～259	375～600	0.30～0.40
260～300	780～900	0.26～0.30

条文说明指出：住宅建筑用电负荷需要系数的取值可参见表 23-1。

以每户设计安装容量为 6.0kW，采用本表计算负荷，存在两种不合理的结果：

（1）200 户与 300 户的按单相连接计算负荷结果如下：

KX 取值，200 户的需要系数取值为 0.4，300 户的需要系数取值为 0.26，

P200＝200×6.0×0.4＝480kW

P300＝300×6.0×0.26＝468kW

出现 300 户用电负荷小于 200 户用电负荷的情况，这与经验常识不相符合，表 23-1 给定的需要系数值不合理、不科学。

同样为 300 户的小区，当采用三相连接时，计算负荷如下：

300×6.0×0.45＝810kW

与采用单相连接计算结果 468kW，差别很大。同样的小区，同样多的户数，无论是单相连接，还是三相连接，用电负荷都是一个客观数值，不会因三相连接用电量大增，也不会因单相连接用电量减少。表 23-1 中的应用结果与经验不一致。

即使取同一栏计算，也会出在这样的问题。

如 125～259 挡，如果 125 户的需要系数取值为 0.4，167 户的需要系数取值为 0.3，那么 125×0.4≈167×0.3＞150×0.3

即 125 户需要系数取值为 0.4，与 167 户需要系数取值为 0.3 计算负荷相同，比

150户需要系数取值为0.3计算负荷还要大，这与经验常识不符。在工程实践中，需要系数取值更是因人而异，导致相同户数的不同工程，负荷计算结果迥异。因此表23-1中在数据工程实践中，存在理论不严密，计算结果不科学的问题。

应当探求正确的与科学的负荷计算方法。在对枣庄市市区居民用电量进行数据采集与数据分析研究后发现，住宅建筑用电量分布状态符合正态分布。因此提出住宅建筑负荷计算应引入平均负荷的概念，采用平均负荷与户数简单累乘计算的负荷计算方法。

一、原始数据采样说明

枣庄市电业局自2012年7月1日起，开始试行阶梯电价。把居民用户每月用电量划分为三档，实行阶梯电价，分档递增：

第一档：每户每月用电210kW·h及以下，执行现行电价，每度电为0.5469元；

第二档：每户每月用电210kW·h～400kW·h之间部分，在现行电价基础上，每度电加价0.05元；

第三档：每户每月用电400kW·h以上部分，在现行电价基础上，每度电加价0.3元。

由于阶梯电价被普遍应用在电费缴收政策中，阶梯电价对居民用电意愿的影响目前还无法估算。枣庄地区的居民实际用电量是否会比非阶梯电价的居民实际用电量低，尚难定论。

依据枣庄市2011年政府工作报告，2011年山东省枣庄市城镇居民人均可支配收入超过2万元，居民的收入水平对居民实际用电量的影响，也不好妄下定论。

二、数据分析

本次居民用户实际用电量样本数据，采用人工随机抽样获得。样本共取自5个小区，合计为150户，为2012年7月用电量，样本数据如表23-2所示，样本描述统计如表23-3所示。

表23-2　居民用户2012年7月用电量样本数据

序号	用电量度	序号	用电量度	序号	用电量度	序号	用电量度	序号	用电量度
1	140	9	225	17	122	25	212	33	185
2	177	10	213	18	313	26	43	34	324
3	118	11	608	19	84	27	318	35	297
4	164	12	134	20	226	28	260	36	409
5	153	13	283	21	168	29	209	37	528
6	281	14	203	22	7	30	368	38	147
7	416	15	238	23	447	31	14	39	234
8	254	16	124	24	685	32	388	40	141

续表

序号	用电量度	序号	用电量度	序号	用电量度	序号	用电量度	序号	用电量度
41	303	63	198	85	406	107	183	129	140
42	199	64	201	86	427	108	268	130	89
43	245	65	201	87	445	109	575	131	84
44	148	66	216	88	446	110	364	132	136
45	276	67	222	89	449	111	155	133	747
46	533	68	223	90	451	112	205	134	658
47	423	69	225	91	461	113	312	135	170
48	199	70	229	92	471	114	274	136	54
49	172	71	235	93	498	115	151	137	88
50	437	72	254	94	523	116	152	138	84
51	8	73	256	95	546	117	48	139	177
52	14	74	261	96	559	118	162	140	83
53	31	75	263	97	600	119	213	141	182
54	88	76	283	98	648	120	127	142	254
55	105	77	287	99	55	121	213	143	633
56	106	78	295	100	328	122	127	144	210
57	137	79	307	101	165	123	153	145	352
58	139	80	312	102	212	124	307	146	22
59	162	81	331	103	540	125	313	147	220
60	163	82	367	104	168	126	410	148	116
61	171	83	373	105	230	127	656	149	158
62	188	84	391	106	456	128	214	150	125

表 23-3 样本描述统计

平均	266.0
标准误差	13.0
中位数	225.0
众数	254.0
标准差	160.0
方差	25485.3
峰度	0.23
偏度	0.83
区域	740.0
最小值	7.0
最大值	747.0
求和	39935.0
观测数	150.0
最大（1）	747.0
最小（1）	7.0
置信度（95.0%）	25.6

说明：

峰度 0.23：样本密度值图形非常接近正态分布的密度值图形。

偏度 0.83：样本密度值图形正偏差数值较大。

置信度 95%表示再次从相同的住宅小区内，任意抽选 2012 年 7 月间枣住宅居民用电数据样本，求得平均用电量在（266±25.6）kW·h 范围内的可能性是 95%。

样本概率值如图 23-1 所示，累积概率分布图如图 23-2 所示。

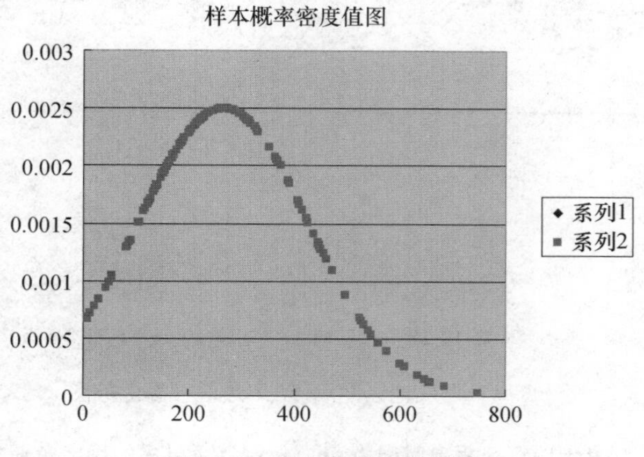

图 23-1　样本概率密度值图

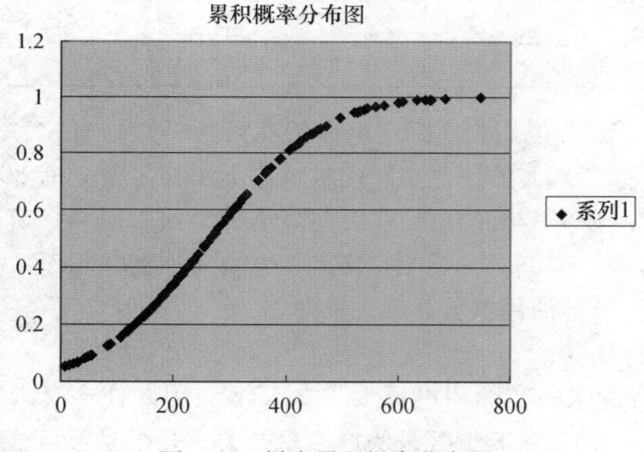

图 23-2　样本累积概率分布图

三、计算负荷的估算

从以上分析可以得出一个结论，居民用电量在统计学上成正态分布，月用电量不超过 200kW·h 的居民占总数的 34%，月用电量不超过 400kW·h 的居民占总数的 80%，月用电量不超过 600kW·h 的居民占总数的 98.2%。

住宅每户设计安装容量为 6.0kW 时，7 月份以 31d 计，则有 600/6/31＝3.22h，即：假定所有居民，每天用电时间为 3.22h 时，会有 1.8%的居民面临设计负荷偏小的问题。从枣庄地区 2012 年 7 月份气温走势图（图 23-3）可见，7 月份为用电高峰期，考虑居民使用空调器的因素，设定居民每天用电时间为 6h，折算居民的用电负荷如表 23-4 所示。

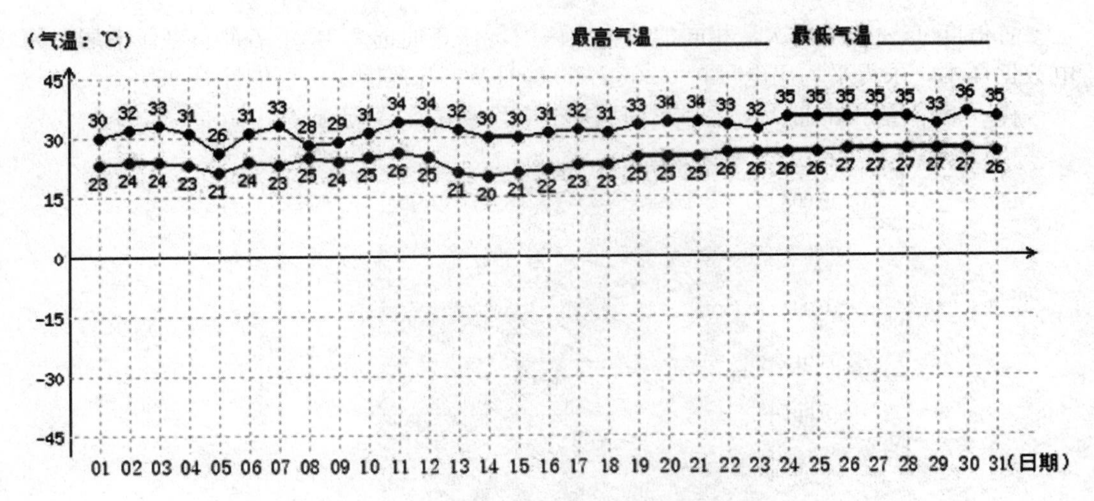

图 23-3　枣庄地区 2012 年 7 月份气温走势图

表 23-4　7 月份以每天用电时间为 6h，折合计算居民的用电负荷分布情况

用电量（kW・h）	＜100	＜200	＜300	＜400	＜500	＜600	＜700
折算负荷（kW）	＜0.5	＜1.0	＜1.5	＜2.0	＜2.5	＜3.0	＜3.5
累积概率（%）	15.8	35.0	60.0	80.0	92.6	98.2	99.6

该样本中，有 15.8％的用户实际用电负荷不到 0.5kW；有 35.0％的用户实际用电负荷不到 1.0kW；有 60.0％的用户实际用电负荷不到 1.5kW；有 80.0％的用户实际用电负荷不到 2.0kW；有 92.6％的用户实际用电负荷不到 2.5kW；有 98.2％的用户实际用电负荷不到 3.0kW；有 99.6％的用户实际用电负荷不到 3.5kW，这是非常保守的计算方法，计算结果比实际的用电负荷要大许多。

由表 23-4 可以得出：

（1）仅有 0.4％的居民实际用电量大于 3.5kW。因此住宅套内配电安装容量设计为 6.0kW 是偏大的，即依此容量配设的户内总开关，几乎是不可能过载跳闸的。全国广大小区广大居民很少出现过载跳闸的事例即源于此。本指标的意义是，配套户内的配线标准与保护开关制定标准，没有参与负荷计算的实际价值。

（2）用电量成正态分布，居民实际的用电负荷也应呈正态分布。

（3）根据平均用电量在（266±25.6）kW・h，置信度为 95％，取平均用电量 400kW・h，折算负荷为 2.0kW 作为负荷计算的基本数据，可认为设计余量充足。

三、小区总计算负荷实例

由于月用电多于 400kW・h 的用户，占总户数的 20％，无法排除这些用户集中居住在一起的可能，因此配电中户数少于一定数量（不满足最低样本数量 30 户）时，按最大值 3.5kW 确定小区用电容量。

(1) 30 户以下时，小区用电量：$P(n) \geqslant N \times 3.5\ kW$　　(1)

其中：N 为户数，每户平均负荷为 3.5 kW

(2) 30 户以上时，小区用电量：$P(n) \geqslant 2N \times 2\ kW$　　(2)

其中：N 为户数，每户平均负荷为 2.0 kW

本式可作为枣庄地区小区配电负荷计算公式，用来估算变压器容量及敷设配电电缆，同时作为选择保护开关的依据。

本公式确定性：居民用电月最高平均值是确定的，这个数值的变化是由居民生活习惯决定的，收入差别对平均用电量的影响甚微。

本公式不确定性：本次调查对居民家用电器及组合使用最大功率不得而知，但是这并不影响对居民用电量的评估。

居民用电负荷服从（平均数，标准方差）正态分布，居民平均用电负荷是一个客观存在的数值，不随户数增加而增加，也不随户数减少而减少。规范及技术措施上所提供的需要系数表，没有充分的理论依据，不符合居民用电实际情况，应当尽早予以纠正。

24 枣庄市居民用电负荷现状调查

阅读提示：通过对山东省枣庄市地区多个住宅小区居民用户实际用电量调查，探讨建筑工程电气设计中，负荷计算存在的问题。

由于阶梯电价被普遍应用在电费缴收政策中，所以应当对居民实际用电量真实分布情况做一个客观的评估，并据此分析居民用户用电量的基本情况，提出低压配电设计中负荷计算的重要依据与重要公式。

一、原始数据采样说明

依据枣庄市2011年政府工作报告，2011年山东省枣庄市城镇居民人均可支配收入超过2万元，本文以此作为所调查居民小区居民收入依据。

由于电业局收费系统升级，2011年居民用电量数据不便于查询阅。本文采集了2012年的居民用电量，所调查居民用电量与居民收入水平关联性不甚紧密。

枣庄供电公司提供的居民用户实际用电量样本数据采用人工简单随机抽样获得。样本共取自5个小区，2012年8月6号下午，随机抽取每个小区各30户居民2012年6月当月用电量数据。2012年9月6号下午随机抽取每个小区各50户居民2012年7月当月用电量数据，两次共取样403个数据。其中桃园小区某用户2012年6月用电量2765kW·h，桃园小区某用户2012年7月用电量2173kW·h，广场花苑小区2012年7月用电量3708kW·h，三个样本数据被舍弃，其他数值均为原始数据一次抽得。

2012年6月居民用户实际用电量如表24-1所示。

表24-1 2012年6月份小区居民用电量抽样表

序号	A光明小区 共209户	B文化四村 共500户	C文化三村 共728户	D广场花苑 共1078户	E桃园小区 共1194户
1	67	63	175	308	85
2	20	116	15	213	128
3	112	143	153	137	85
4	95	31	54	146	129
5	127	44	98	123	19
6	177	58	59	315	74
7	93	134	69	51	91
8	51	177	31	222	590

续表

序号	A光明小区 共209户	B文化四村 共500户	C文化三村 共728户	D广场花苑 共1078户	E桃园小区 共1194户
9	54	258	73	179	403
10	37	115	127	237	65
11	142	59	31	208	137
12	128	78	49	303	78
13	117	91	60	262	187
14	94	22	273	132	96
15	19	45	427	158	52
16	79	35	58	378	259
17	162	142	169	132	133
18	78	44	46	60	169
19	362	312	69	78	344
20	125	128	54	194	96
21	31	79	93	158	122
22	144	136	238	92	265
23	95	126	131	147	121
24	11	162	61	42	213
25	31	138	149	177	109
26	75	68	37	65	105
27	142	56	21	88	143
28	133	84	160	454	56
29	166	249	53	226	98
30	81	135	40	300	164

2012年7月居民用户实际用电量如表24-2所示。

表24-2 2012年7月份小区居民用电量抽样表

序号	A光明小区	B文化四村	C文化三村	D广场花苑	E桃园小区
1	185	456	300	254	139
2	20	658	21	324	373
3	342	313	87	212	263
4	239	116	134	199	559
5	308	328	158	177	14
6	115	168	101	281	106
7	311	54	206	409	406
8	272	84	145	147	445
9	67	575	746	608	171
10	79	89	84	368	309

续表

序号	A光明小区	B文化四村	C文化三村	D广场花苑	E桃园小区
11	201	230	279	416	137
12	244	220	204	423	546
13	230	307	251	685	261
14	319	136	85	388	331
15	74	165	186	118	31
16	914	214	178	260	295
17	423	88	158	528	427
18	73	22	192	533	523
19	103	55	180	140	8
20	120	140	64	209	307
21	24	151	T0	122	222
22	350	153	180	447	256
23	247	352	40	276	498
24	132	210	89	148	471
25	339	183	91	225	162
26	20	268	131	213	163
27	1094	540	90	153	105
28	394	213	127	168	235
29	73	364	176	134	188
30	107	205	159	203	201
31	97	633	217	245	461
32	155	158	150	172	600
33	161	152	189	313	223
34	16	192	265	226	229
35	151	274	12	124	216
36	692	125	202	437	648
37	178	155	286	283	198
38	165	48	166	84	225
39	502	170	70	297	391
40	179	182	114	303	451
41	64	410	387	43	283
42	245	83	100	141	449
43	240	254	180	199	451
44	492	956	84	318	287
45	364	177	75	234	446
46	155	212	501	164	88
47	110	747	330	185	367
48	192	127	944	7	254
49	220	84	438	14	312
50	254	312	992	238	201

二、原始数据分析

分析的理论基础，户配电箱系统设计模式是，10（40）A电能表，32A断路器，该工程设计限定了一个小时内户最大用电量不超过32×1.3=41.6A，用电容量41.6×0.22=9.0kW。当用电量超过该电流值时，必然会引起用户总断路器分断，由于没有出现普遍的用户表下总断路器因过载分断的现象，个别现象也极少发生，所以可以猜想居民用电负荷在0～40A之间满足某数学期望值与某方差下的正态分布，从而依据数理分析的理论，估算样本所属群体的负荷分布情况。

1. 2012年6月份小区居民用电量抽样表分析

表24-3　2012年6月份小区居民用电量抽样表样本描述统计

序号	光明小区		文化四村		文化三村		广场花苑		桃园小区	
1	平均	101.60	平均	110.93	平均	102.43	平均	186.17	平均	153.87
2	标准误差	12.40	标准误差	12.79	标准误差	16.20	标准误差	18.45	标准误差	21.62
3	中位数	94.50	中位数	103.00	中位数	65.00	中位数	167.50	中位数	121.50
4	众数	95.00	众数	44.00	众数	54.00	众数	132.00	众数	85.00
5	标准差	67.94	标准差	70.07	标准差	88.75	标准差	101.04	标准差	118.44
6	力左	4615.35	力左	4909.44	力左	7875.70	力左	10208.63	力左	14028.05
7	峰度	6.44	峰度	1.46	峰度	5.27	峰度	0.32	峰度	5.80
8	偏度	1.85	偏度	1.20	偏度	2.07	偏度	0.75	偏度	2.23
9	区域	351.00	区域	290.00	区域	412.00	区域	412.00	区域	571.00
10	最小值	11.00	最小值	22.00	最小值	15.00	最小直	42.00	最小值	19.00
11	最大值	362.00	最大值	312.00	最大值	427.00	最大值	454.00	最大值	590.00
12	求和	3048.00	求和	3328.00	求和	3073.00	求和	5585.00	求和	4616.00
13	观测数	30.00	观测数	30.00	观测数	30.00	观测数	30.00	观测数	30.00
14	最大(1)	362.00	最大(1)	312.00	最大(1)	427.00	最大(1)	454.00	最大(1)	590.00
15	最小(1)	11.00	最小(1)	22.00	最小(1)	15.00	最小(1)	42.00	最小(1)	19.00
16	置信度(95%)	25.37	置信度(95%)	26.16	置信度(95%)	33.14	置信度(95%)	37.73	置信度(95%)	44.23

表24-4　2012年6月份小区居民用电量概率密度值

序号	2012年6月份小区居民用电量抽样表					概率密度值				
	A光明小区共209户	B文化四村共500户	C文化三村共728户	D广场花苑共1078户	E桃园小区共1194户	A概率密度值	B概率密度值	C概率密度值	D概率密度值	E概率密度值
1	67	63	175	308	85	0.005157811	0.004505835	0.003217758	0.001908603	0.002844403
2	20	116	15	213	128	0.002854565	0.005678598	0.002766979	0.003811584	0.003288909
3	112	143	153	137	85	0.005803584	0.005127325	0.003821548	0.003507458	0.002844403
4	95	31	54	146	129	0.005844338	0.002970425	0.003873291	0.003648336	0.003294863
5	127	44	98	123	19	0.005475625	0.003607916	0.004489528	0.00324743	0.001761329
6	177	58	59	315	74	0.003171995	0.004280273	0.003987883	0.001751438	0.00268327
7	93	134	69	51	91	0.005825124	0.005393108	0.004187278	0.001613593	0.002925679
8	51	177	31	222	590	0.004449746	0.003650187	0.003251465	0.003707751	3.82879E-06

续表

序号	2012 年 6 月份小区居民用电量抽样表					概率密度值				
	A 光明小区共 209 户	B 文化四村共 500 户	C 文化三村共 72 户	D 广场花苑共 1078 户	E 桃园小区共 1194 户	A 概率密度值	B 概率密度值	C 概率密度值	D 概率密度值	E 概率密度值
9	54	258	73	179	403	0.004594036	0.000629159	0.004254649	0.003938431	0.000368692
10	37	115	127	237	65	0.003736482	0.005683886	0.004326123	0.003479058	0.002541887
11	142	59	31	208	137	0.004920411	0.004326226	0.003251465	0.003857274	0.003334312
12	128	78	49	303	78	0.005444987	0.00509822	0.003750069	0.002023472	0.002743516
13	117	91	60	262	187	0.005723051	0.005467775	0.004009678	0.002979272	0.003239078
14	94	22	273	132	96	0.005835355	0.002544513	0.00070901	0.003419812	0.002989315
15	19	45	427	158	52	0.002804241	0.003657063	5.60389E-06	0.003797851	0.002326875
16	79	35	58	378	259	0.005555925	0.003165131	0.003965703	0.000651189	0.002271575
17	162	142	169	132	133	0.003955131	0.0051604	0.003392883	0.003419812	0.003316419
18	78	44	46	60	169	0.00552819	0.003607916	0.003672427	0.001810599	0.003340936
19	362	312	69	78	344	3.79162E-06	9.27486E-05	0.004187278	0.002226085	0.000928616
20	125	128	54	194	96	0.005533822	0.005527017	0.003873291	0.003936522	0.002989315
21	31	79	93	158	122	0.003422164	0.005132006	0.004469821	0.003797851	0.003248547
22	144	136	238	92	265	0.004832934	0.005340487	0.001399745	0.002557376	0.00216891
23	95	126	131	147	121	0.005844338	0.005563316	0.004268142	0.00366254	0.00324106
24	11	162	61	42	213	0.002413411	0.004365428	0.00403108	0.001426658	0.002973649
25	31	138	149	177	109	0.003422164	0.005284074	0.003916981	0.003932133	0.003135065
26	75	68	37	65	105	0.005438738	0.004719193	0.003425448	0.001923654	0.003093444
27	142	56	21	88	143	0.004920411	0.004187268	0.002950784	0.002462806	0.003354151
28	133	84	160	454	56	0.005277171	0.005288144	0.003642255	0.000117668	0.00239409
29	166	249	53	226	98	0.003746939	0.00081707	0.003849304	0.003653199	0.003013651
30	81	135	40	300	164	0.005608168	0.00536728	0.00350988	0.002093223	0.00335601

2012 年 6 月份各小区居民用电量概率密度值分布图如图 24-1（a. b. c. d. e）所示，用电量概率分布图如图 24-2 所示。

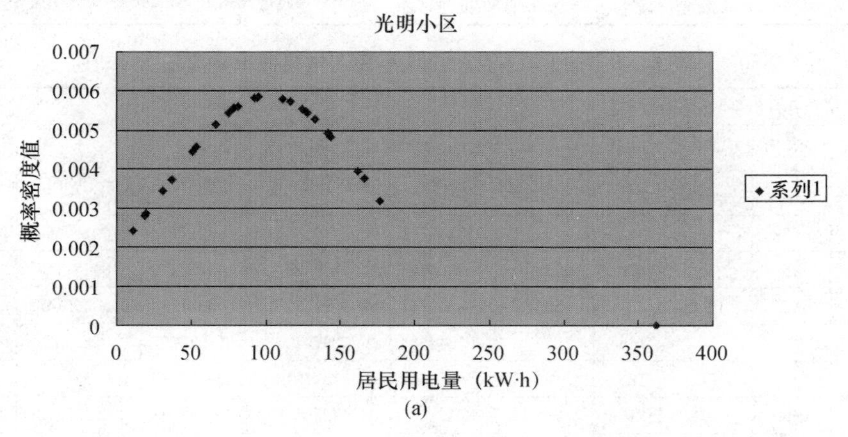

(a)

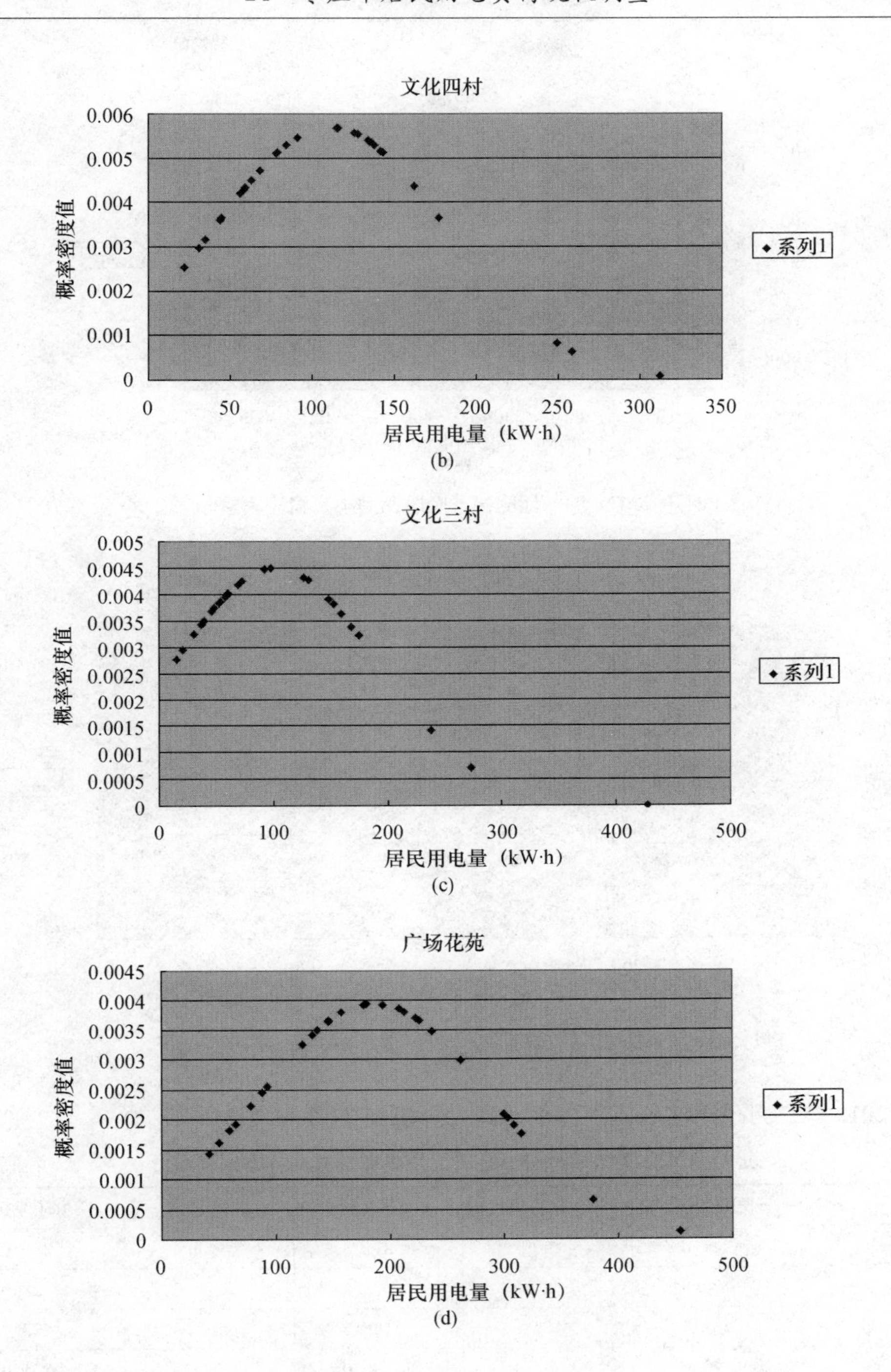
文化四村
0.006
0.005
0.004
0.003
0.002
0.001
0
概率密度值
0
50
100
150
200
250
300
350
居民用电量（kW·h）
◆系列1
文化三村
0.005
0.0045
0.004
0.0035
0.003
0.0025
0.002
0.0015
0.001
0.0005
0
概率密度值
0
100
200
300
400
500
居民用电量（kW·h）
◆系列1
广场花苑
0.0045
0.004
0.0035
0.003
0.0025
0.002
0.0015
0.001
0.0005
0
概率密度值
0
100
200
300
400
500
居民用电量（kW·h）
◆系列1

(b)

(c)

(d)

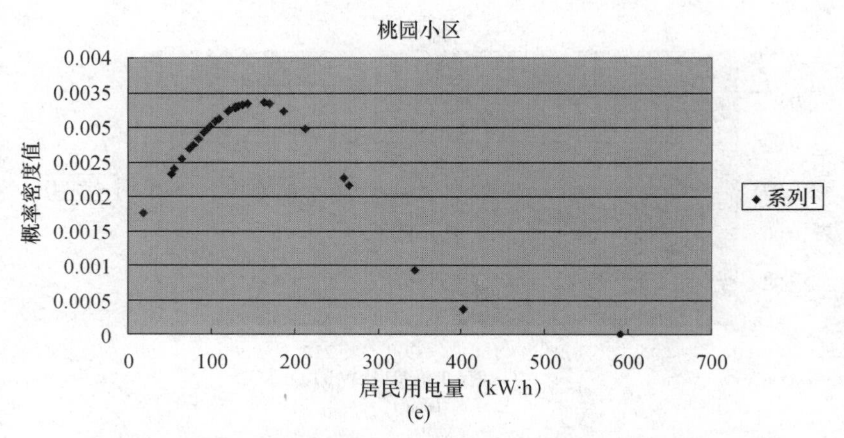

(e)

图 24-1　2012 年 6 月份各小区居民用电量概率密度值图

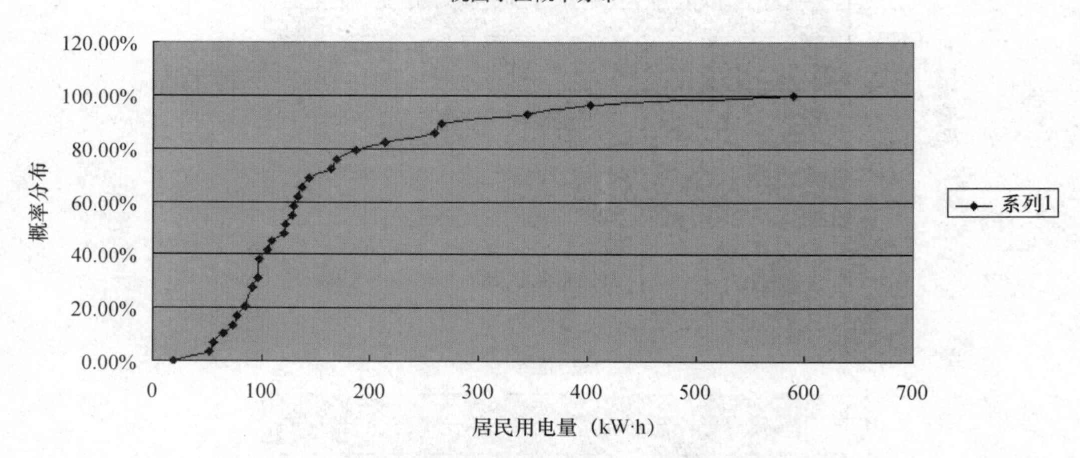

图 24-2　2012 年 6 月份桃园小区居民用电量概率分布图

2. 2012 年 7 月份小区居民用电量抽样表分析表 24-5 和表 24-6

表 24-5　2012 年 7 月份小区居民用电量抽样表样本描述统计

	光明小区	文化四村	文化三村	广场花苑	桃园小区
平均	241.0	250.2	212.3	255.9	298.6
标准误差	29.8	27.3	28.6	20.5	22.0
中位数	188.5	187.5	162.5	225.5	273.0
众数	20.0	84.0	180.0	199.0	201.0
标准差	210.5	193.2	202.4	145.0	155.9
方差	44296.6	37337.0	40971.1	21029.5	24294.9
峰度	6.3	3.3	7.2	0.9	−0.6
偏度	2.2	1.8	2.6	0.9	0.2
区域	1078.0	934.0	980.0	678.0	640.0

续表

	光明小区	文化四村	文化三村	广场花苑	桃园小区
最小值	16.0	22.0	12.0	7.0	8.0
最大值	1094.0	956.0	992.0	685.0	648.0
求和	12051.0	12508.0	10614.0	12795.0	14932.0
观测数	50.0	50.0	50.0	50.0	50.0
最大（1）	1094.0	956.0	992.0	685.0	648.0
最小（1）	16.0	22.0	12.0	7.0	8.0
置信度（95%）	59.8	54.9	57.5	41.2	44.3

表 24-6　2012 年 7 月份小区居民用电量概率密度值

序号	2012 年 7 月份小区居民用电量抽样表					概率密度值				
	A 光明小区	B 文化四村	C 文化三村	D 广场花苑	E 桃园小区	A 概率密度值	B 概率密度值	C 概率密度值	D 概率密度值	E 概率密度值
1	185	456	300	254	139	0.00276419	3.08384E-08	0.000377246	0.003151776	0.003341865
2	20	658	21	324	373	0.002854565	3.30214E-16	0.002950784	0.001557213	0.000608298
3	342	313	87	212	263	1.12206E-05	8.9018E-05	0.004427698	0.003821427	0.002203234
4	239	116	134	199	559	0.000759721	0.0056T8598	0.004219538	0.003916657	9.69958E-06
5	308	328	158	177	14	5.81661E-05	4.69263E-05	0.00369495	0.003932133	0.001677167
6	115	168	101	281	106	0.005758871	0.004086302	0.004494541	0.0025418	0.003104129
7	311	54	206	409	406	5.08144E-05	0.004092949	0.002275194	0.000346971	0.000349451
8	272	84	145	147	445	0.00025282	0.005288144	0.00400665	0.00366254	0.000164217
9	67	575	746	608	171	0.005157811	1.7004E-12	1.7149E-14	6.48067E-07	0.003333262
10	79	89	84	368	309	0.005555925	0.005421356	0.004399239	0.00078196	0.001428539
11	201	230	279	416	137	0.002013603	0.001343812	0.000621199	0.000297095	0.003334312
12	244	220	204	423	546	0.00065289	0.001695269	0.002335228	0.000253172	1.40342E-05
13	230	307	251	685	261	0.000984448	0.000113535	0.001107171	2.01267E-08	0.002237462
14	319	136	85	388	331	3.51043E-05	0.005340487	0.004409265	0.000537002	0.001100883
15	74	165	186	118	31	0.0054069	0.004227432	0.002885379	0.003144647	0.001966603
16	914	214	178	260	295	5.24941E-34	0.001929892	0.003128248	0.003023268	0.001656134
17	423	88	158	528	427	8.11422E-08	0.005396646	0.00369495	1.29141E-05	0.000235852
18	73	22	192	533	523	0.005374085	0.002544513	0.002701241	1.091E-05	2.61951E-05
19	103	55	180	140	8	0.005870733	0.004140261	0.003068015	0.003556937	0.001577748
20	120	140	64	209	307	0.005660533	0.005223998	0.004092855	0.003848847	0.001460278
21	24	151	70	122	222	0.003058423	0.004834666	0.004204821	0.00322724	0.0028547
22	350	153	180	447	256	7.34609E-06	0.004754455	0.003068015	0.000141049	0.00232248
23	247	352	40	276	498	0.000594596	1.53152E-05	0.00350988	0.002659377	4.94587E-05
24	132	210	89	148	471	0.005312616	0.002095527	0.004443951	0.003676439	9.34575E-05
25	339	183	91	225	162	1.31054E-05	0.003354732	0.004457999	0.0036673	0.003360381
26	20	268	131	213	163	0.002854565	0.000461581	0.004268142	0.003811584	0.003358314
27	1094	540	90	153	105	2.73681E-49	4.1029E-11	0.004451252	0.00374123	0.003093444
28	394	213	127	168	235	5.58004E-07	0.001970633	0.004326123	0.003885031	0.002663939
29	73	364	176	134	188	0.005374085	8.37275E-06	0.003188045	0.00345562	0.003231322

续表

序号	2012年7月份小区居民用电量抽样表					概率密度值				
	A光明小区	B文化四村	C文化三村	D广场花苑	E桃园小区	A概率密度值	B概率密度值	C概率密度值	D概率密度值	E概率密度值
30	107	205	159	203	201	0.005853461	0.002312084	0.003668741	0.003893965	0.003111917
31	97	633	217	245	461	0.005858536	5.02254E-15	0.001953737	0.003332744	0.000116747
32	155	158	150	172	600	0.004311576	0.004543481	0.003893643	0.003909723	2.79571E-06
33	161	152	189	313	223	0.004006791	0.004794881	0.002793388	0.001795852	0.002840768
34	16	192	265	226	229	0.002655076	0.00291542	0.000839704	0.003653199	0.002754465
35	151	274	12	124	216	0.004507965	0.000379572	0.002674827	0.003267427	0.002935341
36	692	125	202	437	648	2.34744E-19	0.00557985	0.00239563	0.000181217	5.59581E-07
37	178	155	286	283	198	0.003120263	0.004671768	0.000529335	0.002494526	0.003142433
38	165	48	166	84	225	0.00379917	0.003803906	0.003478021	0.00236802	0.002812506
39	502	170	70	297	391	1.68539E-10	0.003990776	0.004204821	0.002163471	0.000453929
40	179	182	114	303	451	0.00306871	0.003403992	0.004457088	0.002023472	0.000144805
41	64	410	387	43	283	0.005038204	6.30325E-07	2.6316E-05	0.001446877	0.001859078
42	245	83	100	141	449	0.000632987	0.005258682	0.00449344	0.003572884	0.000151049
43	240	254	180	199	451	0.00073736	0.000708091	0.003068015	0.003916657	0.000144805
44	492	956	84	318	287	3.96939E-10	1.48174E-34	0.004399239	0.001685629	0.001790849
45	364	177	75	234	446	3.3856E-06	0.003650187	0.004285474	0.003529857	0.000160839
46	155	212	501	164	88	0.004311576	0.002011824	1.87594E-07	0.003854449	0.00288568
47	110	747	330	185	367	0.00582727	7.27257E-21	0.000167883	0.003948095	0.000667212
48	192	127	944	7	254	0.002422893	0.005545701	1.34099E-22	0.000819614	0.002356209
49	220	84	438	14	312	0.001286166	0.005288144	3.53425E-06	0.000924529	0.00138148
50	254	312	992	238	201	0.000474411	9.27486E-05	6.86444E-25	0.003461609	0.003111917

2012年7月份桃园小区居民用电量概率密度值分布图如图24-3（a. b. c. d）所示，居民用电量概率分布图如图24-4所示。

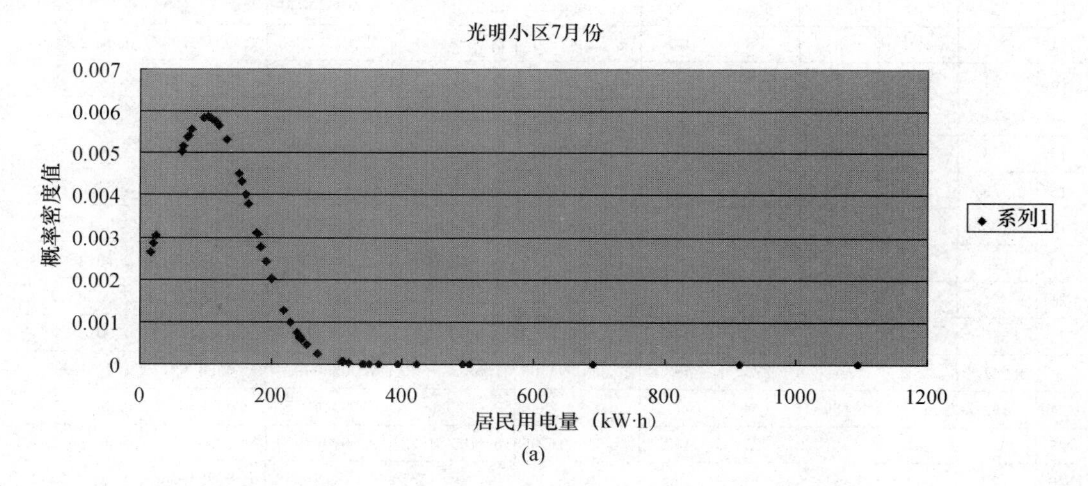

(a)

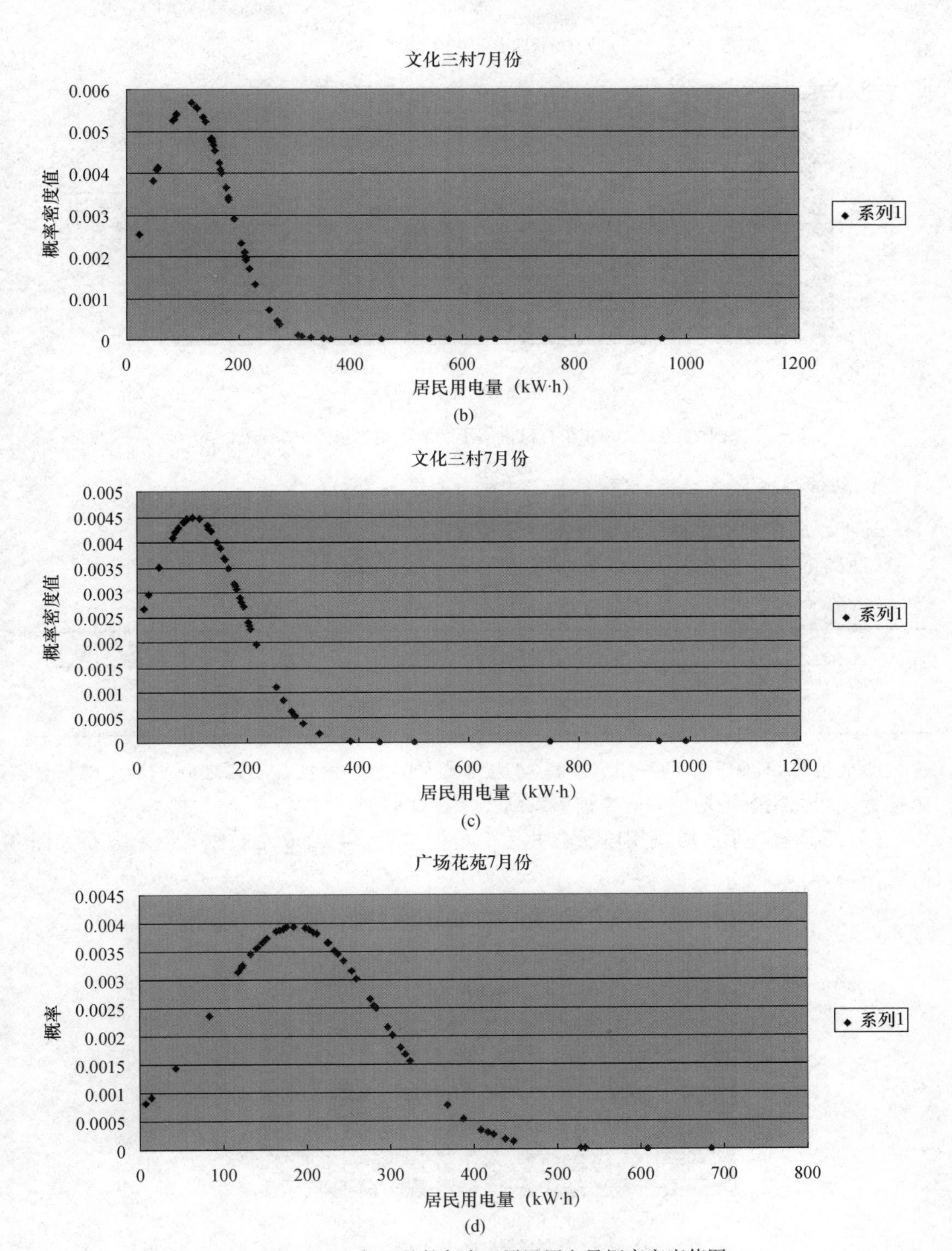

图 24-3　2012 年 7 月份各小区居民用电量概率密度值图

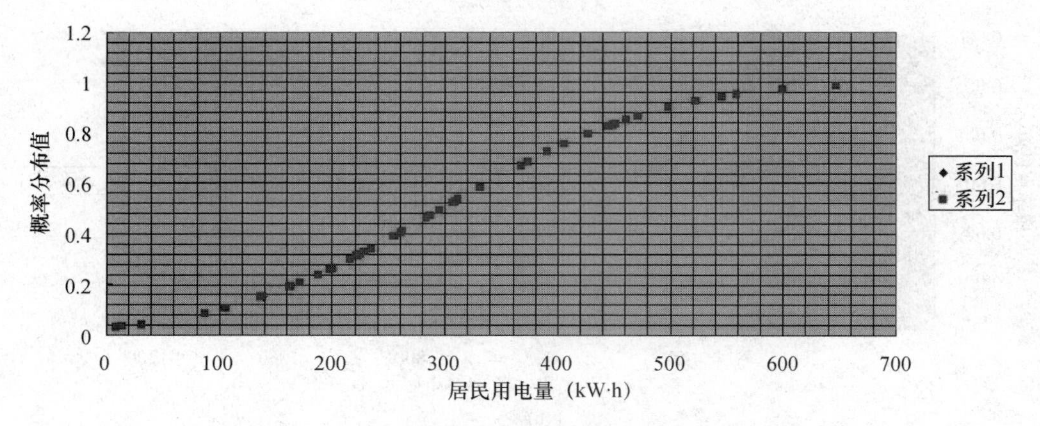

图 24-4　2012 年 7 月份桃园小区居民用电量概率分布图

3. 数据分析

综上，居民用电量整体上满足正态分布规律。

（1）6 月份与 7 月份各小区平均用电量如表 24-7 所示。

表 24-7　2012 年 6 月份与 7 月份各小区平均用电量

	光明小区	文化四村	文化三村	广场花苑	桃园小区
2012.6	101	110	102	186	153
2012.7	241	250	212	255	298

明显可见，2012 年 7 月份各小区均达到最大用电量，且各小区之间平均用电量较为接近，居民用电平均负荷应当被引入到负荷计算中。

（2）7 月份各小区居民用电量合并为一个样本后，共 250 个数据，概率分布如图 24-5 所示。

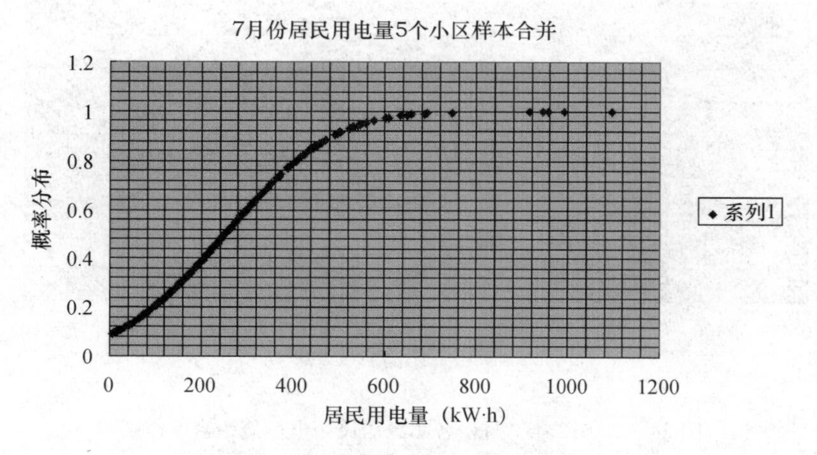

图 24-5　7 月份居电用电量 5 个小区样区

列出关键点如表 24-8 所示。

表 24-8 用电量关键点

用电量（kW·h）	<100	<200	<300	<400	<500	<600
户数占比	20%	40%	60%	80%	92%	98%

根据表 24-8，可以得出月用电量多于 400kW·h 的用户，占总户数的 20%，无法排除这些用户集中居住在一起的可能。因此配电中对于户数少于一定数量时，依本文计算求证，户数低于 20 户，应当按最大值法确定。当户数超过 20 户时，应当按平均负荷法确定小区用电容量。

三、小区总计算负荷实例

（1）最低抽样个数的讨论：

顺次取表 24-1 序号 1～15 数据进行分析，取样数不宜过低，不具正态分布性质，分析过程略。

（2）顺次取表 24-1、表 24-2、表 24-3 序号 1-15 数据合并作为一个新样本组，数据仍然具有正态分布性质，分析过程略。

（3）对 1-15 户数之内的负荷计算的描述，无法用一个较好的数学表达式来完成，它是一个离散的分布。虽然平均数与方差值都接近正态分布的数值，但是不服从正态分布规律，对于这样的一个数量的配电，应当采用最大值法确定。

为留设更大一配电裕度，本文建议 20 户为最低户数。

（4）30 户以上的组团或小区，其总负荷的确定应当采用正态分布规律来描述并做出估算。

（5）计算方法如下：为尽可能简化计算，不计功率因数影响，居民非周末用电时段每日按 6h 计算，周末用电时段每日按 12h 计算。设居民用用电功率为 xkW，周末城市规划某一时段内出现尖峰用电，尖峰用电功率为 $2x$kW·h 计算，尖峰用电时长为 2h 计算。

列写如下函数：

$$f(x) = 22x \times 6 + 8 \times x \times 10 + 8 \times 2x \times 2$$

$$f(x) = 244x \tag{1}$$

把 2012 年 7 月份各小区居民用电量代入式（1），并把桃园小区按由大到小排列得表 24-9。

表 24-9 用电量分布规律

序号	A 先明小区	B 文化四村	C 文化三村	D 广场花苑	E 桃园小区	A 功率 kW	B 功率 kW	C 功率 kW	D 功率 kW	E 功率 kW
1	692	125	202	437	648	5. 67	1. 02	1. 66	3. 58	5. 31
2	155	158	150	172	600	1. 27	1. 30	1. 23	1. 41	4. 92
3	239	116	134	199	559	1. 96	0. 95	1. 10	1. 63	4. 58
4	244	220	204	423	546	2. 00	1. 80	1. 67	3. 47	4. 48
5	73	22	192	533	523	0. 60	0. 18	1. 57	4. 37	4. 29

续表

序号	A先明小区	B文化四村	C文化三村	D广场花苑	E桃园小区	A功率kW	B功率kW	C功率kW	D功率kW	E功率kW
6	247	352	40	276	498	2.02	2.89	0.33	2.26	4.08
7	132	210	89	148	471	1.08	1.72	0.73	1.21	3.86
8	97	633	217	245	461	0.80	5.19	1.78	2.01	3.78
9	179	182	114	303	451	1.47	1.49	0.93	2.48	3.70
10	240	254	180	199	451	1.97	2.08	1.48	1.63	3.70
11	245	83	100	141	449	2.01	0.68	0.82	1.16	3.68
12	364	177	75	234	446	2.98	1.45	0.61	1.92	3.66
13	272	84	145	147	445	2.23	0.69	1.19	1.20	3.65
14	423	88	158	528	427	3.47	0.72	1.30	4.33	3.50
15	311	54	206	409	486	2.55	0.44	1.69	3.35	3.33
16	502	170	70	297	391	4.11	1.39	0.57	2.43	3.20
17	20	658	21	324	373	0.16	5.39	0.17	2.66	3.06
18	110	747	330	185	367	0.90	6.12	2.70	1.52	3.01
19	319	136	85	388	331	2.61	1.11	0.70	3.18	2.71
20	220	84	438	14	312	1.80	0.69	3.59	0.11	2.56
21	79	89	84	368	309	0.65	0.73	0.69	3.02	2.53
22	120	140	64	209	307	0.98	1.15	0.52	1.71	2.52
23	914	214	178	260	295	7.49	1.75	1.46	2.13	2.42
24	492	956	84	318	287	4.03	7.84	0.69	2.61	2.35
25	64	410	387	43	283	0.52	3.36	3.17	0.35	2.32
26	342	313	87	212	263	2.80	2.57	0.71	1.74	2.16
27	230	307	251	685	261	1.89	2.52	2.06	5.61	2.14
28	350	153	180	447	256	2.87	1.25	1.48	3.66	2.10
29	192	127	944	7	254	1.57	1.04	7.74	0.06	2.08
30	394	213	127	168	235	3.23	1.75	1.04	1.38	1.93
31	16	192	265	226	229	0.13	1.57	2.17	1.85	1.88
32	165	48	166	84	225	1.35	0.39	1.36	0.69	1.84
33	161	152	189	313	223	1.32	1.25	1.55	2.57	1.83
34	24	151	70	122	222	0.20	1.24	0.57	1.00	1.82
35	151	274	12	124	216	1.24	2.25	0.10	1.02	1.77
36	107	205	159	203	201	0.88	1.68	1.30	1.66	1.65
37	254	312	992	238	201	2.08	2.56	8.13	1.95	1.65
38	178	155	286	283	198	1.46	1.27	2.34	2.32	1.62
39	73	364	176	134	188	0.60	2.98	1.44	1.10	1.54
40	67	575	746	608	171	0.55	4.71	6.11	4.98	1.40

续表

序号	A先明小区	B文化四村	C文化三村	D广场花苑	E桃园小区	A功率 kW	B功率 kW	C功率 kW	D功率 kW	E功率 kW
41	20	268	131	213	163	0.16	2.20	1.07	1.75	1.34
42	339	183	91	225	162	2.78	1.50	0.75	1.84	1.33
43	185	456	300	254	139	1.52	3.74	2.46	2.08	1.14
44	201	230	279	416	137	1.65	1.89	2.29	3.41	1.12
45	115	168	101	281	106	0.94	1.38	0.83	2.30	0.87
46	1094	540	90	153	105	8.97	4.43	0.74	1.25	0.86
47	155	212	501	164	88	1.27	1.74	4.11	1.34	0.72
48	74	165	186	118	31	0.61	1.35	1.52	0.97	0.25
49	308	328	158	177	14	2.52	2.69	1.30	1.45	0.11
50	103	55	180	140	8	0.84	0.45	1.48	1.15	0.07

本表中，出现了7.7kW与8kW的用户，说明户安装容量为6kW有其局限性。

把桃园小区7月份平均居民平均用电量298kW·h用电量代入式（1）：

$$298=244x$$

$$x=1.2\text{kW}$$

平均尖峰负荷为：$2x=2.4\text{kW}$

小区用电量：$P(n)\geqslant 2.4\times \text{N kW}$　　式（2）

本式可作为枣庄地区小区配电负荷计算公式，估算变压器容量。

本公式确定性：居民用电月最高平均值是确定的，这个数值的变化是由居民生活习惯决定的，收入差别对平均用电量的影响甚微。

本公式不确定性：本调查对居民家用电器及组合使用最大功率不得而知，但是这并不影响对居民可能用电量做出合理的评估。

25 短路隔离器的布线方法

阅读提示： 考察欧洲、美国、澳大利亚等国火灾报警系统中的总线短路隔离器连接方式与我国《火灾自动报警系统设计规范》规定不同，讨论第 3.1.6 条的错误。

《火灾自动报警系统设计规范》（GB 50116—2013）第 3.1.6 条：

系统总线上应设置总线短路隔离器，每只总线短路隔离器保护的火灾探测器、手动火灾报警按钮和模块等消防设备的总数不应超过 32 个点；总线穿越防火分区时，应在穿越处设置总线短路隔离器。

该条为强制性条文，是区别于 GB 50116—1998 的重要内容，自 2014 年 5 月 1 日实施至今，在工程设计、工程安装、工程验收中均被严格执行。给设计与施工带来了极大的不方便，因此需要考察研究该条文的正确性问题。如果正确，纵然不方便也必须严格执行；如果不正确，纵然方便也不应执行。

一、总线短路隔离器

二总线接线方式：二总线是一种相对于四线系统（两根供电线路、两根通信线路），将供电线与信号线合二为一，实现了信号和供电共用一个总线的技术。二总线节省了施工和线缆成本，给现场施工和后期维护带来了极大的便利，在消防、仪表、传感器、工业控制等领域广泛应用。典型两总线技术有 M-BUS、消防总线等，组成如图 25-1 所示。

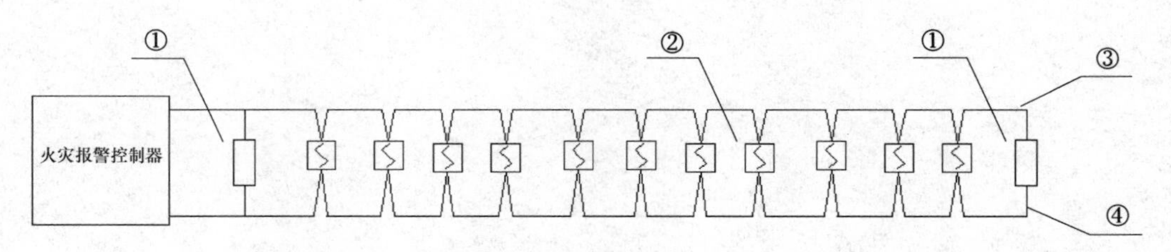

图 25-1 二总线接线方式

注：①120Ω 终端电阻；②探测器；③二总线正极性导线；④二总线负极性导线。

所谓总线，是指分支长度非常短的布线方式。报警总线在布线设计上应避免导线破口接线方式。导线应引入接线底座，探测器底座结构如图 25-2 所示。

该底座有两个接线端子，每个接线端子有两个接线柱，只允许正极性（或负极性）导线一进一出接线方式，不允许一进两出或三出或四出接线方式，这种结构设计保证了探测器布线方式自始至终都为总线接线方式。探测器采用卡接方式与底座连接。

图 25-2 探测器底座结构

加拿大，安大略省电气安全法规 Ontario Electrical safety code-2005：32-106 Electrical supervision

Wiring to dual terminals and dual splice leads shall be independently terminated to each terminal or splice lead.

报警总线应连接在（底座）双终端上（底座的两个接线端子），每根导线应终结在双接线柱上一个接线柱上。

这里明确要求所有的报警信号导体应连接到一个接线柱上，不能采用导线与导线之间直接连接。这种细致的要求，没有在 NFPA72、EN54 中看到。探测器底座每个接线端子没有一进两出，或一进三出的产品，不是厂家为节省成本，故意少设计制作接线柱。而是总线拓接线方式的要求，一进一出必要而且充分。

严格的总线布线，如图 25-3 所示。

红线与黑线，表示二总线中的正极性与负极性导线，是严格的一进一出布线方式。

总线短路隔离器是指串接在总线上的总线短路隔离器，串接方式应如图 25-4 所示。

关于总线短路隔离器应用分级，万跃敏先生在《火灾自动报警系统环形总线设计应用》中有详细的介绍，文章采用了总线接线方式论述隔离器的接线方式。

A 级环形总线隔离器总线接线方式为串入总线连接的方式，欧洲与美国都是一体适用。隔离器与隔离器之间的节点数量没有具体的要求，多少都可以。（隔离器在欧洲和美国都是推荐采用的产品，霍尼威尔公司是美国公司，所以，霍尼威尔火灾报警系统图中没有设置短路隔离器。）

B 级总线隔离器总线接线方式：隔离器与隔离器以后的节点均为总线接线方式，隔离器与隔离器之间也是总线布线方式，这些论述都是准确的。

这里讨论万先生文章中的以下几点：

（1）文章结论认为，隔离器分为 A 级与 B 级，观点不正确，任意一只隔离器均可

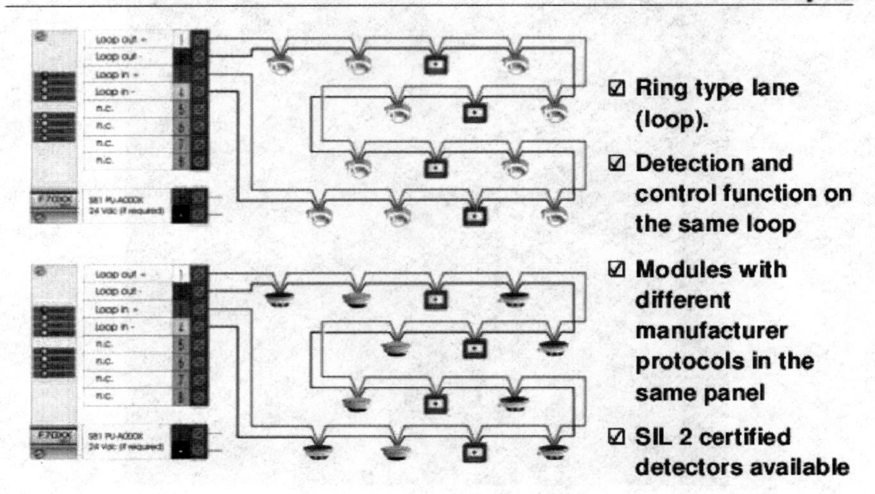

图 25-3　霍尼威尔火灾报警系统图

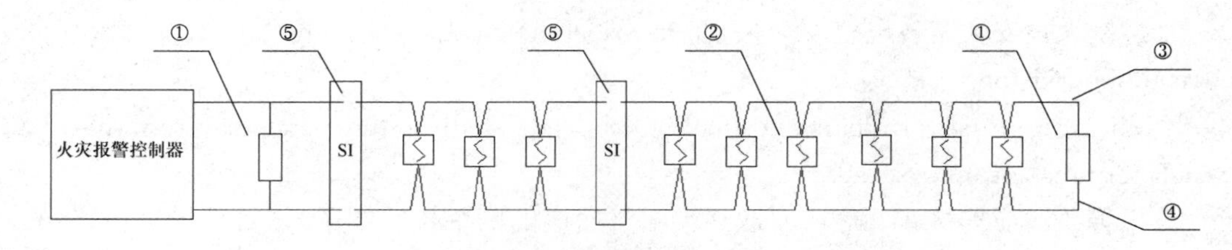

图 25-4　总线短路隔离器在总线上串接方式

注：①120Ω 终端电阻；②探测器；③二总线正极性导线；④二总线负极性导线；⑤总线短路隔离器

任意接入A级接线方式或B级接线方式中。

欧洲EN标准，推荐A级隔离器总线接线方式。没有给出NFPA中B级隔离器总线接线方式。隔离器是推荐采用的产品，不强制要求必须设置。

NFPA72-2016附录A. 23. 4. 2. 2中给出的A级、B级隔离器总线接线方式的选择原则：

当一条总线中节点数超过200个，其中采用24V电源的设备超过10台（如联动模块、如声光报警器）时，可按（原文中采用will be）A级接线方式。

当一条总线中节点数不超过200个，其中采用24V电源的设备不超过10台时（如联动模块、如声光报警器），可按B级接线方式。亦可采用A级接线方式，A级与B级只是接线方式的区别，不是隔离器的区别。任意一只隔离器均可任意接入A级接线方式或B级接线方式中。

如联动模块、如声光报警器等设备，需要同时接入24V电源线路导线与报警总线导线，存在24V导线与报警总线短路的可能性，该类设备数量超过10台时，24V电源线与信号线路短路的风险增大，影响的范围也增大，因此应按照A级隔离器总线接线方式接线。

一条总线数量较少，声光报警器类设备数量不超过10台时，虽然存在24V电源线与信号线路短路的风险，但是可按B级隔离器总线接线方式接线，也可按B级隔离器总线接线方式接线。

图25-5为A级总线短路隔离器接线方式。

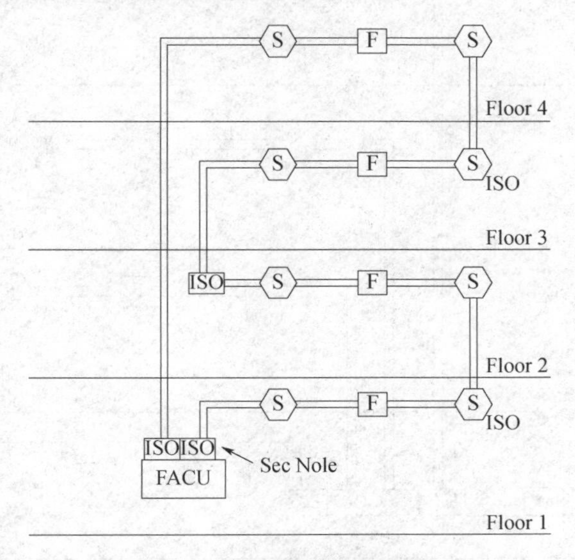

图25-5　A级总线短路隔离器接线方式

注：Ⓢ感烟探测器等探测设备

F声光警报器、联动模块等需要另行引入24V电源的设备

(2) 万跃敏先生的文章没有给出一只隔离器只允许设置32个节点的依据，EN54以及NFPA中均没有这样的规定。

(3) 文章没有指出我国的总线隔离器的产品级别。

(4) 在欧洲、美国，任意一只隔离器都适用于A级总线接线方式的应用与B级总线接线方式的应用中，只有工程应用上的差别，不存在产品自身的差别。

(5) 对B级总线隔离器接线方式（图25-6）的认知不够准确。

FACU（火灾报警控制单元）与ISO（总线短路隔离器）之间的未采用隔离器的线路的接线距离，不应大于1.0m。大于1.0m时，该线路应设置在金属线槽（或同等保护的方式）内。NFPA显然没有每个隔离器连接节点数不得超过32个节点数量的限制。按楼层或防火分区设置，一个楼层或一个防火分区设置一只总线短路隔离器。

该接线方式中，任意一点发生24V电源线与信号线短路时，均导致一个楼层（防火分区）的报警系统设备被隔离。

总线短路隔离器与总线短路隔离器之间必须采用环形总线（图25-7），FACU处的两个总线短路隔离器可省略。总线短路隔离器的导线接线，采用一进两出方式，总线隔离器不应从环形总线上破口连接导线，所有的设备必须保持总线连接方式。一条总线上总节点数不能超过255个点，各个隔离后的节点数量没有限制。

NFPA72，EN54，AS1670，ISO7240总线穿越楼层或防火分区时，建议设置总线短路隔离器。因此，《火灾自动报警系统设计规范》3.1.6条应做以下修改：

3.1.6系统总线穿越防火分区时，宜在穿越处设置总线短路隔离器。

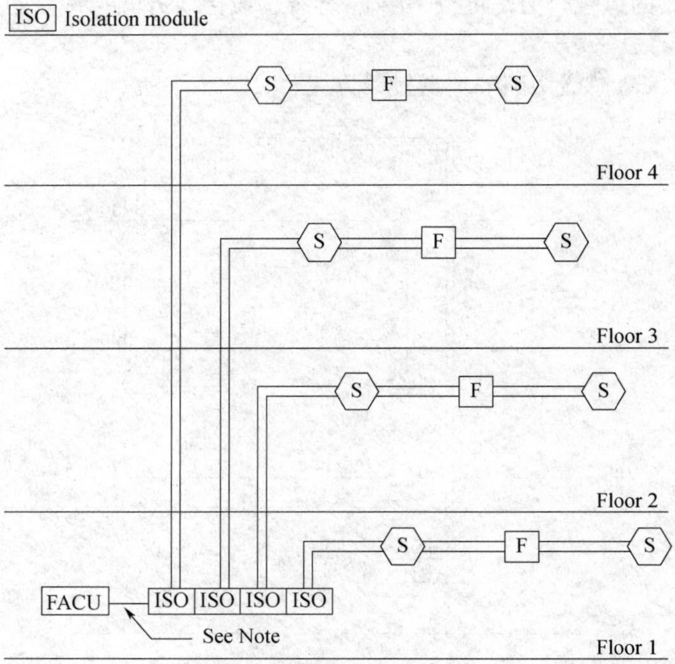

ISO Isolation module
S
F
S
Floor 4
S
F
S
Floor 3
S
F
S
Floor 2
S
F
S
FACU
ISO ISO ISO ISO
See Note
Floor 1

图 25-6　B级总线短路隔离器接线方式之一

ISO Isolation module
S
F
S
ISO
Floor 4
S
F
S
ISO
Floor 3
S
F
S
ISO
Floor 2
S
F
S
ISO ISO
See Note
FACU
Floor 1

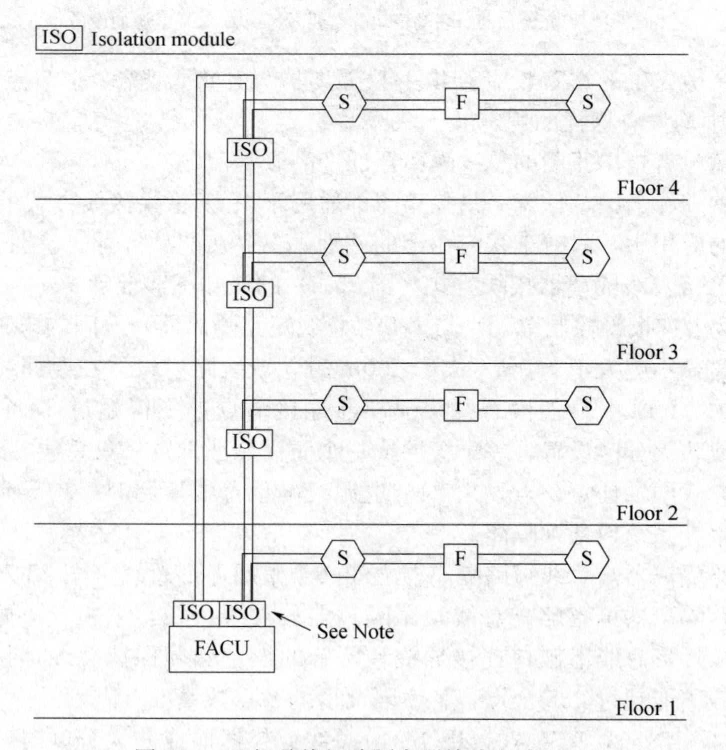

图 25-7　B级总线短路隔离器接线方式之二

二、隔离器的平面布置问题

图 25-8 引自常立强先生《总线短路隔离器的设计——解读〈火灾自动报警系统设计规范〉图示》一文，该图 65 只感探测器，加声光警报器、手报等共 100 个节点，其中一进线三出线的节点 14 处，一进线两出线的节点 8 处。前文已述，探测器底座只允许一对双绞进线一对双绞线出线。在某个节点上，18 根导线分为四组接线头，这是不可靠的设计。这些点处，总线短路发生在隔离器之前，隔离器设置意义不大。

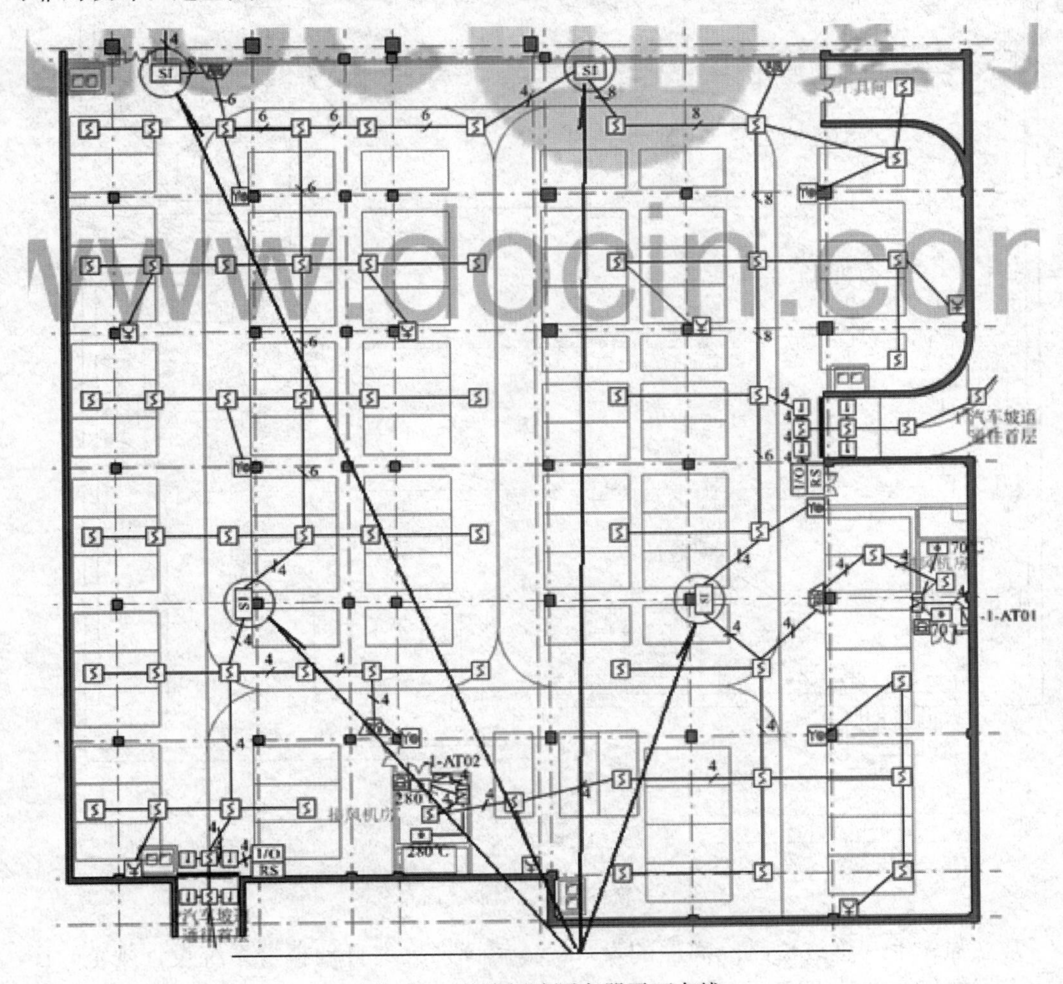

图 25-8　总线短路隔离器平面布线

该文误解了隔离器设置的基本原则，为了满足《火灾自动报警系统设计规范》3.1.6 条文设计而设计，不仅施工困难，检修也困难。在没有布设手报中的消防电话线、风机直接控制线路、广播线路的情况下，平面图的布线过于复杂，这种布线方式不合适。

正确的报警平面设计如下：

本工程 100 个节点，其中声光报警控制器 4 个、防火卷帘门两扇、4 个联动模块、风机房两处、联动启动模块2个、电动开启防火阀模块4个、14个24V电源线管，因此应采用A级总线短路隔离器接线方式，如图25-9所示。

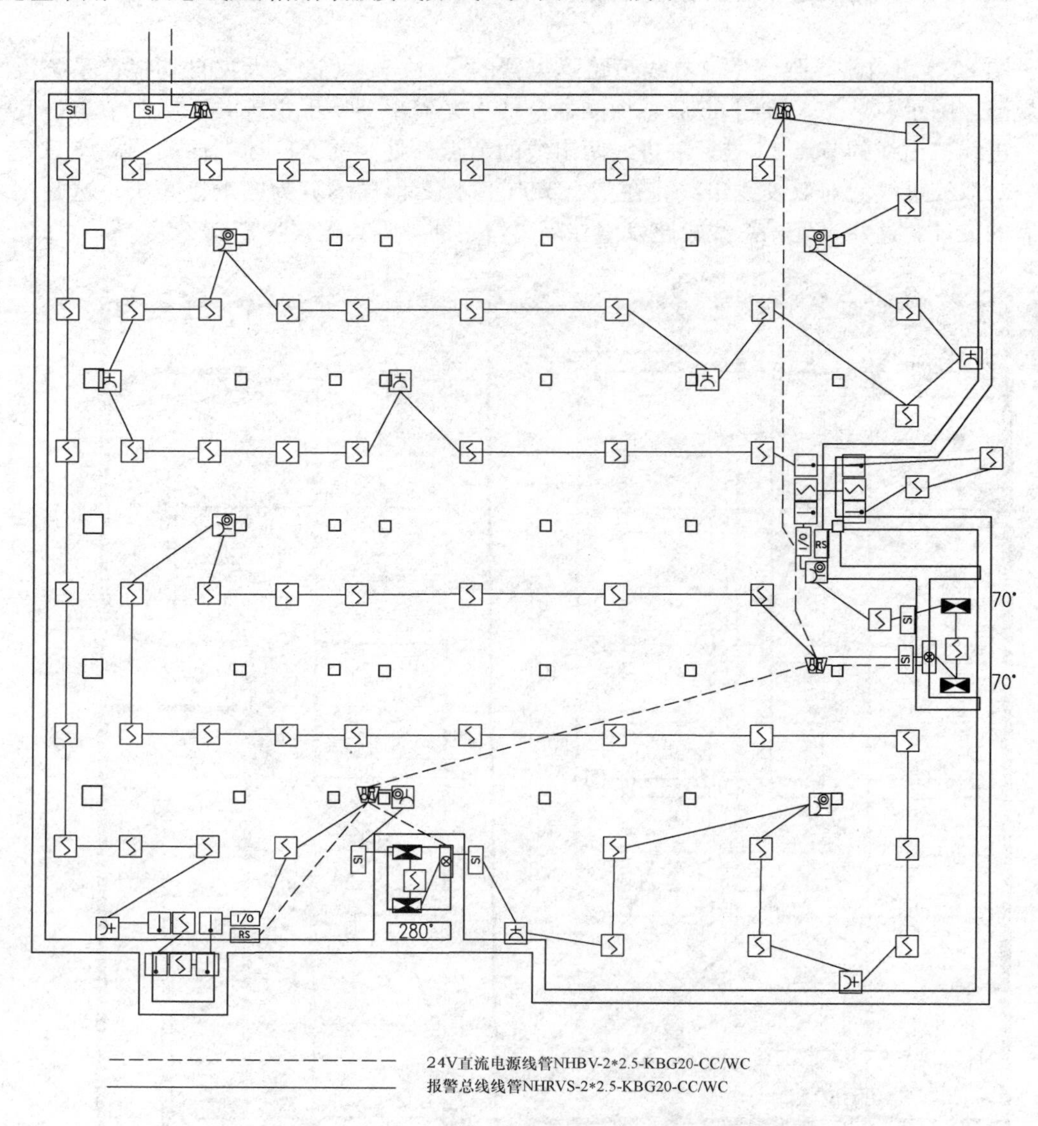

图25-9　总线短路隔离器平面布线

常立强先生《总线短路隔离器的设计——解读〈火灾自动报警系统设计规范〉图示》中报警探测器依EN54标准及NFPA标准绘制结果，应如图25-9所示。点位布置稍作更改，图25-9的直观程度与简易程度会有更大的改进。我国生产的隔离器与报警探测器、报警控制器均满足图25-9的施工要求。

图25-9中风机房以外任意一处报警总线断路或报警总线与其他电源线路发生短路，均可保证两个风机正常联动启动，这是设置隔离器的必要性所在。

NFPA72、EN54、AS1760、ISO7240报警设计、安装规范是建立在当前报警技术之上的技术规范，GB 50116—2013不是建立在当前报警技术之上的技术规范。依NF-

PA72、EN54、AS1760 设计报警系统几乎相同，必须总布线，不得采用树干式布线。隔离器设置的数量不受 32 个节点数的限制，隔离器设置的方法也简单方便，制图与施工均方便，且满足总线拓扑的基本原理，各国报警总线只允许在接线柱上连接，不允许破导线口后导线与导线连接，提高了系统的安全性和施工的便利性。

依 GB 50116—2013 设计报警系统，平面布图非常复杂，不符合总线拓扑的基本原理，施工困难，导线接头多，可靠性低。在报警控制技术上，我国的产品与欧洲、美国的产品并不存在差异，我国建筑电气工程师对报警系统的理解不到位。

《火灾自动报警系统设计规范》第 3.1.6 条要求每只隔离器后面连接的节点数不应超过 32 点，这不符合二总线布线要求。本条文是保证火灾自动报警系统整体运行稳定性的基本要求，短路隔离器是最大限度保证系统整体功能不受故障部件影响的关键，而将本条确定为强制性条文理由不充分。隔离器之前的总线发生短路断路故障时，整条设备都失去效能，因此各国不强制要求设置隔离器，一旦设置隔离器，原则非常苛刻。

3.1.6 系统总线穿越防火分区时，宜在穿越处设置总线短路隔离器。

26 关于《低压配电设计规范》(GB50054—2011) 6.2.3 的理解与应用

阅读提示：讨论《低压配电设计规范》(GB 50054—2011) 中 6.2.3 条所蕴含的电气原理。

6.2.3 绝缘导体的热稳定，应按其截面积校验，且应符合下列规定：

(1) 当短路持续时间小于等于 5s 时，绝缘导体的截面面积应符合本规范公式 (3.2.14) 的要求，其相导体的系数可按本规范表 A.0.7 的规定确定。

(2) 短路持续时间小于 0.1s 时，校验绝缘导体截面面积应计入短路电流非周期分量的影响；大于 5s 时，校验绝缘导体截面面积应计入散热的影响。

目前该条文在工程实践中被简单化。即计算最大预期短路电流，用该电流值的平方乘以断路器的瞬动时间（采用非限流断路器时，瞬动时间为 0.02s，采用限流断路器时，瞬动时间为 0.003s 或以限流曲线替代），与导体的最大允通能量 K^2S^2 相比较，该方法没有正确执行本条文，应当纠正这种错误的做法。

一、系数 k 值的讨论

3.2.14 保护导体截面积的选择，应符合下列规定：

(1) 应能满足电气系统间接接触防护自动切断电源的条件，且能承受预期的故障电流或短路电流；

(2) 保护导体的截面积应符合式 (3.2.14) 的要求，或按表 3.2.14 的规定确定：

$$S \geqslant (I/k)\sqrt{t} \quad (3.2.14) \qquad (1)$$

式中：S——保护导体的截面积，mm^2；

I——通过保护电器的预期故障电流或短路电流（交流方均根值，A）；

t——保护电器自动切断电流的动作时间，s；

k——系数，按本规范公式 (A.0.1) 计算或按表 A.0.2 至表 A.0.6 确定。

附录 A.0.1 中，K 定义为：由导体、绝缘和其他部分的材料以及初始和最终温度决定的系数。

导体的初始温度由导体的敷设条件决定，通常情况下，人员容易接近的导体，导体工作温度不应高于 70℃；人员不容易接近的场所，导体工作温度不应高于 90℃；短路状态下导体允许达到的最高温度由导体绝缘材料的变性温度决定，如 160℃、200℃、250℃。

附录 A.0.1 给出 K 值求解公式如下：

$$K=\sqrt{\frac{Q_c(\beta+20℃)}{\rho_{20}}\ln(1+\frac{\theta_f-\theta_1}{\beta+\theta_1})} \tag{2}$$

该公式的推导过程如下：

题目：任意给定一根铜导体，测量得出导线 20℃时的电阻为 R_{20}（Ω），长度为 L（mm），截面面积为 S（mm^2）。导体初始温度 θ_i（℃），θ_f 导体最终温度 θ_f（℃）。

求：对该导体通以一定的电流 I，通以一定的时间 t，为保护该导体的温度不高于最终温度情况下，该导线的系数 K 为多少?

解：

L、S 与 R_{20} 关系推导：

$$R_{20}=\rho_{20}\frac{L}{S}$$

$$L=R_{20}\frac{S}{\rho_{20}}$$

导体的温度电阻系数为：

$$\beta_T=\frac{1}{234+T} \tag{3}$$

20℃时的电阻为 R_{20}，温度 T 时，导体的电阻为：

$$R_T=R_{20}(1+\beta_T\mathrm{d}T)=R_{20}(1+\frac{\mathrm{d}T}{234+T}) \tag{4}$$

电流对导体的做功为 $Q_{电流}$：

$$Q_{电流}=\int_{\theta_i}^{\theta_f}\mathrm{II}\,t\,R(T)\mathrm{d}T=\int_{\theta_i}^{\theta_f}\mathrm{II}\,t\,R_{20}[1+\mathrm{d}T/(234+T)]$$

$$=I^2tR_{20}+I^2tR_{20}\int_{\theta_i}^{\theta_f}\mathrm{d}T/(234+T)$$

$$=I^2tR_{20}+I^2tR_{20}\ln(234+T)\Big|_{\theta_i}^{\theta_f}$$

$$=I^2tR_{20}+I^2tR_{20}[\ln(234+\theta_f)|-\ln(234+\theta_i)|]$$

$$=I^2tR_{20}(1+\ln\frac{234+\theta_f}{234+\theta_i}) \tag{5}$$

导体吸收的热量为 $Q_{导体}$：

$$Q_{导体}=M_{cu}\times C_{cu}\times(\theta_f-\theta_i)$$

式中 I——导体内电流，A；

t——导体内电流持续时间，S；

M_{cu}——铜导体质量，kg；

C_{cu}——铜导体比热容，(J / kg·℃)；

θ_f——导体最终温度，℃；

θ_i——导体初始温度，℃。

$$M_{cu}=\text{铜密度}\times\text{铜体积}$$
$$=\rho_{cu}\times L\times S$$
$$=\rho_{cu}\times R_{20}\frac{S}{\rho_{20}}\times S$$

$$Q_{\text{导体}}=M_{cu}\times C_{cu}\times(\theta_f-\theta_i)$$
$$=\rho_{cu}\times R_{20}\frac{S}{\rho_{20}}\times S\times C_{cu}\times(\theta_f-\theta_i)$$
$$=\rho_{cu}\times C_{cu}\times\frac{R_{20}}{\rho_{20}}\times S^2\times(\theta_f-\theta_i)\tag{6}$$

令 $Q_{cu}=\rho_{cu}\times C_{cu}$

式（5）等于式（6）则有：

$$I^2tR_{20}(1+ln\frac{234+\theta_f}{234+\theta_i})=Q_{cu}\times\frac{R_{20}}{\rho_{20}}\times S^2\times(\theta_f-\theta_i)$$

$$\frac{I^2t}{ss}=Q_{cu}\times\frac{1}{\rho_{20}}\times(\theta_f-\theta_i)/(1+ln\frac{234+\theta_f}{234+\theta_i})$$

开根号即得：

$$K=\sqrt{\frac{I^2t}{S^2}}=\sqrt{\frac{Q_{cu}\times(\theta_f-\theta_i)}{\rho_{20}\times(1+ln)[(234+\theta_f)/(234+\theta_i)]}}\tag{7}$$

K 的另外表达形式，

$$I_k^2t_A=\frac{\Upsilon cA^2}{K_l\rho_0\alpha}In\left(\frac{1+\alpha\theta_k}{1+\alpha\theta_0}\right)\tag{8}$$

式中：I^2——通过导体的短路电流；

K_l——交流附加损耗（集肤效应和邻近效应）系数；

ρ_0——0℃时导体的电阻率；

α——电阻温度系数；

A 和 l——导体截面积和长度；

c 和 Υ——导体的比热容和密度。

式（8）推导过程与式（7）推导过程有概念上略有不同，式（8）导体吸热是导体温度的函数，推导方式比较简单，不赘述。

规范中的公式（3.2.14）即由此演化求得，由于规范叙述模糊，在使用公式（3.2.14）时，存在许多错误的观念与应用方式。

二、电缆的散热问题讨论

规范中要求，电流持续时间大于 5s 时，校验绝缘导体截面面积应计入散热的影响。

导体或电缆的散热涉及绝缘材料的厚度、绝缘材料的热阻系数、导体的截面积、导体的环境温度、导体的温升、导体与绝缘材料界面传热等方面，计算十分复杂。JBT 10181.3—2000 电缆载流量计算第 2 部分热阻第 1 节热阻的计算，有关于电缆散热计算的详尽规定，不赘述。

JBT 10181.3—2000 中，电缆的散热计算十分繁琐，简单的计算过程如下：

已知 1m 长的 BV-3×16 导线，允许热应力最大值为 115×115×16×16=3.38×10^6J，环境温度 30℃，查 GB 16895.15—2002 建筑物电气装置第 5 部分：电气设备的选择和安装第 523 节：布线系统载流量表 52-C9，空气中明敷时载流量为 80A，求电缆内的电流为 1.45×80A，时间无限长时，电缆的散热。

解：

$\rho_{20} = 0.01752\Omega \cdot \text{mm}^2/\text{m}$

$\tau_w = 70 - 30 = 40℃$

$I_{Z30} = 80\text{A}$,

$R_{70} = 0.001 \times [1 + 0.00393 \times (70 - 20)] = 0.0012\Omega$

$F = 1.42 \times 10^{-3}\text{m}^2/\text{m}$

$70 - 30 = 80^2 \times 0.0012/\alpha_w/(1.42 \times 10^{-3})$

解得 $\alpha_w = 135.2\text{W/m}^2 \cdot ℃$,

根据电器学原理，导体载流量计算公式如下：

$$\tau_w = \frac{I^2 R}{\alpha_w F} \tag{26-8}$$

τ_w：环境温度一定，导体长期通过恒定电流时，导体的稳定温升，℃；

I：导体内通过的恒定电流，A；

R：导体的运行温度下的单位长度电阻，Ω；

α_w：导体总的换热系数，$\text{W/m}^2 \cdot ℃$；

F：单位长度导体的换热面积，m^2/m；

$R_T = 0.001 \times [1 + 0.00393 \times (T - 20)]$

$1.45 I_Z$时导体的温度计算：

$$T - 30 = \frac{1.45 \times 80 \times 1.45 \times 80 \times 1000}{135.2 \times 1.4} \times 0.001 \times [1 + 0.00393 \times (T - 20)]$$

该式简化后，右侧 T 前面的系数大于等于 1 时，不适用，解方程得

$$T = 132.5$$

因是处在热平衡状态，导体的散热能力（W 瓦特）等于电流对导体的电功率。

$W_{导体散} = I_{R_{132.5}} = 1.45 \times 80 \times 1.45 \times 80 \times 0.001 \times [1 + 0.00393 \times (132.5 - 20)] = 19.4\text{W}$

1m 长的 BV-3×16 导线明敷时，通以 1.45×80A 的电流，单根导线的散热功率为 19.4W。

三、电缆、导体热稳定校验的正确方法

(1) 应熟练掌握断路器的安秒曲线，在整个安秒曲线上任意确定一个电流 I 值以及相对应的分断时间 t。

(2) 对读取的数据进行计算，求 $I^2 t$ 大小。

(3) 如果 $I^2 t \leqslant K^2 S^2$ 总是成立，则表示短路电流为 I 时，断路器动作时间满足电缆

热稳定要求。

（4）如果 $I^2t \geqslant K^2S^2$ 总是成立，则断路器动作时间一定不满足电缆热稳定要求。

（5）如果 $0.02\text{s} \leqslant t \leqslant 5\text{s}$ 时 $I^2t \leqslant K^2S^2$ 总是成立，且 $t > 5\text{s}$ 时，存在 $I^2t \geqslant K^2S^2$，则要考虑电缆散热问题。①电流热效应—电缆的散热 $\leqslant K^2S^2$ 则表示，短路电流为 I 时，断路器动作时间满足电缆热稳定要求。②电流热效应—电缆的散热 $\geqslant K^2S^2$ 则表示，短路电流为 I 时，断路器动作时间不满足电缆热稳定要求。

（6）如果 $t \leqslant 0.02\text{s}$ 时 $I^2t \leqslant K^2S^2$ 总是成立（包括 I＝最大预期短路电流情况），则该热稳定校验合格。

（7）如果 $t \leqslant 0.02\text{s}$ 时 $I^2t \leqslant K^2S^2$ 不总是成立（包括 I＝最大预期短路电流情况），则应引入限流型断路器，使限流后的允通能量 $\leqslant K^2S^2$。

电缆的散热是非常难计算的，校验热稳定时，5s 内不应考虑电缆的散热情况，这样更为安全。

27 阻燃等级应用探究

阅读提示：讨论《工业与民用配电设计手册》（第四版）中电缆阻燃等级的相关内容。

《工业与民用配电设计手册》（第四版）第九章中，关于阻燃电缆等级的描述，引自《阻燃和耐火电线电缆通则》（GB/T 19666—2005），其中表 9.1-3 中供火时间为 40min，在 GB/T 19666—2005 中则为 40s。对阻燃导线来讲，用火焰温度高于 815℃火焰烘烤 40min，试样电缆的长度应在数十米长以上，焦化长度也应在数十米以上，显然书中的数据是不准确的。

GB/T 19666—2005 中，对阻燃电缆的试验没有火焰温度的要求，对耐火电缆的耐火试验要求火焰温度在 750℃～800℃，书中数据也不准确。GB/T 19666—2005 中对冷却方式没有规定，这又与 AS3000 不同，AS3000 要求火焰烧烤以后，立即用水冲灭火焰，不发生导线断线、短路、接地故障，才确定为合格的耐火电缆。

在 AS3000 中，建筑内布线，强调电缆、导线的耐火保护方式，比如普通电缆在电井内、耐火线槽盒内、结构体内敷设。没有强调电缆自身的阻燃耐火性能。这与 NFPA 的要求极为相似，电缆、导线的耐火保护方式，在建筑内是容易实现的。这些情况下，两国的电气法规，都允许采用普通的导线为消防设备供电。

NFPA 中认为，如果导线、电缆在任何住宅、建筑物或构筑物内明敷，应采用阻燃电缆。目的是为了防止电路短路、电弧引燃绝缘层引发的电气火灾。这种使用要求又与我国要求消防电路采用阻燃导线或阻燃耐火导线有所不同。

阻燃导线的应用原则，应以 NFPA 为准，在建筑物内明敷的导线应采用阻燃电缆，以防止电气火灾的发生。

我国规定，消防设备配电电缆采用阻燃导线理由不充分。如报警总线、直流 24V 电源线、广播线、消防电话线，这些导线为弱电压线路，导线短路时短路时，不足以引燃绝缘层，不会引发电气火灾，阻燃导线在火灾时仍然可能被点燃并烧坏绝缘层，导线、电缆会失去工作性能。火灾时，阻燃导线与普通导线受损情况并无太大差异，阻燃不等于不燃，阻燃性能由非金属的含量决定。

书中相关内容引述如下：

9．1．4．2 阻燃电缆选择

阻燃电缆是指在规定试验条件下，试样被燃烧，撤去火源后，火焰在试样上的蔓延仅在限定范围内且自行熄灭的电缆，即具有阻止或延缓火焰发生或蔓延的能力。阻燃性能取决于护套材料。

（1）阻燃电缆的阻燃类别：根据 GB/T 19666—2005《阻燃和耐火电线电缆通

则》及 IEC 60332-3-25：2009，采用 GB/T 18380.11～36—2008《电缆和光缆在火焰条件下的燃烧试验》规定的试验条件，阻燃电缆分为 A、B、C、D 四个类别，见表 9.1-3。

表 9.1-3 阻燃电缆分类表（成束阻燃性能要求）

<table>
<tr><th>类别</th><th>供火温度
（℃）</th><th>供火时间
（min）</th><th>成束电缆的非金属材料体积
（L/m）</th><th>焦化高度
（m）</th><th>自熄时间
（h）</th></tr>
<tr><td>A</td><td rowspan="4">≥815</td><td rowspan="3">40</td><td>≥7</td><td rowspan="4">≤2.5</td><td rowspan="4">≤1</td></tr>
<tr><td>B</td><td>≥3.5</td></tr>
<tr><td>C</td><td>≥1.5</td></tr>
<tr><td>D</td><td>20</td><td>≥0.5</td></tr>
</table>

注：D 级标准仅适用于外径不大于 12mm 的绝缘电缆。

阻燃电缆燃烧时烟气特性又可分为三大类：

1）一般阻燃电缆：成品电缆燃烧试验性能达到表 9.1-3 所列标准，而对燃烧时产生的 HCl 气体腐蚀性及发烟量不作要求者。

2）低烟低卤阻燃电缆：除了符合表 9.1-4 的分组标准外，电缆燃烧时要求气体酸度较低，测定酸气逸出量占总逸出量的 5%～1，0%，酸气 pH<4.3，电导率≤20μS/mm，烟气透光率>30%，称为低卤电缆。

3）无卤阻燃电缆：电缆在燃烧时不发生卤素气体，酸气逸出量为 0%～5%，酸气 pH≥4，3，电导率≤10μS/mm，烟气透光率>60%，称为无卤电缆。

电缆用的阻燃材料一般分为含卤型及无卤型加阻燃剂两种。含卤型有聚氯乙烯飞聚四氟乙烯、氯磺化聚乙烯、氯丁橡胶等。无卤型有聚乙烯、交联聚乙烯、天然橡胶、乙丙橡胶、硅橡胶等；阻燃剂分为有机和无机两大类，最常用的是无机类的氢氧化铝。一般阻燃电缆含卤素，虽阻燃性能好，价格又低廉，但燃烧时烟雾浓，酸雾及毒气大。无卤阻燃电缆烟少、毒低，无酸雾。它的烟雾浓度比一般阻燃电缆低 10 倍，但阻燃性能较差。大多只能做到 C 级，而价格比一般阻燃电缆贵很多；若要达到 B 级，价格更贵。由于必须在绝缘材料中添加大量的金属水化物等填充料，用以提高材料氧指数和降低发烟量，但这样会使材料的电气性能、机械强度及耐水性能降低。不仅如此，无卤阻燃电缆一般只能做到 0.6/1kV 电压等级，6～35kV 中压电缆很难做到阻燃要求。

（4）根据 GB 31247—2014《电缆及光缆燃烧性能分级》，阻燃级别由原来的 A、B、C、D 级；改划分为 A、B_1、B_2、B_3 级。A 级为不燃型，也就是外护套为金属护套的电缆，如 MI 电缆等；B_1、B_2 级为应用量最大的阻燃电缆；B_3 为不阻燃型，如 VV、YJV 等。

（6）阻燃电缆选择要点。

1）由于有机材料的阻燃概念是相对的，数量较少时呈阻燃特性，而数量较多时有可能呈不阻燃特性。因此，电线电缆成束敷设时瞥应采用阻燃型电线电缆。确定阻燃等级时，重要或人流密集的民用建筑需按附录 C 核算电线电缆的非金属材料体积总量。并按表 9.1-3 确定阻燃等级。

表 C-4　0.6/1kV 聚氯乙烯绝缘无铠装电缆非金属含量参考表

截面 (mm²)	1芯		3芯		(3＋1)芯		(3＋2)芯		4芯		(4＋1)芯		截面 (mm²)
	直径 (mm)	非金属含量 (L/m)	直径 (mm)	非金属含量 (L/m)	直径 (mm)	非金属含量 (L/m)	直径 (mm)	非金属含量 (L/m)	直径 (mm)	非金属含量 (L/m)	直径 (mm)	非金属含量 (L/m)	
1.5	6.1	0.0277	10.9	0.089									1.5
2.5	6.5	0.037	11.8	0.102				12.7	0.117				2.5
4	7.4	0.0390	13.7	0.135	14.3	0.1460	15.2	0.1644	14.9	0.158	15.6	0.1725	4
6	7.9	0.0430	14.8	0.154	15.8	0.1740	17.1	0.2035	16.1	0.179	17.4	0.2097	6
10	9.2	0.0564	17.6	0.213	18.5	0.2327	19.7	0.2627	19.2	0.249	20.3	0.2775	10
16	10.3	0.0673	19.9	0.263	21.1	0.2915	22.7	0.3365	21.7	0.306	23.3	0.3522	16
25	12	0.0880	23.6	0.362	24.9	0.4017	26.7	0.4646	25.9	0.427	27.6	0.4880	25
35	13.2	0.1018	26.1	0401	27.1	0.4555	29	0.5232	28.7	0.507	30.3	0.5646	35
50	14.9	0.1243	26.5	0.430	30.4	0.5505	34.4	0.7289	30.4	0.525	35.8	0.7811	50
70	16.7	0.1489	28.8	0.441	33.9	0.6571	38.7	0.8957	33.9	0.622	39.9	0.9347	70
95	19.3	0.1974	33.6	0.601	39.5	0.8898	44.4	1.1625	39.7	0.857	46	1.2311	95
120	20.9	0.2228	37.1	0.720	44	1.0898	49	1.3848	44.2	1.054	51	1.4916	120
150	23.1	0.2689	41.9	0.928	48.5	1.6265	52.9	1.6068	48.7	1.262	55.4	17393	150
185	25.6	0.3295	45.9	1.099	53.3	1.5346	59.3	2.0154	53.5	1.449	61.9	2.1728	185
240	28.8	0.4111	51.8	1.386	55	1.5801	66.6	2.5219	55.4	1.507	69.7	2.7336	240
300	31.9	0.4988	55.3	1.501	59.8	1.7572	71.7	2.8356	60.2	1.645	74.3	2.9836	300

据此有以下结论：

（1）在工程设计中，WDZ-YJY 电缆多选用 C 级产品，其价格比一般阻燃电缆贵。若选用 B 级产品，价格比 C 级产品还要贵。A 产品价格情况如何，书中没有论述。

（2）A 类阻燃电缆成束敷设时的非金属含量不得超过 7L/m，而数根截面较大的电缆成束敷设时的非金属含量超过 7L/m 很多。也就是说，工程设计时，A 类阻燃电缆不应成束敷设，因此选用大规格电缆桥工程意义不大。

表 27-1　以 4＋1 电缆为例，A、B、C、D 级阻燃电缆中非金属含量的计算分析

电缆截面	4	6	10	16	25	35	50	70	95	120	150	185	240	300
非金属含量	0.1725	0.2097	0.2775	0.3522	0.488	0.5646	0.7811	0.9347	1.2311	1.4916	1.7393	2.1728	2.7336	2.9836
A类阻燃	40.58	33.38	25.23	19.88	14.34	12.40	8.96	7.49	5.69	4.69	4.02	3.22	2.56	2.35
B类阻燃	20.29	16.69	12.61	9.94	7.17	6.20	4.48	3.74	2.84	2.35	2.01	1.61	1.28	1.17
C类阻燃	8.70	7.15	5.41	4.26	3.07	2.66	1.92	1.60	1.22	1.01	0.86	0.69	0.55	0.50
D类阻燃	2.90	2.38	1.80	1.42	1.02	0.89	0.64	0.53	0.41	0.34	0.29	0.23	0.18	0.17

国标规范对阻燃等级无明确要求，但一些地方如上海地标有明确要求。实际设计应当注意下面两个问题：

（1）不应随意标注 WDZA-YJY，因为不存在这种电缆。

（2）工程设计中采用 A 级阻燃电缆时，A 类阻燃电缆不应成束敷设，设计大截面的电缆桥架工程意义不大。

工程设计中，若不注明电缆的耐火阻燃等级，默认为 C 级。选用低烟无卤型电缆时，应注意到这种电缆阻燃等级一般仅为 C 级。若采用较高阻燃等级应选用隔氧层电缆或辐照交联聚烯烃绝缘，聚烯烃护套特种电缆。

若严格执行阻燃要求，那么根据上述表格，WDZ-YJY 电缆在较大项目上会受到很大限制，C 级阻燃 50-120 的电缆（4＋1 型），桥架里最多一根，150 及以上的一根就超了。5×10 这种小电缆最多放 5 根。反观澳大利亚、美国电气电规，均以耐火布线方式来提高普通导线、电缆的防火性能，使用普通导线在布线措施上做简单的防护来满足消防设备火灾时持续工作的要求是正确的。而我国提高电缆，导线自身的防火性能，对工程安全性的提高并无太多价值。

28　灵敏度校验探究

阅读提示： 研究线路保护灵敏度校验的方法，讨论工程中常见的计算错误。

关于保护电器动作灵敏度的规定，出自《低压配电设计规范》(GB 50054—2011)：

6.2.1 配电线路的短路保护电器，应在短路电流对导体和连接处产生的热作用和机械作用造成危害之前切断电源。

6.2.4 当短路保护电器为断路器时，被保护线路末端的短路电流不应小于断路器瞬时或短延时过电流脱扣器整定电流的 1.3 倍。

6.2.4 条文说明：按照现行国家标准《低压开关设备和控制设备第 2 部分：断路器》GB 14048.2 的规定，断路器的制造误差为±20%，再加上计算误差、电网电压偏差等因素，故规定被保护线路末端的短路电流不应小于低压断路器瞬时或短延时过电流脱扣器整定电流的 1.3 倍。

5.2.9TN 系统中配电线路的间接接触防护电器切断故障回路的时间，应符合下列规定：

(1) 配电线路或仅供给固定式电气设备用电的末端线路，不宜大于 5s；

(2) 供给手持式电气设备和移动式电气设备用电的末端线路或插座回路，TN 系统的最长切断时间不应大于表 5.2.9 的规定。

表 5.2.9　TN 系统的最长切断时间

相导体对地标称电压 (V)	切断时间 (s)
220	0.4
380	0.2
＞380	0.1

5.2.9 条，是基于人身电击时免于死亡的风险，设定的分断电路条件，不是基于线路保护条件下保护电器动作灵敏度要求。

保护电器动作灵敏度要求是基本的配电设计要求，当出现接地、短路故障时，应确保在约定时间（GB50054—2011 第 5.2.9 条和产品规范的双重规定）内切除线路。保护电器动作灵敏度校验是为保证人身安全、设备安全和建筑安全的重要环节。

一、断路器动作灵敏度在设计中的应用和计算

精确计算保护电器动作灵敏度没有工程价值，实际工程中的接地、短路故障电流一般数倍于保护电器瞬动电流。按《工业与民用配电设计手册》（第三版）表 4-25 查导线阻抗（表 4-22～24 是变压器和母线的阻抗，一般长距离配电才需要考虑灵敏度，长

距离配电时线路阻抗较大，因此可以忽略变压器和母线阻抗）。注意表下注，关键点是1.5倍，故障回路一来一回两条线，这样单位长度的故障回路的阻抗大约是单位长度单根导线正常环境下阻抗的3倍。

如计算全塑电缆4×10的导线200m的单相接地故障回路阻抗，单位电阻5.262Ω/km，单位电抗0.188Ω/km，计算求得的回路阻抗值与回路电阻值5.262Ω非常接近，工程应用中一般忽略低压小截面的电抗，仅采用其电阻值作为导线的电抗值。200m的阻抗为5.262×200/1000=1.05，取1。这样标称电压220V，故障电流为220V/1Ω=220A。

同理，2.5cm^{2}的导线线路长50m，短路故障回路阻抗约为1Ω。选C型脱扣断路器，整定电流16A，C型瞬动5～10倍，按最不利的10倍，同时考虑1.3的可靠系数，可靠瞬动电流为16×10×1.3=208A<220A，如考虑上一级配电导线的阻抗，该灵敏度校验可能无法满足规范的要求。C16断路器用于2.5cm^{2}的导线的保护，导线最大长度不应大于50m。

在实际设计中采用查表计算不方便，根据《工业与民用配电设计手册》（第三版）表4-25阻抗表格制作Excel表格，通过输入截面与开关参数，直接得出配电线路的最大长度，简单方便。

本书第四版表格4.6.3表11.2-4，给出了更加直接的计算公式和表格。

TN系统发生接地故障时，其回路示意图如图11.2—6所示。

（1）故障电流计算。计算最小接地故障电流的近似公式为

$$I_k = \frac{(0.8 \sim 1.0)U_0 S}{1.5\rho(1+m)L} k_1 k_2 \tag{11.2-6}$$

$$k_2 = \frac{4(n-1)}{n}$$

式中 0.8～1.0——考虑总等电位联结（局部等电位联结）外的供电回路部分阻抗的约定系数。故障点离变压器较远，取0.8，故障点离变压器较近，甚至于变压器设在总等电位联结（局部等电位联结）内取1.0，如果已知上述比值的实际值，则用实际值；

1.5——由于短路引起发热，电缆电阻的增大系数；

U_0——相对地标称电压，V；

S——相导体截面积，mm^2；

k_1——电缆电抗校正系数，当$S \leqslant 95$mm^{2}时，取1.0，当S为120mm^{2}和150mm^{2}时，取0.96，当$S \geqslant 185$mm^{2}时，取0.92；

k_2——多根相导体并联使用的校正系数；

n——每相并联的导体根数；

ρ——20℃时的导体电阻率，

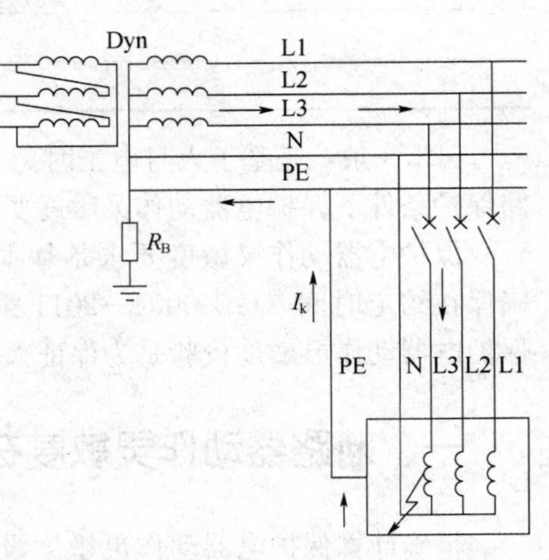

图11.2-6 系统发生接地故障时的回路示意图

Ω·mm²/m；

L——电缆长度，m；

m——材料相同的每相导体总截面积（S_n）与 PE 导体截面积（S_{PE}）之比。

式（11.2-6）可变换为

$$L=\frac{(0.8\sim1.0)U_0S}{1.5\rho(1+m)I_k}k_1k_2 \tag{11.2-7}$$

式（11.2-6）是一个相对简化的公式，0.8-1.0 代表了前端阻抗所占比例。K2 是双拼或多拼采用的系数。

关于公式中 1.5 倍的解释的质疑，短路引起发热导致的电缆电阻的增大系数，这种说法不严谨。导体电阻与温度的关系，经计算铜导体 160℃时的电阻 $R_{160}=1.6R_{20}$，为 1.6 倍 20℃时的电阻。这个数据的前提是，导体绝缘损坏前必须分断线路。如果不能及时分断故障回路，导体电阻就不是 1.6 倍 R_{20}。式（11.2-6）能够成立，是保护电器的动作灵敏度决定的，有其成立的条件。

基准电阻是按 20℃时的电阻，导体额定运行时导体温度为 70℃（或 90℃）。根据《工业与民用供配电设计手册》（第四版）第九章第四节的 9.4-2 反算，当导体电阻是 20℃导体电阻 1.5 倍时，导体温度为 145℃。根据短路电流持续时间，回路阻抗可以计算导体发热量，根据比热容、导体质量等，可以计算导体温升，瞬动时间内，所引起导体温升不应高于 250℃（导体热稳定校验决定），导体 250℃时，导体的电阻 $R_{250}=2.1R_{20}$。

从纯理论角度分析，50m 长 2.5cm² 的导线与 200m 长 10cm² 的导线，额定允许载流量，似乎电压降一致，接地故障时，保护电器动作灵敏度似乎一致，其实有差。导线额定允许载流量计算求解过程中，对大截面导体引入了过多过于保守的参数。导体通以同样倍数（额定允许载流量）的过电流，大截面导体的发热情况要轻微许多。大截面导体允许较长距离的配电，原因即在于此。因此，过电流倍数相同时，200m 长 10cm² 的导线的电压降要比 50m 长 2.5cm² 的导线小一些。

对于最高允许工作温度较高的电缆，如最高允许工作温度 90℃，对其做压降和灵敏度计算时，都应考虑温度对导体电阻的影响。

（1）导线直流电阻凡按下式计算

$$R_\theta=\rho_\theta c_j\frac{L}{S} \tag{9.4-1}$$

$$\rho_\theta=\rho_{20}[1+\alpha(\theta-20)] \tag{9.4-2}$$

式中 R_θ——导体实际工作温度时的直流电阻值，Ω；

L——线路长度，m；

S——导线截面，mm²；

c_j——绞人系数，单股导线为 1，多股导线为 1.02；

ρ_{20}——导线温度为 20℃时的电阻率，铝线芯（包括铝电线、铝电缆、硬铝母线）为 0.0282Ω·mm²/m（相当于 2.82×10⁻⁶Ω·cm），铜线芯（包括铜电线、铜电缆、硬铜母线）为 0.0172Ω·mm²/m（相当于 1.72×10⁻⁶Ω·cm）；

ρ_θ——导线温度为θ℃时的电阻率，$10^{-6}\Omega\cdot cm$；

α——电阻温度系数，铝和铜都取0.004；

θ——导线实际工作温度，℃。

关于11.2-7，举实例来计算，还用最常见的C16配2.5cm²的线50m，计算其故障电流。

I_k＝0.8×220×2.5÷［1.5×0.0184（1＋1）×50］＝159A≈16A×10＝160A

C型5-10倍瞬动，0.8是按前端干线等阻抗占20％来考虑的，如果前端可以忽略，那么故障电流大约是200A，如果按0.9，那么故障电流大约是180A。如果按最不利的10考虑，同时考虑1.3的可靠系数，那么16×10×1.3＝208A。现在以这个作为最小故障电流来反推导线长度，也就是根据开关大小和导线截面来确定其长度。

L＝0.8×220×2.5÷［1.5×0.0184（1＋1）×208］＝38m

L＝0.9×220×2.5÷［1.5×0.0184（1＋1）×208］＝43m

L＝1.0×220×2.5÷［1.5×0.0184（1＋1）×208］＝48m

根据计算，最常见的C16配2.5的线在系数取1.0的情况下，按灵敏度控制，其长度大约是48m。

严谨的计算需要考虑前端干线，由于可靠系数1.3不是准确值，所以追求太精确的计算意义不大。按产品标准10倍已经是必须瞬动了，1.3可靠系数考虑的是接头及开关等有一定阻抗，开关所处的环境温度可能与实验条件不同，实际敷设的导线会比图纸当中长一些（导线敷设不可能始终保持为一条直线，总存在一个波浪系数，大约2％～5％，一些进出配电箱和用电设备处也往往留有一定余量，方便后期检修）。因此图纸设计时，还应再考虑这些因素对电缆长度的影响，导体的长度有：设计长度、制造长度、放样长度、安装长度、订货长度。这些长度中，应以放样长度为计算条件，设计人员要懂得如何计算放样长度。

常见的计算误区分析：

经常有同行说末端配电超50m了，怎么办？技术措施提到末级配电供电半径不宜超30m～50m，主要是针对的配电型断路器C16配2.5平方的导线（C20配4平方的导线），考虑灵敏度，忽略前端影响大约是50m。

如果条件有变化，如C10配2.5平方的线或C16配4平方的线，配电的最大长度可能会长一些，低压配电的最大配电半径，通常要求不大于250m。也就是说50m是某特定配电方式下的最大长度，不考虑配电方式，技术措施简单要求末级最大配电长度不宜超30m～50m有很大局限性。可以这样说，末级配电即使只有1m（主干线因素、配电断路器选型因素决定），也可能不满足灵敏度，可能100m甚至更长能够满足灵敏度。这个是需要计算的，不是只看导线长度。例如消防控制室或其他弱电机房的电源从变配电室低压柜直接引来，前面干线10平方的线已经200m以上了，此时机房配电箱的出线，如果仍然按正常的C16配2.5的线，那么即使只有1m也难满足灵敏度。因为前面200m 10平方的线阻抗和50m 2.5的线的阻抗大致相等。又如前端200m 240的电缆，后面C16配2.5的线按灵敏度大约有50m，如果C1配2.5的线，那么从灵敏度角度考虑，供电距离大约可以到50×16/1＝800m，如果C4配2.5的线，那么50×16÷4＝200m。所以要根据实际条件来计算，不能只记住50m这个数字。

《工业与民用配电设计手册》（第四版）有较为直观的表格如下：

表 11.2-4 用断路器作间接接触防护时铜芯电缆最大允许长度 单位：m

I_{set3}（A）														
S（mm²）	S_{PE}（mm²）	200	250	320	400	500	630	800	1000	1250	1600	2000	2500	3150
1.5	1.5	27	20	14										
2.5	2.5	45	36	28	22									
4	4	53	42	33	26	21	17							
6	6	80	64	50	40	32	25	20						
10	10	133	106	83	66	53	42	33	26					
16	16		170	133	106	85	67	53	42	34				
25	16			138	111	88	70	55	44	35	27	22		
35	16				155	124	98	77	62	49	38	31	24	
50	25					177	141	111	88	71	55	44	35	
70	35						197	155	124	99	77	62	49	38
95	50							201	160	130	101	81	64	50
120	70								204	163	127	101	81	64
150	70									204	159	127	102	80
185	95										188	151	120	95

注：1. 电源侧阻抗系数值 0.9；$U_0=220$V

2. k_{rel} 取 1.2，k_{op} 取 1.2。

3. 当采用铝芯电缆时，表中最大允许长度乘以 0.61。

4. 也适用于绝缘线穿管敷设。

如前面说的 C16 开关，5-10 倍瞬动，瞬动最大是 160A，当然考虑 1.3 倍可靠系数的话为 208A。按这个表格的话，瞬动为 200A 的断路器，2.5 平方的导线最大长度为 45m。注意这个表格下面的注，也就是说是一定条件下的。那个 0.9 取值是估算，所得结果也是一定程度上的粗略估算，但对于实际设计是较好的参考。较为精确的计算按 4.6.2。

二、保护电器动作灵敏度的几点争议

前面讲了灵敏度的计算和应用。很多同行提到灵敏度，基本都会考虑到断路器的瞬动，以及供电距离等。大部分设计人员都习惯采用断路器，而忽视熔断器。我们先看 GB50054—2011 的相关内容。

6.2.1 配电线路的短路保护电器，应在短路电流对导体和连接处产生的热作用和机械作用造成危害之前切断电源。

6.2.4 当短路保护电器为断路器时，被保护线路末端的短路电流不应小于断路器瞬时或短延时过电流脱扣器整定电流的 1.3 倍。

C16 配 2.5 的线，按灵敏度校验，忽略前端阻抗，最大约 50m。超过了这个配电长度，不能保证瞬动。《工业与民用配电设计手册》（第三版）中，脱扣曲线，5 倍整定电流时，脱扣时间（当不能瞬动时）约为 3s～10s。虽然 C16 配合 2.5 平方的导线满足热稳定校验，不会烧坏导线，但是不能允许这样的设计，应采用 10 倍整定电流下瞬时脱扣电流作为计算导线长度的依据。

如小区庭院灯配电距离较长，用 C16 配 10 平方，功率 2kW，电流 10A，单相供电，配电距离约 200m。断路器脱扣性能，5 倍 In 80A，10s。

10 平方载流量 60A，当电流 80A 时，1.3 倍过载，断路器 10s 左右跳闸，根据 GB50054—2011 第 6.3.3 条导线通过的电流在额定电流 1.45 倍以内，约定时间（根据额定电流确定是 1h 或 2h）内动作就不会对导线造成伤害，显然 10s 的 1.45 倍以内的过载对导线不会造成伤害。这样做不会因为短路烧线，电流从额定到 10 倍都不会烧线，短路电流更大，瞬动能保证，也不会烧坏导线。

当某种原因明显放大截面时，可能其正常载流量接近开关的瞬动 5 倍（按上面曲线 4 倍时脱扣时间大约是 4s～20s）左右，通过几个点的抽样计算都没有问题。可以认为，当导线截面明显放大 2～3 级时，在满足线路压降的情况下，也提高了导线的接地故障保护、短路保护性能。路灯配电选用大截面导线的道理即在于此。

如：2.5 平方的导线三相，2kW，400m，压降大约为 5%；10 平方的导线三相，2kW，1000m，压降大约为 3%。仅考虑载流量和压降，不考虑灵敏度的话，同样功率和导线的情况下，供电距离大大增加。如 C16 配 10 平方线三相供电，2kW，按灵敏度最大约 200m，按压降 1000m 才 3%。如果距离不足 500m，也可以采用 10 或 16 平方的线单相供电。

熔断器的秒曲线与断路器有很大的不同，两者在线路保护上的应用是两种技术，熔断器所涉理论也更为复杂。通过图表可以，确定当故障电流达到熔断器额定电流的 5 倍时，能保证 5s 内动作。根据曲线可以判断 100A 及以下的熔断器 3-4 倍的额定电流时的动作时间大约是 3s～10s。当用 100A 及以下的熔断器作为配电回路的保护电器，且导线截面由于某种原因明显放大到一定程度时，熔断器动作灵敏度能满足使用及规范要求。

从曲线看 16A 的熔断器（注意下图是对应某种熔断器，不代表所有），25A 时大约 200s，30A 时大约 40s，40A 时大约 4s，50A 时大约 1s，80A 时大约 0.1s。

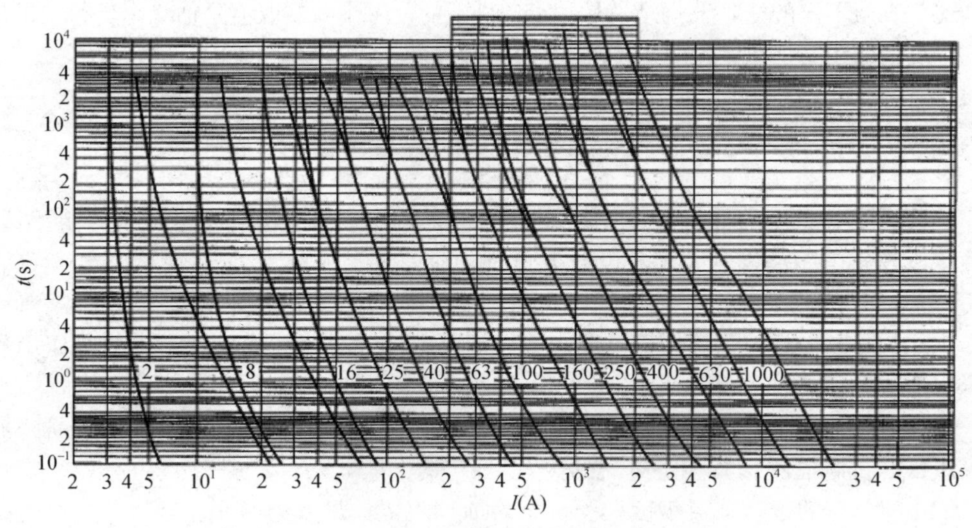

图 28-1

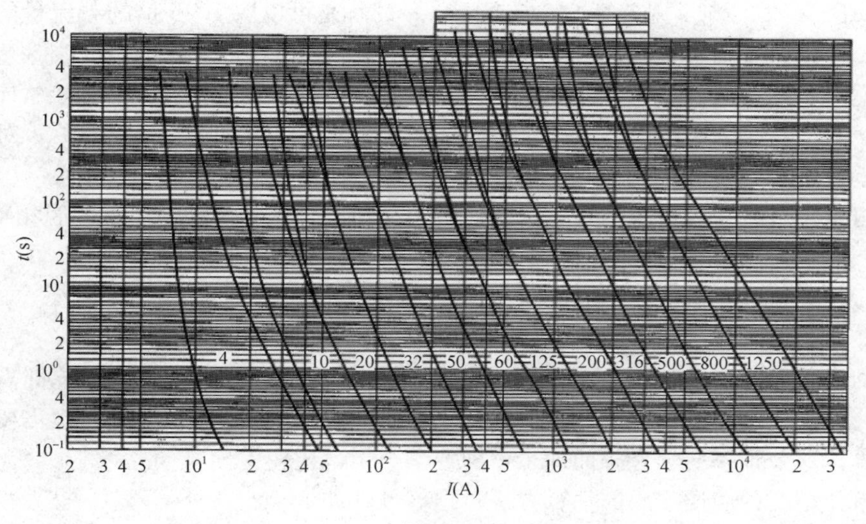

图 28-2

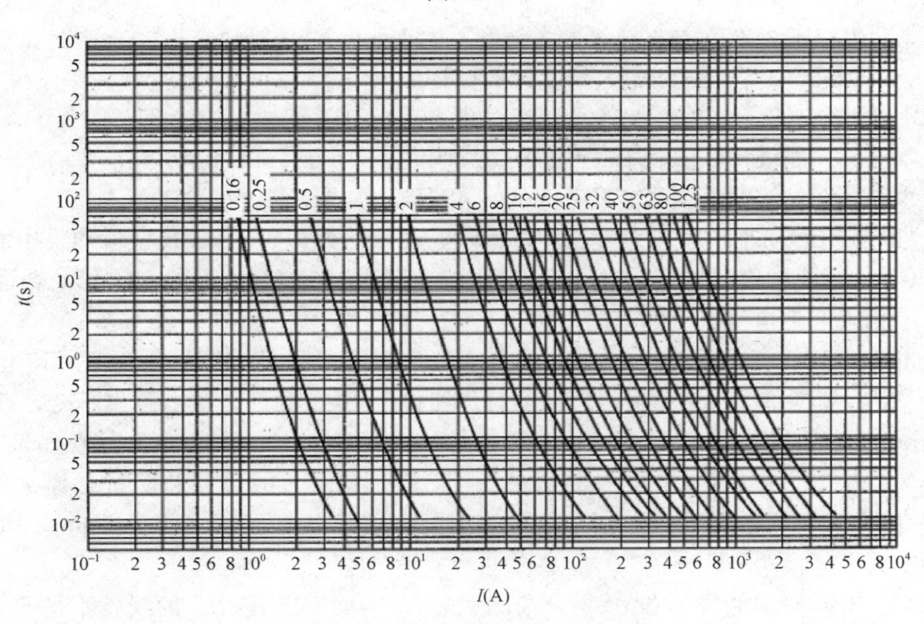

图 28-3

表 11.16-12　额定电流为 2、4、6、10、13A 和 35A "gG" 熔断体规定弧前时间门限

I_N (A)	I_{min} (10s) (A)	I_{max} (5s) (A)	I_{min} (0.1s) (A)	I_{max} (0.1s) (A)
2	3.7	9.2	6.0	23.0
4	7.8	18.5	14.0	47.0
6	11.0	28.0	26.0	72.0
10	22.0	46.5	58.0	111.0
13	26.0	59.8	75.4	144.3
35	89.0	175.0	255.0	455.0

从GB50054—2011规范第6.3.3条看，I（2）是可以取1.45倍的载流量的。而断路器的1.3倍过载约定时间一般是1h或2h（以63A为界），也就是说导线（截面大时间常数就大，同等条件下过载时间就可以长一些）可以承受1.45倍过载大约1h或2h。对于C16配10平方甚至16或25的线来说，末端短路电流如100A～200A，对于开关来说接近或达到瞬动，但对于导线来说，这个短路电流只是接近载流量，只是过载，所以也可以用过载来分析。不过无论是过载还是短路，其实都是断路器的脱扣特性。

三、保护电器动作灵敏度的应用经验

前面讲了灵敏度的计算，无论是直接查灵敏度表格还是计算回路阻抗都需要借助工具书。即使是按《工业与民用配电设计手册》（第四版）的近似公式，也需要较为复杂的计算。这令很多初学者望而却步，即便学会了也比较繁琐。

本节介绍一种简便实用的估算方法，估算条件如下：

1. 忽略导体阻抗。

2. 利用C16配2.5平方导线最大长度不大于50m这一结论。

由C16配2.5平方导线最大长度比例折算推出：

B16配2.5的线100m，C16配2.5的线50m，D16配2.5的线25m；

B16配10的线400m，C16配10的线200m，D16配10的线100m；

C1配2.5的线800m，C2配2.5的线400m，C4配2.5的线200m。

微断B型瞬动脱扣倍数为3～5，C型瞬动脱扣倍数为5～10，D型瞬动脱扣倍数为10～20，计算灵敏度时均都按最大倍数考虑。塑壳有电动机型的12～14倍，普通的可以按10倍，额定电流较大的有的倍数小一些。

如断路器160A，瞬动按10倍，电缆4×150，按灵敏度计算供电距离。10倍同微断的C型，额定是10倍（160/16=10），导线也是10倍的话，供电距离不变，此处导线是60倍（150/2.5=60），那么供电距离是50m的6倍也就是300m。注意如果是3+2或4+1电缆，由于PE大约是相线的一半，因此L-PE故障回路阻抗是原来的1.5倍，故障电流为原来的70%，供电距离按前面算法乘以70%（之前为300m，取70%为200m）。

如前端10平方的线160m（再之前的忽略），后面C16配2.5的线就不是50m了，前面10平方的线的阻抗可折合为2.5的线40m，这样后面C16配2.5的线就只能是10m了，如果距离大于10m，就要将断路器改小或将线截面改大。如果前面10平方的线超过了200m，那么就会出现后面C16配2.5的线即使1m也不满足灵敏度的情况。

从灵敏度角度考虑供电半径，应经过详细的计算。

29　上下级选择性探究

阅读提示：选择性问题，是配电可靠性分析中的重要一环，配电可靠性分析由中断停电的次数与中断时间的长短作为定量指标来评定的，配电系统的选择性可以降低中断供电范围。但是在短路故障时，快速切除故障有时比选择性更为重要。本文主要讨论选择性实施的措施与效果。

对配电系统要求上下级配电设备具有选择性，出处在《低压配电设计规范》（GB 50054—2011）的 6.1.2 正文及条文说明：

6.1.2 配电线路装设的上下级保护电器，其动作特性应具有选择，且各级之间应能协调配合，非重要负荷的保护电器，可采用部分选择性或无选择性切断。

6.1.2 随着低压电器的快速发展，上下级保护电器之间的选择、配合特性不断改善，对于过负荷保护，上下级保护电器动作特性之间的选择性比较容易实现，例如，装在上级的保护电器采用具有定时限动作特性或反时限动作特性的保护电器，对于熔断器而言，上下级的熔体额定电流比只要满足 1.6∶1 即可保证选择性；上下级断路器通过其保护性曲线的配合或者短延时调节不难做到这一点。但对于短路保护，要做到选择性配合还有一定难度，需综合考虑脱扣器电流动作的整定值、延时、区域选择性联锁、能量选择等多种技术手段。根据目前低压电器的技术发展情况，完全实现保护的选择性还是有一定难度的，从经济、技术两方面考虑，对于非重要负荷还是允许采用部分选择性或无选择性切断。

选择性分为过载选择性和短路选择性，需要注意实际当中的品牌、环境温度、运行条件等。冷态和热态实验条件结果，在实际条件不完全相同时无法完全保证。

一、上下级断路器过载保护（长延时）的选择性配合问题

配电系统中，通常采用上级开关比下级开关大一级的做法，这样做是为了满足上下级配电的选择性，至于能不能满足选择性要求，并不作深入的了解。实际上，采用微断设计配电系统，很难满足上下级全选择性要求，甚至部分选择性也难以满足，上级整定电流大下级 2～3 倍时，方可满足过载保护的选择性。

上下级保护电器的安秒曲线如果发生交叉，上下级没有选择性。不交叉时，是否满足选择性要求，由线路特性决定。

例如 20A 和 25A 微断，1.25 倍关系，注意 1.05 倍长延时整定值以内，约定时间内不脱口，1.3 倍及以上长延时整定值约定时间脱扣。根据某厂家提供信息，长延时 15%制造误差（各个厂家产品均有制造误差，误差实际范围大同小异）。20×（1＋

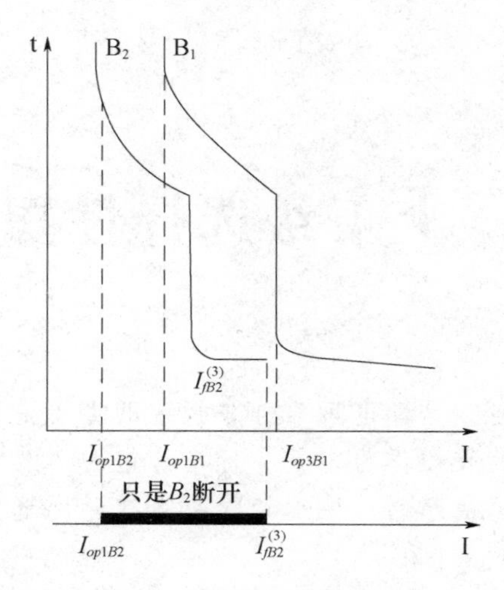

图 29-1 全选择性

注：图中：I_{op1B_1}、I_{op1B_2}——分别为断路器 B_1、B_2 的长延时脱扣器整定值；I_{op1B_1}、I_{op1B_2}——分别为断路器 B_1、B_2 的瞬时过电流脱扣器整定值；$I_{fB2}^{(3)}$——断路器 B_2 出口三相短路电流值。

15%）=23>25×（1−15%）=21.25，长延时也同样无法保证其选择性（这里尚未考虑环境不同产生的校正系数）。一般至少要 1.6 倍才有选择性，1.6 倍是差两级，个别差一级（常见规格为 10，16，20，25，32，40，50，63，只有 10 和 16 是 1.6 倍关系，其实 10 用的少，微断里面后面其中规格是最常见的，所以一般至少差两级才有可能有选择性）。如果考虑环境不同产生的影响，差两级仍然无法确定过载保护的选择性的情况，则需要差三级才能保证。

二、上下级断路器短路保护（瞬动和短延时）的选择性问题

涉及断路器制造误差的相关内容的规范出处：

GB 50054—2011 正文 6.2.4 当短路保护电器为断路器时，被保护线路末端的短路电流不应小于断路器瞬时或短延时过电流脱扣器整定电流的 1.3 倍。

GB 50054—2011 条文说明 6.2.4 按照现行国家标准《低压开关设备和控制设备第 2 部分：断路器》（GB 14048.2）的规定，断路器的制造误差为±20%，再加上计算误差、电网电压偏差等因素，故规定被保护线路末端的短路电流不应小于低压断路器瞬时或短延时过电流脱扣器整定电流的 1.3 倍。

微断只有瞬动和长延时两段保护，没有短延时，所以选择性只能通过瞬动大小来确定（只有电流选择性）。以最为常见的 16～63A（施耐德微断最大可以做到 125A）微断举例，C 型瞬动按长延时 5～10 倍考虑（一般 A 型为 2～3 倍，B 型为 3～5 倍，C 型为 5～10 倍，D 型为 10～20 倍），当故障电流在 160A 以下时连 16A 开关（按最不利的 10 倍考虑）都无法保证瞬动，也就是上下级可能都不瞬动，同样的，当故障电流大于 315A 时，连 63A 开关（按最不利的 5 倍考虑）都有可能瞬动。因此当故障电流在 160A 以下或 315A 以上时，选择性无从谈起，仅当故障电流在 160～315A 时，才能谈微

断的选择性。正是因为让微断有选择性故障的电流范围非常小，所以微断很难有选择性。

实例一：20A 和 25A 微断，瞬动均按 10 倍，故障电流为多少有选择性？20×10×1.3＝260＞25×10＝250，所以无论故障电流有多大，都无法保证其选择性（通俗来讲，瞬动整定 1～1.3 倍可能但不一定在约定时间内动作，1.3 倍及以上肯定能在约定时间内动作，断路器上下级之间一般是 1.25 倍关系，1.25＜1.3，所以都无法保证其选择性）。

实例二：下级 16A 微断，上级微断至少为多少才能保证电流选择性？16A 按最不利的 10 倍，同时考虑 1.3 倍（可靠系数，可以理解为上下级开关环境不同对瞬动的影响），上级按最不利的 5 倍。16×10×1.3/5＝41.6，需要选择 50A 微断。16×10×1.3＝208，50×5＝250，所以当故障电流在 208A～250A 之间才有选择性。

注意，故障电流有可能是 L-PE、L-L、L-N，对于末端线路，当 L、N、PE 等截面时，L-L 线间短路故障电流是 L-PE 接地故障电流的 1.732 倍。既要保证 16A 开关所保护线路末端的短路电流大于 208A 以满足选择性，又要保证 16A 开关下口两相和三相短路电流不超上级开关瞬动，这是极难的。除非上级开关大很多级，单纯为此大很多级，不合理，同时上级的灵敏度难满足，需要大幅增加导线截面。

即便如此，仍然存在电流选择性的不满足，存在保护死区的问题。

如图 29-2 所示，电源到末端，共计四级保护，C1、C2、C3、C4。如 C1 和 C2 之间的选择性问题，C1 下口发生短路，要求 C1 约定时间内动作而 C2 不能动作，根据灵敏度要求，C1 上口发生短路，要求 C2 约定时间内动作。而同类短路如 L-PE，C1 上下口短路电流几乎相等，C2 制造误差 20％根本无法识别如此微小的差别。即使制造精度极高，能识别任何微小差别的保护电器，也无法做到全选择性，因为 C1 下口的 L-L 两相短路电流（如 340A）一般为 C2 上口 L-PE 短路电流（如 200A）的 1.732 倍，此种情况下，C2 精度无论多高，也无法做到较大电流（如 340A）不瞬动而较小电流（如 200A）瞬动。

即使只考虑短路故障当中占比最大的 L-PE 短路，如必须保证选择性，那么也只能保证 C1 上口有一段线路发生接地故障时 C2 不瞬动，C1 下口发生接地故障时不能保证 C2 不跳。也就是说选择性和灵敏度不能兼顾，这是电流选择的弊端。

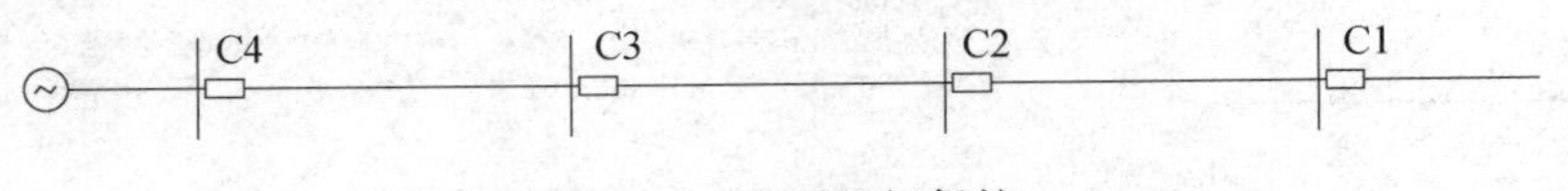

图 29-2　电源回级保护

三、实现可靠选择性的技术措施

（1）配电系统的上一级采用具有短路短延时功能的断路器，即三段保护/选择性断路器。满足上下级之间的选择性配合。

通过设定短路短延时，使下级断路器的瞬动与上级短延时配合，从时间上满足选择性。例如下级 0.01s 内动作，上级 0.1s～0.2s 动作，时间的级差按 0.1～0.2s 考虑。同时要求上级短延时整定是下级瞬时的 1.3 倍，以保证选择性的可靠性。如有必要，可以关闭上级的瞬动，这样无论短路电流多大，上级都有固定的人为延时，这个延时时间内，下级有足够的时间跳闸，因此能保证可靠的选择性。

时间选择性的弊端在于逐级时间增加，对热稳定是个严峻的考验，同时到变压器处延时时间较长，但高压侧往往受制于市政条件，延时时间有限甚至是瞬动。因此不能随意设置短延时，需要综合考虑。

（2）采用具有能量选择功能的断路器，能量是一个积累过程，需要较大能量才能分断的开关在同样短路电流下需要更长的时间，较小能量就能分断的开关，需要较少时间就能分断。如某品牌的能量选择性表格如图 29-3 所示。

上级断路器		NG125N/H/L, C120H/L C 曲线										
In (A)		10	16	20	25	32	40	50	63	80	100	125
下级断路器	额定电流											
选择性限值 (A) C65N B, C 曲线	0.5	T	T	T	T	T	T	T	T	T	T	T
	0.75	T	T	T	T	T	T	T	T	T	T	T
	1	800	1000	2000	3000	4500	T	T	T	T	T	T
	2	400	600	1000	2000	3000	3500	4000	T	T	T	T
	3	200	400	400	1300	2100	2300	2500	T	T	T	T
	4		200	300	900	1600	1800	2000	T	T	T	T
	6			200	500	1300	1400	1500	4000	T	T	T
	10				300	800	900	1000	3500	T	T	T
	16					500	650	800	3000	5000	T	T
	20						400	700	2000	3600	5500	T
	25							500	1000	2200	3500	5000
	32								700	1500	2500	4000
	40									1300	1800	3600
	50										1500	2500
	63											2100
选择性限值 (A) C65H/L C 曲线	0.5	10000	10000	10000	10000	10000	10000	10000	10000	10000	10000	10000
	0.75	10000	10000	10000	10000	10000	10000	10000	10000	10000	10000	10000
	1	800	1000	2000	3000	4500	5500	7000	10000	10000	10000	10000
	2	400	600	1000	2000	3000	3500	4000	6000	10000	10000	10000
	3	200	400	400	1300	2100	2300	2500	6000	10000	10000	10000
	4		200	300	900	1600	1800	2000	5000	8000	10000	10000
	6			200	500	1300	1400	1500	4000	6500	8500	10000
	10				300	800	900	1000	3500	6000	6500	8000
	16					500	650	800	3000	5000	6000	7000
	20						400	700	2000	3600	5500	6000
	25							500	1000	2200	3500	5000
	32								700	1500	2500	4000
	40									1300	1800	3600
	50										1500	2500
	63											2100

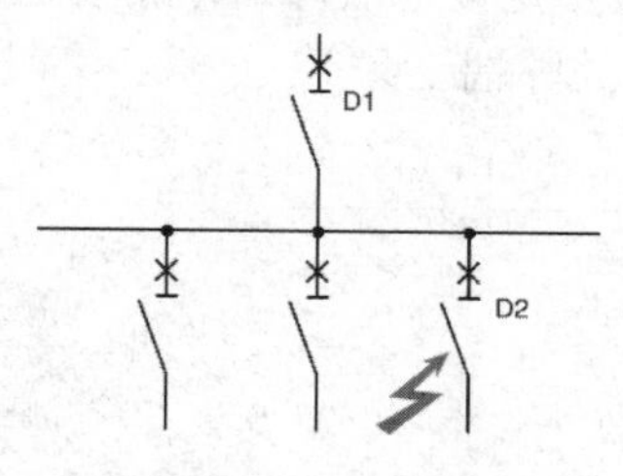

两台配电断路器之间的选择性

如何使用选择性表

■ 两台配电断路器之间的选择性

当两台断路器之间具有完全选择性时，标有T符号；当选择性是局部时，表格列出能确保选择性的最大故障电流值。对于大于此值的故障电流，两台断路器同时脱扣。

必要条件

表中所列值在下列工作电压下有效：220V，380V，415V和440V：

上级断路器 D1	下级断路器 D2	上级壳架电流 / 下级壳架电流	热保护设定值 上级 Ir/ 下级 Ir	磁保护设定值 上级 Im/ 下级 Im
TM	TM 或 Multi 9	≥ 2.5	≥ 1.6	≥ 2
	Micrologic	≥ 2.5	≥ 1.6	≥ 1.5
Micrologic	TM 或 Multi 9	≥ 2.5	≥ 1.6	≥ 1.5
	Micrologic	≥ 2.5	≥ 1.3	≥ 1.5

图 29-3　某品牌的能量选择性表格

解读：根据表格可以明确哪些开关之间有选择性，哪些开关在约定短路电流以下具有选择性。这是某品牌某型号某条件下的选择性，当条件变化时会发生变化。当电压有偏差，上下级冷态、热态有差异，环境温度不同时，会存在一定差异。另外施工图上不能指定品牌，实际施工时业主低价采购，一般不考虑能量选择功能的断路器，功能虽好但是价格高，所以设计时不能照搬照抄。

以上几种方法，电流选择性、时间选择性、能量选择性都有一定弊端，种种原因无法保证全选择性。

(3) ZSI 即区域选择性连锁可以保证全选择性。因为上下级有逻辑连锁，可以保证全选择性。但造价极高，同时有信号线，很繁琐，所以工程应用极少。

配电手册当中关于瞬时脱扣的相关内容如下：

(1) 瞬时脱扣范围见表 11.3-4。

表 11.3-4 瞬时脱扣范围

脱扣形式	脱扣范围
B	$3I_N \sim 5I_N$（含 $5I_N$）
C	$5I_N \sim 10I_N$（含 $10I_N$）
D	$10I_N \sim 20I_N$（含 $20I_N$）*

* 对特定场合，也可使用至 $50I_N$ 的值。

(2) 时间-电流动作特性见表 11.3-5。

表 11.3-5 时间-电流动作特性

形式	试验电流	起始状态	脱扣或不脱扣时间极限	预期结果	附注
B、C、D	$1.13I_N$	冷态*	$t \geqslant 1h$ ($I_N \leqslant 63A$) $t \geqslant 2h$ ($I_N > 63A$)	不脱扣	
B、C、D	$1.45I_N$	紧接着前面试验	$t \leqslant 1h$ ($I_N \leqslant 63A$) $t \leqslant 2h$ ($I_N > 63A$)	脱扣	电流在 5s 内稳定上升
B、C、D	$2.55I_N$	冷态*	$1s < t < 60s$ ($I_N \leqslant 32A$) $1s < t < 120s$ ($I_N > 32A$)	脱扣	
B C D	$3I_N$ $5I_N$ $10I_N$	冷态*	$t \geqslant 0.1s$	不脱扣	闭合辅助开关接通电源
B C D	$5I_N$ $10I_N$ $50I_N$	冷态*	$t < 0.1s$	脱扣	闭合辅助开关接通电源

* “冷态”指在基准校正温度下，进行试验前不带负荷。

(3) 多极断路器单极负荷对脱扣特性的影响。当具有多个保护极的断路器从冷态开始，仅在一个保护极上通以下列电流的负荷时，对带两个保护极的二极断路器，为 1.1 倍约定脱扣电流；对三极和四极断路器，为 1.2 倍约定脱扣电流。

表 11.3-5 数据是在“冷态”条件下的，实际当中正常运行时，不一定是冷态，所以有些情况不能完全按此参数。另外需要注意多极断路器单极负荷对脱扣特性的影响。

30　等电位的理念和应用探究

阅读提示：GB 50054—2011 等电位的附图与 IEC 60364 附图不一致，与 AS 3000 中的附图不一致；IEC 60364 附图与 AS 3000 附图一致，要求也一致。RCD 使用规则，IEC 60364 与 AS 3000 一致。

就基本安全而言，建筑物做过总等电位的装置外金属构件，不必再做局部等电位，做了局部等电位的装置外金属构件，不必再做辅助等电位联结。金属构件包括建筑物内钢筋、金属水管、幕墙的金属构架等。IEC 60364、AS 3000、NEC 中等电位的做法基本相同，装置外金属构件与配电系统的中性点发生一次联结，就满足基本安全了，原理是相线与装置外金属构件发生接地故障时，为接地故障电流提供两个路径：

（1）相线、金属构件、PE 线构成的接地故障电流回路，足可使相线分断，故障持续期间对人体的电击概率 P＝P1×P2，P1 为相线发生接地故障的概率，如万分之一；P2 为发生相线接地故障时，人同时触及的概率，P2＝接地故障持续时间/人员接近金属构件的活动时间，如万分之一，则 P 为亿分之一。如果接地故障持续时间为人员接近金属构件的活动时间，那么 P2＝1。因此发生接地故障时，分断电路是实现配电安全的重要条件。

（2）大地路径主要功能是防止雷电过电压造成的损害，给雷电流提供一个泄放的路径，该路径不足以使保护电器脱扣。

因此室外设备的配电采用 TT 配电系统时，只有大地一个接地故障回路，室外设备配电不允许采用 TT 系统。

室内设备配电，不容易取得大地回路作为接地故障的电流路径。室内设备遭受雷击的概率非常小，所以允许室内设备发生接地故障时，只有相线、金属构件、PE 线构成的接地故障电流回路。即允许室内设备在不做等电位联结的情况下投入使用。

《低压配电设计规范》（GB 50054—2011）第 5.2.5 条正文及条文说明：

5.2.5 当电气装置或电气装置某一部分发生接地故障后间接接触的保护电器不能满足自动切断电源的要求时，尚应在局部范围内将本规范第 5.2.4 条第 1 款所列可导电部分在做一次局部等电位联结；亦可将伸臂范围内能同时触及的两个可导电部分之间做辅助等电位联结。局部等电位联结或辅助等电位联结的有效性，应符合下式的要求：

$$R \leqslant 50/I_a \tag{5.2.5}$$

式中：R——可同时触及的外露可导电部分和装置外可导电部分之间，故障电流产生的电压降引起接触电压的一段线路的电阻，Ω；

I_a——保证间接接触保护电器在规定时间内切断故障回路的动作电流，A。

5.2.5 总等电位联结虽然能大大降低接触电压，但如果建筑物离电源较远，建筑物内保护线路过长，则保护电器的动作时间和接触电压都可能超过规定的限值。

这时应在局部范围内再做一次等电位联结即局部等电位联结，如图 30-1 所示。局部等电位联结之前，图中人的双手承受的接触电压为电气设备与暖气片之间的电位差；其值为 a-b-c 段保护导体上的故障电流产生的电压降，由于此段线路较长，电压降超过 50V，但因离电源距离远，故障电流不能使过电流保护器在 5s 内切断故障线路。为保障人身安全，应如图 30-1 中虚线所示做局部等电位联结。这时接触电压降低为 a-b 段的保护导体的电压降，其值小于安全电压限值 50V。

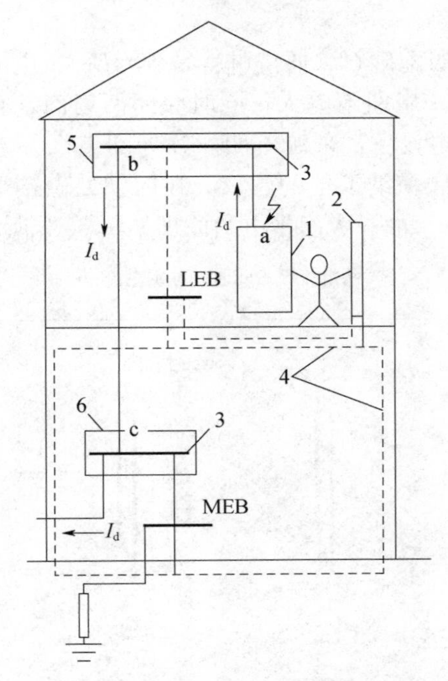

图 30-1　局部等电位联结的作用

注：1-电气设备；2-暖气片；3-保护导体；4-结构钢筋；

5-末端配电箱；6-进线配电箱；I_d-故障电流

5.2.5 条的条文说明解释不准确。就基本安全而言，建筑物做过总等电位的装置外金属构件，不必再做局部等电位，做了局部等电位的装置外金属构件，不必再做辅助等电位联结。

a 设备为固定设备，TN-S 配电，发生接地故障时，在 5s 内断电就足以避免人员电击死亡，这不是设备局部等电位的前提条件（当然，这里 5s 是不准确的，应为 0.4s，需另讨论）。

只有 b 设备不做总等电位，b 设备存在引入高电位的可能，且该高电位持续长期存在，应做局部等电位联结。

所有的电气规范的制订，均应以满足基本安全为原则，设计施工可以超过基本安全的规范要求，但是制订规范应遵循与技术经济相协调的原则。

《民用建筑电气设计规范》（JGJ 16-2008）第 10.9.3 条第三款

（3）安装于建筑内的景观照明系统应与该建筑配电系统的接地形式一致。安装于室外的景观照明中距建筑外墙20m以内的设施，应与室内系统的接地形式一致，距建筑物外墙大于20m宜采用TT接地形式。

前文已述，应为户外配电设备的接地故障电流提供两个电流路径，TT系统只能提供一个路径，采用RCD作为接地故障的保护，在IEC与AS 3000中均有明文，RCD不得作为切除接地故障电流的唯一手段（配电需要主保护与后备保护，如果长延时脱扣是瞬动的后备保护。RCD是唯一的保护，没有后备保护，因此可靠性不足）。

室外配电等电位的实例：

广西某项目，地面为级配砂石（通俗讲就是碎石头），电阻率大。项目部的大门是双开的，关门时，单独关一扇门不电人，同时关闭两扇门，有电到人的情况发生。金属大门带电，附近没有用电设备，来源不明。领导问怎么办，有一个经验非常丰富的电气工程师说做接地，领导采纳了他的建议。在门轴处做接地装置，两个接地装置距离约5m，但仍然发生电击事故。大门带电的原理如图30-2所示。

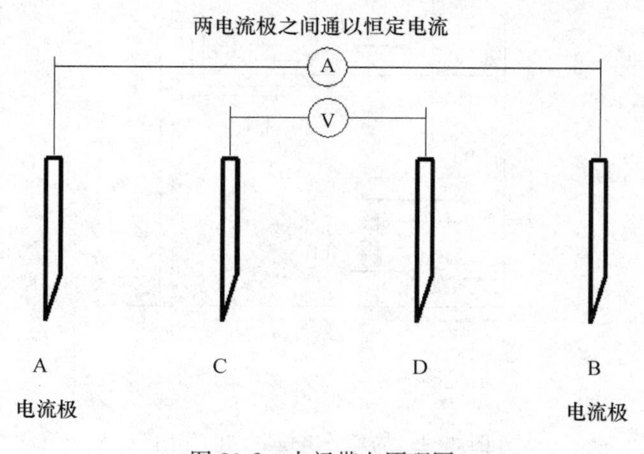

图30-2　大门带电原理图

可任取A、B、C、D中任意两点作为项目部大门，另两点，一个作为变压器中性点，一个作为未知地点的接地故障设备。假定C为大门的一扇门轴，D为大门的另一扇门轴，A变压器中性点，B为未知地点的接地故障设备。C、D之间有电压，是因为C、D处在变压器中性点接地装置，或未知地点的接地故障设备的接地装置的接地电阻区域以下，C、D处在不同的电压梯度线上。

C、D导致的跨步电压、接触电压，加在人的双脚之间，人不能察觉，是因为鞋子绝缘，与地面的接触电阻大。

人同时触及C、D时，人双手之间的电阻约为500Ω，有电击反应，没有发生太严重电击事件，说明流过人体的电流在10mA以下，因此C、D之间的电压在5V～10V之间。若双扇门宽3m，那么该是附近建筑内发生了TT接地故障，建筑的基础内钢筋是自然接地装置，只有这样庞大的接地装置，才会有这么大的接地电阻区域。

这是一个典型案例，设置接地装置解决这个问题是错误的。在C、D处做接地装置，代表了地面上的电压在C、D两点的分布。采用一根2.5mm^2的导线把两个门做了等电位连接起来，即把C、D两点连接起来。导线内的电流是0A。两个门轴的电位相同，电压为0V。

在实际工程中有这样一种配电箱的施工要求，即除正常的PE或PEN线引入PE排之外，要求配电箱外壳与接地网一律使用40×4热镀锌扁钢焊接。这样有重复接地、总等电位和局部等电位的作用，大大提高了接地的可靠性、安全性，对安全防护也极为有利。施工做钢筋网的同时必然在打混凝土之前在配电箱位置把热镀锌扁钢焊接预留出来，这样一来，施工用电就有了接地点，同时也起到了等电位的效果，大大提高了用电安全。

参考文献

1. 张冠生．电器学理论基础［M］．北京：机械工业出版社，1980.

2. 水利电力部．发电厂厂用电动机运行规程［M］．北京：水利电力出版社，1982.

3. 周鹤良．电气工程师手册［M］．北京：中国电力出版社，2018.

4. Electrical Design. Copper Development Association CDA Publication 123，1997.

5. 10kV——66kV 消弧线圈装置技术标准．国家电网公司，2005.

6. 35kV 及以下配电电缆介损老化状态评价．朱亮 1，李振杰 2，戴东亚 3. 电网技术．中国电业技术，2012（11）

7. 林福昌．（第 2 版）高电压工程［M］．北京：中国电力出版社，2011.

8. 中国航空规划设计研究院．工业与民用配电设计手册［M］．3 版．北京：中国电力出版社，2005.

9. 中国航空规划设计研究院．工业与民用供配电设计手册［M］．4 版．北京：中国电力出版社，2016.

10. 日川濑太郎．接地技术与接地系统［M］．冯允平译，北京：科学出版社，2011.

11. 施耐德．电气装置应用（设计）指南．北京：中国电力出版社，2008.

12. 朱林根．现代建筑电气设备选型技术手册［M］．北京：中国建筑工业出版社，1999.

13. 张巍山．电工基础［M］．北京：中国电力出版社，2010.

14. 邱关源．电路［M］．5 版．北京：高等教育出版社，2006.

15. 彭新秀．电源电压波动对异步电动机性能的影响［J］．机电信息．2011（21）

16. 水利电力部．发电厂厂用电动机运行规程［M］．北京：水利电力出版社，1982.

17. 李允中．论配电线路的过负荷保护［J］．建筑电气．2010（2）．

18. 熊信银．发电厂电气部分［M］．北京：中国电力出版社，2009.

19. 周鹤良．电气工程师手册［M］．北京：中国电力出版社，2008.

20. 苏朝化．70℃环保型聚氯乙烯电缆绝缘料研究．绝缘材料．2006，39（6）

21. BS 5839-1-2013Fire detection and fire alarm systems for buildings.

22. BS 5839-1-2002Fire detection and fire alarm systems for buildings.

23. 杨春杰．CAN 总线技术［M］．北京：北京航空航天大学出版社，2010.

24. 龙志强．CAN 总线技术与应用系统设计［M］．北京：机械工业出版社，2013.

25. 周秋森．宝钢电厂的消防设备控制盘［J］．华东电力 1982（12）．

26. 解广润．电力系统接地技术［M］．北京：中国电力出版社，1996.

27. 王洪泽，杨丹，王梦云．电力系统接地技术手册［M］．北京：中国电力出版社，2007.

28. 日田尻陆夫．建筑电气设备，张晔译．北京：中国建筑工业出版社，2008.

29. 《Ground Measuring Techinques Electode Resistance to Remote Earth & Soil Resistivity》Elvis R. Sverko ERICO，Inc. Facility Electrical Protection，U. S. A.

Revision Date：February 11，1999

(《地球接地电极电阻与土壤电阻率测量技术》Elvis R. Sverko
美国艾力高公司．设施电气保护，1999 年 2 月 11 日)

30. 刘家春．水泵运行原理与泵站管理［M］．北京：中国水利水电出版社，2009.

31. 王建辉，顾树生．自动控制原理［M］．北京：清华大学出版社，2007.

32. 齐臣坤，李少远．液位过程控制系统的设计与实现［J］．东南大学学报：自然科学版 2003，(S1).

33. 刘保卫，张俊洁，张伟．消防水池最低水位的辨析［J］．给水排水．2013，(09)．

34. 李波，李建明，生亮田．消防应急灯具自动检测系统的设计［J］．自动化仪表．2009，(06)．

35. 郑雁秋，贾云．消防应急灯具设计存在问题的探讨［J］．消防技术与产品信息．2003，(02)．

36. 陈鸿建，赵永红，翁洋．概率论与数理统计．北京：高等教育出版社．

37. 2009 全国民用建筑工程技术措施电气．中国建筑设计研究所

38. 2012 年枣庄市政府工作报告

39. NFPA72-2010

40. 姜岩蕾多传感器信息融合火灾探测器及算法研究河南理工大学

41. 单夫来．智能型光电感烟火灾探测器的设计［J］．智能建筑电气技术．2008，(04)．

42. 杜建华．张认诚．火灾探测器的研究现状与发展趋势［J］．消防技术 2004，(7)．

43. 秦科雁．第五代火灾自动报警技术革命：极早期火灾智能预警系统分析研究［J］．消防技术与产品信息．2000，(06)．

44. 白洁，肖泽南，杨梓女．性能化规范与处方式规范烟控系统设计的对比分析［J］．消防技术与产品信息．2009，(3)．

45. 李　钰，阎善郁．试论性能化防火设计与处方式防火设计的关系［J］．山西建筑，2007，33 (6)．

46. 吴去非．浅析“处方式”和“性能化”防火设计方法［J］．广西民族大学学报：自然科学版 2006 (z1)．

47. 总线短路隔离器的设计：解读《〈火灾自动报警系统设计规范〉图示》．常立强．建筑电气. 2014. 9 期

48. 万跃敏．火灾自动报警系统环形总线设计应用［J］．建筑电气，2015，(03)．

49.《民用建筑电气设计规范》JGJ 16—2008

50.《供配电系统设计规范》GB 50052—2009

51.《低压配电设计规范》GB 50054—2011

52.《通用用电设备配电设计规范》GB 50055—2011

53.《火灾自动报警系统设计规范》GB 50116—2013